普通高等教育"十一五"规划教材

Visual Basic 程序设计教程

主　编　倪飞舟

副主编　陈浩强　丁亚涛　郭玉堂

内 容 提 要

本书在总结编者多年教学实践、考试培训、软件开发经验的基础上，从教学和实用角度出发，采用"案例驱动"的编写方式，系统地介绍了 Visual Basic 的基础知识和程序设计方法。全书共 11 章，前 10 章分别对程序语言设计、VB 集成开发环境、VB 语言设计基础、VB 控制结构、数组和自定义类型、过程、用户界面设计、文件和数据库应用基础等方面进行了介绍；第 11 章根据 Visual Basic 的发展趋势，简述了 Visual Basic 语言的新一代产品：Visual Basic.NET。

本书注重基础，强调实践，在内容讲解上采用循序渐进、逐步深入的方法；重点突出，案例取舍得当，注释语句丰富，方便教学和自学。尤其是在讲解语法和编程思路时，注重界面设计与算法设计的结合，突出了 Visual Basic 语言的特点和优势，是学习 Visual Basic 的适用教材。

本书适合作为高等院校本专科学生的教材，也可用作广大软件开发人员以及工程技术人员的参考用书。同时，本书也非常适合作为全国计算机等级考试的备考书。

本书配有免费电子教案，读者可以从中国水利水电出版社网站及万水书苑上下载，网址为：http://www.waterpub.com.cn/ softdown/或 http://www.wsbookshow.com。

图书在版编目（CIP）数据

Visual Basic 程序设计教程 / 倪飞舟主编. -- 北京：中国水利水电出版社，2010.2（2022.1 重印）
普通高等教育"十一五"规划教材
ISBN 978-7-5084-7204-1

Ⅰ. ①V… Ⅱ. ①倪… Ⅲ. ①BASIC 语言－程序设计－高等学校－教材 Ⅳ. ①TP312

中国版本图书馆 CIP 数据核字(2010)第 022972 号

策划编辑：雷顺加/徐海洋　　责任编辑：张玉玲　　加工编辑：徐雯　　封面设计：李佳

书　名	普通高等教育"十一五"规划教材 Visual Basic 程序设计教程
作　者	主　编　倪飞舟　副主编　陈浩强　丁亚涛　郭玉堂
出版发行	中国水利水电出版社 （北京市海淀区玉渊潭南路 1 号 D 座　100038） 网址：www.waterpub.com.cn E-mail：mchannel@263.net（万水） 　　　　sales@waterpub.com.cn 电话：（010）68367658（营销中心）、82562819（万水）
经　售	全国各地新华书店和相关出版物销售网点
排　版	北京万水电子信息有限公司
印　刷	三河市鑫金马印装有限公司
规　格	184mm×260mm　16 开本　17.75 印张　442 千字
版　次	2010 年 2 月第 1 版　2022 年 1 月第 17 次印刷
印　数	42001—43000 册
定　价	30.00 元

凡购买我社图书，如有缺页、倒页、脱页的，本社营销中心负责调换

版权所有·侵权必究

前　　言

根据教育部非计算机专业计算机基础课程教学指导分委会对当代高等院校学生的要求，高等院校计算机基础教育是面向全体高等院校学生进行的信息技术教育，目标是把学生培养成为既懂专业知识又能够掌握计算机应用技能的复合型人才，为学生的专业学习和科学研究提供帮助。

程序设计是计算机基础教育中继计算机与信息技术基础教育之后的又一重要知识领域，而 VB 程序设计就是其中最重要的课程之一。

Visual Basic 6.0 是 Microsoft 公司推出的基于 Windows 环境的计算机程序设计语言，它继承了 Basic 语言简单易学的优点，又增加了许多新的功能。Visual Basic 6.0 采用面向对象与事件驱动的程序设计思想，使编程变得更加方便、快捷。

使用 Visual Basic 既可以开发个人或小组使用的小型工具，又可以开发多媒体软件、数据库应用程序、网络应用程序等大型软件，是国内外最流行的程序设计语言之一，也是学习开发 Windows 应用程序首选的程序设计语言。它非常适合于初学者理清复杂的软件系统结构，是学习面向对象程序设计的敲门砖。目前国内大多院校都将 Visual Basic 语言及程序设计作为非计算机专业的计算机程序设计公共课。

本书针对当前大学生的学习特点组织编写，简明、易学、实用，并借助作者多年教学和项目开发的经验，指导读者全面了解 Visual Basic 程序设计的方法，培养其开展应用项目设计的基本技能。本书语言表达严谨流畅，逻辑性强，图文并茂，示例丰富。书中例题均在 Visual Basic 6.0 语言的程序开发环境下调试通过，关键性程序语句都标有详细的注释。

全套教材分为理论教学主教材和配套上机实验指导教材两部分。

理论教学主教材主要是从程序设计语言和可视化用户界面设计两个方面进行介绍，重点介绍程序结构和程序设计方法等基础问题，对程序设计的基本知识、基本语法、编程方法和典型算法等进行了较为系统、详细的介绍，让学生学会分析问题、掌握基本的编程方法。

配套上机实验指导教材则主要围绕 Visual Basic 6.0 语言的程序实际开发环境，对可视化用户界面设计的知识和技能展开实践性教学指导，紧密围绕理论教学的各知识点来安排实验项目，进一步巩固和提高学生对理论教学知识点的理解和掌握，增强其在实际程序开发环境下的实践能力。

理论教学主教材共 11 章，其中前 10 章分别对程序语言设计、VB 集成开发环境、VB 语言设计基础、VB 控制结构、数组和自定义类型、过程、用户界面设计、文件和数据库应用基础等方面进行了论述；第 11 章根据 Visual Basic 的发展趋势，简述了 Visual Basic 语言的新一代产品——Visual Basic.NET。

配套上机实验指导教材共 8 章，根据理论教学主教材各章知识点相应分成了 8 个实验，每个实验配有若干实验题。其中，第 4 章收录了程序语言设计中的多个经典算法与典型例题；第 5 章和第 6 章分别给出了理论教学主教材全部习题解答和配套实验教材全部习题操作详解；第 7 章考试指导部分对全国计算机等级考试和全国高校计算机水平考试进行了详细介绍，并提供了最新考试大纲和考试样题；第 8 章为方便学生应试和自我检测给出了两套考试模拟题并附有答案。

本书由倪飞舟任主编，陈浩强、丁亚涛、郭玉堂任副主编。主要编写人员分工如下：第 1、8、11 章由倪飞舟、吴茜编写，第 2、3 章由陈浩强编写，第 4、7 章由杨雪洁编写，第 5、6 章由丁亚涛编写，第 9、10 章由周晓编写。全书由倪飞舟、郭玉堂负责统稿及定稿。

此外，感谢胡学钢、王浩、孟浩、张久彪、尹荣章、杜春敏、郭彪、徐启明、朱炜、许兆华、黄晓梅、董光锋、孙业桓、张锋、鲍丙刚、王家金、刘晓芳、杨载民、李苑青等同志在本书编写过程中提供的大力帮助。

本书可作为高等院校非计算机专业 Visual Basic 程序设计课程的教材，也可供从事计算机应用和开发行业的人员学习参考。另外，本书的编写也兼顾了教育部考试中心制定的《全国计算机等级考试二级考试大纲（Visual Basic 程序设计）》的要求，可作为全国计算机等级考试和全国高校计算机水平考试的培训教材。

为适应教学和读者自学的需要，我们还制作了与教材配套的电子教案，读者可以从中国水利水电出版社网站或万水书苑下载，网址为：http://www.waterpub.com.cn/softdown/ 和 http://www.wsbookshow.com。

在本书的编写过程中作者参阅了大量国内外文献资料，在此向这些文献资料的作者们表示深深的谢意。由于作者水平所限，加之时间仓促，书中难免有不足之处，敬请各位专家和广大热心读者不吝指教。

编 者
2010 年 1 月

目 录

前言

第1章 概述 ·················· 1
1.1 程序设计语言概论 ·············· 1
1.1.1 计算机组成和基本工作原理 ······ 1
1.1.2 计算机程序设计语言 ·········· 2
1.2 VB语言的特点 ················ 5
1.2.1 VB语言的发展概况 ··········· 5
1.2.2 VB语言的特点 ·············· 6
1.3 VB程序的开发环境 ············· 7
1.3.1 VB 6.0的启动 ·············· 7
1.3.2 VB集成开发环境（IDE） ······ 8
1.4 VB程序设计步骤 ·············· 11
1.4.1 一个简单的VB小程序 ······· 12
1.4.2 VB程序设计的步骤与书写规则 ··· 14
1.4.3 VB的程序调试 ············· 15
1.4.4 程序举例 ················· 16
习题 ··························· 19

第2章 VB语言设计基础 ········· 20
2.1 VB中的对象和控件 ············ 20
2.1.1 VB中的对象 ··············· 20
2.1.2 VB中的控件和控件类 ········ 21
2.2 窗体 ······················· 21
2.2.1 窗体的组成、创建和移除 ····· 21
2.2.2 窗体的属性 ··············· 25
2.2.3 窗体的事件 ··············· 27
2.2.4 窗体常用的方法 ··········· 29
2.3 数据类型 ··················· 33
2.3.1 基本数据类型 ············· 33
2.3.2 数据类型说明符 ··········· 37
2.4 常量与变量 ················· 38
2.4.1 常量 ··················· 38
2.4.2 变量 ··················· 40
2.5 运算符与表达式 ·············· 42
2.5.1 算术运算符与算术表达式 ···· 42
2.5.2 字符串运算符和字符串表达式 ··· 44
2.5.3 日期运算符和日期型表达式 ···· 45
2.5.4 关系运算符和关系表达式 ···· 45
2.5.5 逻辑运算符与逻辑运算表达式 ··· 46
2.5.6 混合表达式 ··············· 47
2.6 常用的内部函数 ·············· 47
2.6.1 数学函数 ················ 48
2.6.2 字符串函数 ··············· 49
2.6.3 日期函数 ················ 50
2.6.4 数据类型转换函数 ·········· 51
2.6.5 格式输出函数 ············· 52
2.6.6 Shell函数 ················ 54
2.7 VB中的语句 ················· 54
2.7.1 语句编写规则 ············· 54
2.7.2 赋值语句 ················ 56
习题 ·························· 57

第3章 顺序结构 ················ 62
3.1 程序设计基本方法 ············ 62
3.1.1 结构化程序设计方法 ········ 62
3.1.2 面向对象程序设计方法 ······ 63
3.2 顺序结构 ··················· 64
3.3 数据输入 ··················· 65
3.3.1 通过InputBox函数输入数据 ··· 65
3.3.2 通过文本框输入数据 ········ 67
3.4 数据输出 ··················· 68
3.4.1 用MsgBox函数输出数据 ····· 68
3.4.2 利用文本框输出数据 ········ 70
3.4.3 用标签控件输出数据 ········ 71
3.4.4 用Print方法输出数据 ······· 71
3.5 文本框 ····················· 74
3.6 标签 ······················ 77
3.7 命令按钮 ··················· 78
3.8 程序举例 ··················· 80

习题 ··· 83

第 4 章　选择结构 ································ 86
4.1　If 语句 ·· 86
　　4.1.1　If 语句的单分支结构 ················ 86
　　4.1.2　If 语句的双分支结构 ················ 87
　　4.1.3　If 语句的单行形式 ···················· 88
　　4.1.4　ElseIf 结构 ······························ 89
　　4.1.5　IIf 函数 ···································· 90
　　4.1.6　If 语句的嵌套 ·························· 91
4.2　Select Case 语句 ··························· 93
4.3　框架 ··· 94
4.4　单选按钮 ····································· 95
4.5　复选框 ··· 97
4.6　程序举例 ··································· 100
　　习题 ·· 111

第 5 章　循环结构 ······························ 115
5.1　For-Next 语句 ······························ 115
5.2　While-Wend 语句 ························ 118
5.3　Do-Loop 语句 ······························ 119
5.4　流程转向语句 ····························· 121
　　5.4.1　Exit 语句 ································ 121
　　5.4.2　Goto 语句 ······························· 122
5.5　循环嵌套 ····································· 122
5.6　循环算法 ····································· 123
　　5.6.1　穷举法 ···································· 123
　　5.6.2　迭代法 ···································· 125
5.7　图片框 ··· 126
5.8　图像框 ··· 127
5.9　计时器 ··· 128
5.10　程序举例 ··································· 129
　　习题 ·· 131

第 6 章　数组 ······································ 132
6.1　一维数组 ····································· 132
　　6.1.1　一维数组的定义 ···················· 132
　　6.1.2　数组元素的引用 ···················· 133
　　6.1.3　数组的应用 ···························· 133
6.2　二维数组 ····································· 135
　　6.2.1　二维数组的定义 ···················· 135
　　6.2.2　二维数组的应用 ···················· 136

6.3　动态数组 ····································· 137
6.4　控件数组 ····································· 140
6.5　自定义类型 ································· 142
6.6　字符串的处理 ····························· 144
6.7　列表框 ··· 147
6.8　组合框 ··· 148
6.9　程序举例 ····································· 151
　　习题 ·· 156

第 7 章　过程 ······································ 158
7.1　概述 ··· 158
7.2　子过程 ··· 159
　　7.2.1　子过程的定义 ························ 159
　　7.2.2　子过程的调用 ························ 160
7.3　函数过程 ····································· 161
　　7.3.1　函数过程的定义 ···················· 161
　　7.3.2　函数过程的调用 ···················· 162
7.4　事件过程 ····································· 163
7.5　参数传递的方式 ························· 165
　　7.5.1　传值 ·· 165
　　7.5.2　传引用 ···································· 167
　　7.5.3　传数组 ···································· 168
7.6　嵌套调用与递归调用 ················· 170
　　7.6.1　嵌套调用 ································ 170
　　7.6.2　递归调用 ································ 171
7.7　作用域与生存期 ························· 173
　　7.7.1　作用域 ···································· 173
　　7.7.2　生存期 ···································· 175
7.8　滚动条 ··· 176
7.9　直线和形状 ································· 179
　　7.9.1　直线 ·· 179
　　7.9.2　形状 ·· 180
7.10　程序举例 ··································· 182
　　习题 ·· 186

第 8 章　界面设计 ······························ 192
8.1　对话框 ··· 192
　　8.1.1　通用对话框 ···························· 192
　　8.1.2　自定义对话框 ························ 198
8.2　菜单 ··· 199
　　8.2.1　下拉式菜单 ···························· 199

  8.2.2 弹出式菜单 ……………………… 202
 8.3 多重窗体 ……………………………… 202
  8.3.1 窗体的添加和启动 ………………… 202
  8.3.2 窗体操作 …………………………… 203
 8.4 ActiveX 控件 ………………………… 206
  8.4.1 进度条 ……………………………… 206
  8.4.2 选项卡 ……………………………… 208
  8.4.3 列表视图 …………………………… 209
  8.4.4 树形视图 …………………………… 212
  8.4.5 Animation 控件 …………………… 213
 习题 ………………………………………… 216
第 9 章 文件 ………………………………… 218
 9.1 概述 …………………………………… 218
 9.2 文件打开与关闭 ……………………… 218
  9.2.1 文件打开 …………………………… 219
  9.2.2 文件关闭 …………………………… 219
 9.3 文件读写 ……………………………… 220
  9.3.1 顺序文件 …………………………… 220
  9.3.2 随机文件 …………………………… 224
 9.4 文件操作 ……………………………… 227
  9.4.1 文件操作语句 ……………………… 227
  9.4.2 文件操作函数 ……………………… 228
 9.5 文件系统控件 ………………………… 228
  9.5.1 驱动器列表框 ……………………… 228
  9.5.2 目录列表框 ………………………… 229
  9.5.3 文件列表框 ………………………… 229
 习题 ………………………………………… 231
第 10 章 Visual Basic 与数据库 …………… 233
 10.1 概述 ………………………………… 233
  10.1.1 数据库 …………………………… 233
  10.1.2 数据访问对象模型 ……………… 235

 10.2 数据管理器 ………………………… 236
  10.2.1 创建 Access 格式的数据库 …… 236
  10.2.2 数据窗体设计器 ………………… 240
 10.3 ADO 数据控件 ……………………… 241
  10.3.1 ADO 的对象与集合 …………… 242
  10.3.2 添加 ADO ……………………… 243
  10.3.3 ADO 应用 ……………………… 243
 10.4 数据及数据绑定控件 ……………… 246
  10.4.1 Data 控件 ……………………… 246
  10.4.2 通用数据绑定控件 ……………… 247
  10.4.3 专用数据绑定控件 ……………… 249
 10.5 SQL 简介 …………………………… 251
  10.5.1 SQL 语言的特点 ………………… 251
  10.5.2 SQL 语言对数据库的操作 ……… 252
 10.6 报表制作 …………………………… 254
 10.7 程序举例 …………………………… 256
 习题 ………………………………………… 259
第 11 章 VB.NET 简述 …………………… 260
 11.1 概述 ………………………………… 260
 11.2 Visual Basic.NET 的集成开发环境 ……… 263
 11.3 Visual Basic.NET 应用程序的开发步骤 ‥ 265
 11.4 Visual Basic.NET 的数据类型 …… 265
 11.5 Visual Basic.NET 的控件 ………… 266
 11.6 Visual Basic.NET 的基本特性 …… 267
 习题 ………………………………………… 270
附录 1 常用字符与 ASCII 码对照表 ……… 271
附录 2 常用的内部函数 ……………………… 272
附录 3 Visual Basic 6.0 与 Visual Basic.NET 中的
   菜单等效项 ……………………………… 274
参考文献 ……………………………………… 276

第 1 章 概述

自第一台计算机于 1946 年诞生至今,已有了半个多世纪。计算机堪称是 20 世纪人类最伟大的一项技术发明,它是人类大脑的延伸,使得人类的智慧和创造力能够得到充分的施展。作为先进生产力的典型代表,计算机技术及其应用已经渗透到社会生活的各个领域,遍及世界的各个角落,已经成为人们学习、工作和生活的得力助手,有力地推动了整个信息化社会的发展。在 21 世纪,掌握以计算机为核心的信息技术知识与技能是现代大学生必备的基本素质。

通过对计算机基础知识的学习我们已经知道,计算机是通过执行程序来完成各种各样的工作的,由于计算机目前还不能够理解人类的自然语言,因此编写程序只能借助于某种程序设计语言。

本章主要介绍程序设计语言的概念、Visual Basic 语言的特点,以及 Visual Basic 程序的开发环境等内容,使读者对该语言有一个初步的感性认识。

- 计算机程序设计语言概述
- 计算机程序设计基本方法
- VB 集成开发环境
- VB 程序设计的步骤与书写规则

1.1 程序设计语言概论

1.1.1 计算机组成和基本工作原理

计算机是在程序控制下对数字化信息进行存储和加工的电子设备,它具有高速、精确和自动等特点。

一个完整的计算机系统由硬件系统和软件系统两部分构成。硬件系统是组成计算机系统的各种物理设备的总称,是计算机系统的物质基础,如 CPU、存储器、输入设备和输出设备等。软件系统是为运行、管理和维护计算机而编写的各种程序、数据和文档的总称,可以说它是整个计算机系统的灵魂。实际上,用户所面对的是经过若干层软件"包装"的计算机,一台计算机的功能不仅仅取决于硬件系统,而更大程度上是由所安装的软件系统决定的。

在计算机系统中,对于软件和硬件的功能划分并没有一个明确的分界线。软件所实现的功能可以用硬件来实现,称为硬化或固化,例如在 ROM 芯片中就固化了系统的引导程序;同样,硬件所实现的功能也可以用软件来实现,称为硬件软化,例如多媒体计算机中的一些媒体播放软件就实现了视频卡对于视频信息的处理。

计算机的工作过程实际上就是快速地执行指令的过程。指令是能被计算机识别并执行的二进制代码,它规定了计算机能够完成的某一种操作。一条指令通常是由操作码和操作数两个部分组成。当计算机在工作时,有两种信息在执行指令的过程中流动:数据流和控制流。数据流是指原始数据、中间结果、结果数据、源程序等;控制流是由控制器对指令进行分析、解释后向各部件发出的控制命令,指挥各部件协调地工作。

计算机在运行时,CPU 从内存读出一条指令执行,指令执行完毕,再从内存中读出下一条指令执行。CPU 不断地读取指令、分析指令、执行指令,这就是程序的执行过程。程序是一组有序指令的集合,由某种程序设计语言编写而成,程序设计语言是人与计算机之间进行交流的工具。计算机的工作就是执行程序,即自动连续地执行一系列指令,从而指挥计算机"做什么"和"如何做"。一条指令的功能虽然有限,但是由一系列指令组成的程序所能完成的任务是无限的。

1.1.2 计算机程序设计语言

自然语言是人们进行交流的工具,对同一件事情的描述可采用不同的语言(如中文、英语等)进行交流。而计算机程序设计语言则是人与计算机间进行交流的工具,是人们用于书写计算机程序的工具。程序开发人员的工作就是根据任务的需要和特点选用不同的计算机程序设计语言去编制相应的程序。

计算机程序设计语言(Programming Language)是人们为描述计算过程而设计的一种具有语法语义描述的记号。对于计算机操作人员而言,程序设计语言是除计算机本身之外的所有工具中最重要的工具,是其他工具的基础。没有程序设计语言的支持,计算机无异于一堆废料。从计算机问世至今,人们一直在为研发更新更好的程序设计语言而努力。目前程序设计语言的数量还在不断激增,新的程序设计语言和设计方法仍不断出现。已问世的程序设计语言有成千上万种,但只有其中的极少数得到了人们的广泛认可。

程序设计语言种类繁多,发展迅速。从其发展历史和应用特点来看,大致可以分为以下几个阶段:

(1)面向机器的程序设计语言。

1944~1946 年间宾夕法尼亚大学的 Mauchly 与 Eckert 研制出了 ENIAC 电子数字积分计算机。1949 年,普林斯顿大学的 Von Neumann 研制出了 EDVAC 电子离散变量计算机,这是世界上第一台能把可执行的程序放在磁芯中的计算机,从此现代意义上的计算机便真正诞生了。这台计算机一问世便奠定了所谓的 Von Neumann 式体系结构:程序与数据不加区别地存储在(磁芯)存储器中。它所能处理的最基本的信息单位就是二进制数字,即计算机只能识别和理解由 0 与 1 构成的二进制序列。那时人们要用二进制机器代码编成代码序列(即程序)来控制计算机执行规定的操作,这种代码就是第一代程序设计语言,也称机器语言。

早期的计算机程序都是直接用机器语言编写的。机器语言是计算机能够直接执行的二进制指令代码,每条指令都用 0 和 1 组成的序列串表示,这些指令的集合就是指令系统。机器语言的特点是它能直接反映计算机的硬件结构，用其编写的程序不需作任何处理即可直接输入计算机执行，因而运行速度很快。但编写机器语言程序是一种非常枯燥而繁琐的工作，要记住每一条指令的编码与含义极端困难，编写出的程序既不易于阅读也不易于修改。而且由于机器语言是特定于机器的，不同的机器有不同的指令系统，人们无法把为一种机器编写的程序直接搬到另一种机器上运行。一个问题如果要在多种机器上求解，那么就要对同一问题重复编写多个应用程序。由于机器语言程序直观性差，与人们习惯使用的数学表达式及自然语言差距太大，因而难学、难记，程序难以编写、调试、修改、移植和维护，限制了计算机的推广。

由于这一问题，人们设想能不能使用更接近于自然语言与数学语言的语言。经过努力，在 20 世纪 50 年代，第二代语言——汇编语言问世了。汇编语言也是一种面向机器的程序设计语言，它用助记符号来表示机器指令的操作符与操作数（亦称运算符与运算对象），如用"ADD"与"MOVE"分别表示机器语言中的加法与代码移动操作。汇编指令与机器指令之间是一对一的关系，汇编语言程序要经过特定的翻译程序（即汇编程序）将其中的各个指令逐个翻译成相应的机器指令（二进制指令代码）后才能执行，因而汇编语言程序运行效率较机器语言略低。但汇编语言的问世毕竟使人们在编写程序时不必再花较多的精力去记忆、查询机器代码与地址，因而编程工作较使用机器语言变得容易多了。

尽管与机器语言相比，汇编语言的抽象程度要高得多，但由于它们之间是一对一的关系，哪怕用汇编语言编写一个很简单的程序，也要使用数百条指令。为了解决这个问题，人们又研制出了宏汇编语言，一条宏汇编指令可以翻译成多条机器指令，这使得人们的程序设计工作量得以减轻。为了解决由多人编写的大程序的拼装问题，人们又研制出了连接程序，它用于把多个独立编写的程序块连接组装成一个完整的程序。虽然汇编语言比机器语言好学、好记、好用，也容易进行维护，但由于汇编语言一般都是针对特定的计算机或计算机系统设计的，因此它对机器的依赖性仍然很强，它的低级性也使得人们不易于用它编写较大的程序，而且在机器语言中存在的其他许多问题在汇编语言中也没有得到很好的解决。

机器语言和汇编语言都是面向机器的程序设计语言，它们与计算机的硬件紧密相关。不同类型的计算机往往有着不同的指令系统和汇编语言，用面向机器的语言编写的程序一般是为特定的计算机硬件系统专门设计的。这样的程序可读性和可移植性很差，不仅如此，还要求程序员具有足够的计算机知识，熟练掌握所编程机器的指令系统。

（2）面向过程的程序设计语言。

世界上第一个高级程序设计语言是在 20 世纪 50 年代中期由 John Backus 领导的一个小组研制的 FORTRAN 语言。这种语言与人类的自然语言和习惯使用的数学公式都比较接近，编写出的程序有严格的书写格式，结构严谨。FORTRAN 语言和随后出现的 BASIC 语言、Pascal 语言、COBOL 语言、C 语言等都被称为高级语言。程序员在使用高级语言编写程序时，不需要熟悉计算机的指令系统，可以将精力集中于解题思路和方法上。计算机显然不能直接执行高级语言程序，必须先翻译成为机器语言程序之后才能执行。

高级语言的一条语句相当于多条汇编指令或机器语言指令，表达能力强而且容易理解和书写。高级语言在程序设计时注重问题域中过程的描述和实现，因此又称为面向过程的程序设计语言。用这种语言编写的程序不依赖于具体的机器，可以很方便地在不同类型的计算机中移植。高级语言采用结构化程序设计思想，将任务自顶向下逐步细化，划分为一些易于理解的功能模块,并确定模块之间的调用关系。在实现这些模块时,将控制结构限制为顺序结构、选择结构和循环结构。程序由这 3 种基本结构组合而成,每一种基本结构只有一个入口和一个出口,如图 1-1 所示。综上所述,面向过程的程序设计语言显著地降低了编程的难度和强度,改善了程序的可靠性和可维护性,提高了程序开发的效率。用面向过程的程序设计语言编写的程序,逻辑结构清晰,层次分明,易于实现。

虽然用高级语言编写的程序易学、易读、易修改,通用性好,不依赖于机器,但计算机却不能直接运行其编制的程序,必须经过语言处理程序的翻译或解释后才能被机器接受。因此,高级语言程序的执行速度通常比不上机器语言。

(3) 面向问题的程序设计语言。

面向问题的程序设计语言又称为非过程化的程序设计语言或第四代程序设计语言(Fourth Generation Language,以下简称 4GL)。4GL 这个词最早是在 20 世纪 80 年代初出现在软件厂商的广告和产品介绍中。因此,这些厂商的 4GL 产品不论是在形式上还是功能上,差别都很大。但是,由于这一类语言具有"面向问题"、"非过程化程度高"等特点,可以成数量级地提高软件生产率,缩短软件开发周期,因此赢得了很多用户。

4GL 是与第三代语言及其他新型设计语言同时发展的,它与前三代语言的主要区别在于侧重于描述程序"做什么"而不是"如何做",函数式语言与逻辑式语言均有此特征,而高级语言与低级语言相比,也显现出一些这种特征。4GL 以数据库管理系统所提供的功能为核心,进一步构造了开发高层次软件系统的开发环境,如报表生成、多窗口表格设计、菜单生成系统、图形图像处理系统和决策支持系统,为用户提供了一个良好的应用环境。它提供了功能强大的非过程问题手段,用户只需要告知系统做什么,而无须说明怎么做,因此可以大大提高软件生产率。

20 世纪 90 年代以来,随着计算机硬件技术的发展和应用水平的提高,以及诸如数据库系统、电子表格软件、统计软件包及其他专用软件包越来越多地使用,大量基于数据库管理系统的 4GL 商品化软件已在计算机应用领域获得了广泛应用,成为面向数据库应用开发的主流工具,如 Oracle、Informix、SQL Server、PowerBuilder 等。它们为缩短软件开发周期,提高软件质量发挥了巨大的作用,为软件开发注入了新的生机和活力。

例如最著名的数据库查询语言 SQL,它是 IBM 公司开发的一种关系数据库查询语言。程序生成程序或应用生成程序一般都基于某种特定的规格说明方法并能按一定的规格说明产生相应的输出(如高级语言程序)。目前已有大量第四代语言问世,如 ADF、IDEAL、NATURAL、NOMAD、MANTIS、MAPPER、RAMIS 等。

(4) 面向对象的程序设计语言。

结构化程序设计思想虽然有着诸多优点,但是它与人们在现实生活中自然形成的思维方式和习惯存在一定的差距。结构化程序设计方法在设计程序时,过于突出过程的重要性,而把数据放在相对从属的地位。由于操作数据的过程与数据分离为相互独立的实体,大大降低了程序的可重用性和可维护性,而且随着软件规模的急剧膨胀,使得这些问题变得更加严重。

自 20 世纪 70 年代以来,软件设计思想又产生了一次革命,面向对象的程序设计思想和方法受到了越来越广泛的重视和应用。在此之前的高级语言几乎都是面向过程的,程序的执行是流水线式的,在一个模块被执行完成前,人们不能干别的事,也无法动态地改变程序的执行方向。这和人们日常处理事物的方式是不一致的,人们希望发生一件事就处理一件事,也就是说,不能面向过程,而应是面向具体的应用功能,也就是对象(Object)。其方法就是软件的集成化,如同硬件的集成电路一样,生产一些通用的、封装紧密的功能模块,称之为软件集成块,它与具体应用无关,但能相互组合,完成具体的应用功能,同时又能重复使用。对使用者来说,只关心它的接口(输入量、输出量)及能实现的功能,至于如何实现的,那是它内部的事,使用者可完全不用关心。

面向对象的程序设计方法力求符合人们自然的思维习惯,运用类和对象的观点描述问题域,有效地降低了问题的难度和复杂性,然后用程序设计语言对问题进行描述和实现。面向对象的程序设计思想认为,现实世界由一些形形色色的对象组成,对象有自己的属性和方法,对象之间通过消息相互通信。将某些对象的共性进行抽象并加以描述,就形成了类。在继承原有类特性的基础上,还可以派生出新类。不同类的对象能够对同一个消息产生不同的响应,这就是多态性。

20 世纪 80 年代中期之后,相继出现了许多面向对象的程序设计语言。这些语言大致可以分为两类:一类是纯面向对象语言,例如 Eiffel 语言和 Java 语言;另一类是混合型面向对象语言,它们往往是由面向过程的语言发展而来的,例如 C++语言。Visual Basic 语言虽具有面向对象程序设计思想的一些要素,但由于其前身是 BASIC 语言,因此从这个角度出发,Visual Basic 语言也可以算作是一种混合型面向对象语言。

(5)面向应用的程序设计语言。

高级语言未来的下一个发展目标是面向应用的程序设计语言。也就是说,只需要告诉程序你要干什么,程序就能自动生成算法,自动进行处理,这就是非过程化的程序语言。

总之,目前各种风格、各种类型的程序设计语言都在发展,其中以面向对象语言的发展最为迅速。但是,面向对象语言不能解决所有的问题,它们也应吸收其他风格的语言的长处,成为以面向对象为主、兼顾其他风格的新型语言。随着软件技术的发展,还会有新风格语言问世,一些具有特定风格的语言也会不断扩充,以增强其自身的生命力。

1.2 VB 语言的特点

1.2.1 VB 语言的发展概况

Visual Basic 语言(简称 VB)是一门编程语言,是微软公司所开发的基于 Windows 操作系统平台下内含协助开发环境、可视化的、面向对象的、采取事件驱动方式的应用软件开发工具,被广泛用于开发 Windows 环境下的各种应用程序。其语法基础是 BASIC 编程语言。BASIC 是 Beginners All-purpose Symbolic Instruction Code 的缩写,含义为初学者通用的符号指令代码。BASIC 语言简单易学,拥有广大而又稳定的用户群,对计算机的普及应用也起到了重要的作用。VB 几乎全盘接收了 BASIC 语言的语法,因而较易掌握;并在此基础上增加了面向对象程序设计思想的一些要素,以及可视化的编程工具和方法,使得其功能更为强大,成为编写 Windows 应用程序的一种利器。

Visual 的含义是可视化的,是指一种开发图形用户界面(GUI)的方法。传统的高级语言只适合开发字符界面的软件,在 Windows 环境下开发图形界面的软件,因为需要建立窗口、对话框、控件和菜单等界面元素，就显得力不从心了。可视化的程序设计语言保留了高级语言常规的编程功能，并提供一系列可视化的设计工具，使得程序员可以较为容易地建立各种各样的界面元素，大大降低了 Windows 应用软件编程的复杂性。

微软公司于 1991 年推出 VB 1.0 版，历经数年的更新换代，1998 年升级为 VB 6.0 版，并有学习版、专业版和企业版 3 种版本。为方便中国用户的使用，微软公司从 VB 5.0 版开始，同步推出 VB 的中文版。目前 VB 已经发展到了 VB.NET，成为微软公司.NET 技术战略的一个重要组成部分。本书以 VB 6.0 版为背景进行 VB 语言的讲解。

1.2.2 VB 语言的特点

VB 语言作为一种广泛使用的可视化程序设计语言，主要有如下几个特点：

（1）可视化的程序设计方法。

VB 提供了一个集设计、运行和调试等为一体的开发环境。VB 使用了可以简单建立应用程序的 GUI 系统，但是又可以开发相当复杂的程序。VB 的程序是一种基于窗体的可视化组件安排的联合，并且增加代码来指定组件的属性和方法。程序员不需要编写描述界面元素的代码，而只需使用系统提供的工具，即可为程序直观、快捷地设计出具有 Windows 风格的图形界面，并设置各个界面元素的属性。因为默认的属性和方法已经有一部分定义在了组件内，所以程序员不用写多少代码就可以完成一个简单的程序。

（2）结构化的程序设计语言。

VB 传承了 BASIC 语言的语法，具有高级语言的语句结构。VB 的语法不但完全符合结构化程序设计方法的要求，而且还添加了类和对象等面向对象程序设计方法的一些元素，使得语言的表达能力更为增强。

（3）事件驱动的编程机制。

传统的应用程序依靠命令驱动方式完成各种操作的执行；VB 程序通过事件驱动方式执行各个对象的操作。每一个对象都能够响应多种不同的事件，而每一个事件都可以引发某一个程序模块的执行。事件往往由用户的操作触发，例如单击某个命令按钮，便会在该对象上产生一个鼠标单击事件（Click）。这时将会自动执行相应的代码（事件过程），从而完成对该事件的响应。

VB 程序一般没有预定的执行路径，因为各个事件发生的顺序是随机的。程序员的主要工作是为各个对象编写事件过程，而整个 VB 程序则由这些彼此相互独立的事件过程所构成。

（4）多种数据库访问技术。

VB 提供了 ODBC 和 ADO 等多种数据库访问技术，可以实现很强的数据库存取操作和管理功能。在 VB 程序中，不仅可以访问 Access 和 FoxPro 等小型数据库，还可以操作 SQL Server 等大型网络数据库。

（5）良好的可扩充性。

在 VB 程序中能够十分容易地嵌入由第三方软件开发商设计的高级控件，进而开发具有声音、图像、动画和电子表格等各种多媒体对象的程序。VB 提供了访问动态链接库（DLL）和调用 API 函数的技术，大大扩展了 VB 程序的功能。

（6）存在一定的局限性。

VB 5.0 和 VB 6.0 都是面向对象的编程语言，但是不包含继承特性。VB 中提供了特殊的类的功能，但是还是不能满足程序员的需求。VB.NET 包含了所有面向对象的特性。

Visual Basic 对于多线程无原生支持，只能通过对 Windows API 的调用实现。VB.NET 2002 以及之后的版本都支持多线程技术。

对异常处理不完善。Visual Baisc 中内置异常处理，即使未写异常处理代码，一旦用户出错也会弹出一个明确写出出错原因的对话框，接着程序终止。

1.3 VB 程序的开发环境

编写 VB 程序需要一个集成开发环境的支持，利用该环境提供的平台和各种工具，程序员可以进行程序的快速开发。本节以 VB 6.0 为例，简要介绍 VB 程序的开发环境。

1.3.1 VB 6.0 的启动

在"开始"菜单中的"程序"菜单项中，选择 Microsoft Visual Studio 6.0 级联菜单中的 Microsoft Visual Basic 6.0 命令，即可启动 VB 6.0。启动后首先弹出"新建工程"对话框（如图 1-1 所示），其中列出了 VB 6.0 能够创建的工程类型。系统默认的工程类型是"标准 EXE"，本书中出现的 VB 程序一般都属于该类型。对话框有 3 个选项卡：

- "新建"选项卡：建立新的 VB 应用程序工程。
- "现存"选项卡：打开已经存在的 VB 应用程序工程。
- "最新"选项卡：列出最近打开过的 VB 应用程序工程。

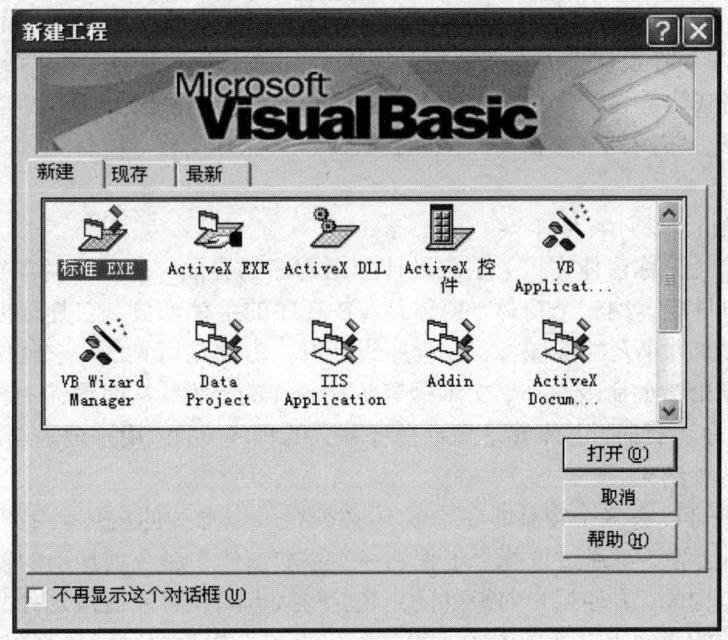

图 1-1 "新建工程"对话框

在"新建"选项卡里选中"标准 EXE"，单击"打开"按钮，就创建了一个 VB 程序，并进入了 VB 6.0 集成开发环境的主界面，如图 1-2 所示。

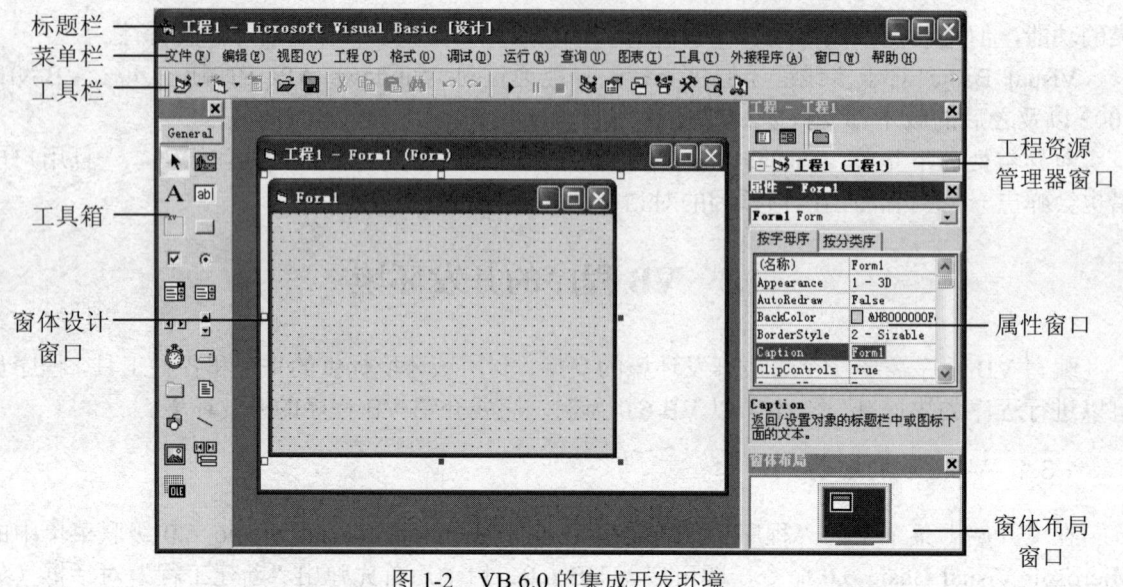

图 1-2 VB 6.0 的集成开发环境

1.3.2 VB 集成开发环境（IDE）

Visual Basic 6.0 的主界面由标题栏、菜单栏、工具栏、工具箱、窗体设计窗口、工程资源管理器窗口、属性窗口、代码窗口、窗体布局窗口和立即窗口等组成。位于顶端的标题栏显示主界面的标题，在标题尾部的方括号中说明应用程序当前所处的工作状态，VB 有设计（Design）模式、运行（Run）模式和中断（Break）模式 3 种工作状态。位于标题栏下方的菜单栏包含了 13 个下拉式菜单，除了常见的"文件"、"编辑"、"视图"、"窗口"和"帮助"等菜单之外，还有"工程"、"格式"、"调试"和"运行"等编程专用的菜单。位于菜单栏下方的工具栏以图标的形式提供了部分常用的菜单命令，例如打开工程、保存工程、运行当前工程、显示属性窗口等。

1. 窗体（Form）设计窗口

窗体设计窗口（简称窗体窗口）用来设计应用程序的界面，也称为对象窗口，如图 1-3 所示。每个窗体窗口只能容纳一个窗体，窗体是 VB 程序的主体部分，它具有标准窗口的一切功能，可被移动、改变大小及缩成图标。在程序设计时，窗体是可见的，它就像一块画布，程序员可以在窗体中画出诸如命令按钮、文本框等各种各样的控件，从而设计出一个完整的 VB 应用程序界面；在程序运行时，窗体就是显示在屏幕上的程序界面，用户通过与窗体和控件交互，输入数据，得到各种结果。

一个应用程序可以有多个窗体，每个窗体必须有一个唯一的窗体名字，建立窗体时默认名为 Form1、Form2 等。可通过选择"工程"→"添加窗体"命令增加新的窗体。处于设计状态的窗体由网格点构成，方便用户对控件的定位，网格点间距可以通过选择"工具"→"选项"命令，在其对话框的"通用"选项卡的"窗体网格设置"中设置，默认高和宽均为 120 Twip（缇）。1 Twip=1/567 cm=1/20 Point。

2. 属性（Properties）窗口

对象（窗体和控件）的外观、标题和颜色等特征是通过一组属性加以刻画的，可以在属性窗口中设置或修改窗体和控件的属性,如图 1-4 所示。当选定一个窗体或控件时,属性窗口会自动显示其属性列表。系统已经为所有的属性提供了默认值,程序员只需对其中一些重要的属性进行设置或修改,其他属性的值则可以保留。

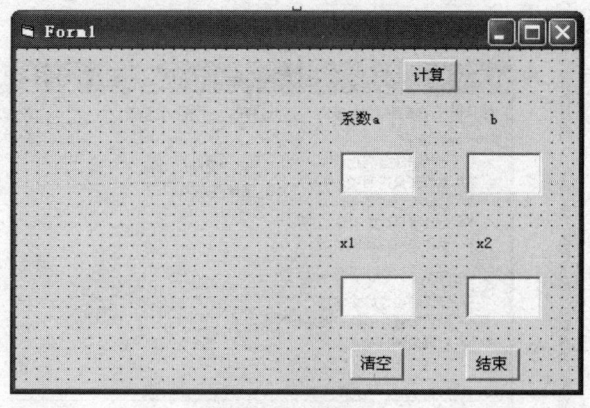

图 1-3　窗体窗口

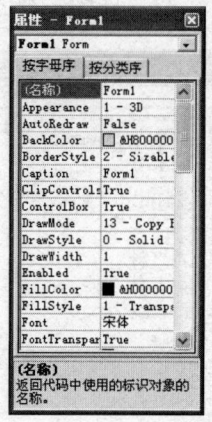

图 1-4　属性窗口

属性窗口由以下 4 个部分组成:

(1) 对象列表框:单击其右侧的下拉列表框按钮,可以选择并打开所选对象。

(2) 属性排列方式:有"按字母序"和"按分类序"两个选项卡。默认方式为按字母顺序进行排列,可通过相互切换选项卡来改变所选对象的属性排列顺序。

(3) 属性列表框:列出所选对象在设计模式下可更改的属性及默认值。属性列表纵向分为两部分,左边所列的是各种属性,右边所列的则是相应的属性值。用户可以选定某一属性,然后对该属性值进行设置或修改。

(4) 属性含义说明:当在属性列表框中选取某一属性时,会在"属性含义说明"区域显示所选属性的含义。

提示:当某一对象的属性窗口被关闭后,可通过按快捷键 F4 或单击工具栏上的"属性"按钮 来重新打开。

3. 代码(Code)设计窗口

代码设计窗口(简称代码窗口)是 VB 中专门用来进行编写程序代码的编辑窗口,各种事件过程、用户自定义过程等源程序代码的编写和修改均在此窗口中进行,如图 1-5 所示。它相当于一个专用的字处理软件,提供了许多强大的文本编辑功能。例如可以对代码进行复制、剪切和删除等操作,在输入代码的过程中,会自动按语法规则缩进,而且还进行语法提示和大小写字母转换等辅助工作。

打开代码窗口最简单的方式是:双击窗体、控件,或单击工程资源管理器窗口中的"查看代码"按钮。

代码窗口主要包含以下内容:

(1) 对象列表框:显示所选对象的名称。可以单击其右侧的下拉按钮来显示此窗体中的对象名。

(2) 过程列表框:列出所有对应于对象列表框中对象的事件过程名称和用户自定义过程的名称。

在对象列表框中选择对象名，在过程列表框中选择事件过程名，即可构成选中对象的事件过程模板，用户可在该模板内编写代码。

提示：若想使用更多便于编写、显示代码的编辑功能，可通过单击"工具"→"选项"命令，在打开的"选项"对话框的各选项卡中进行设置，如图1-6所示。

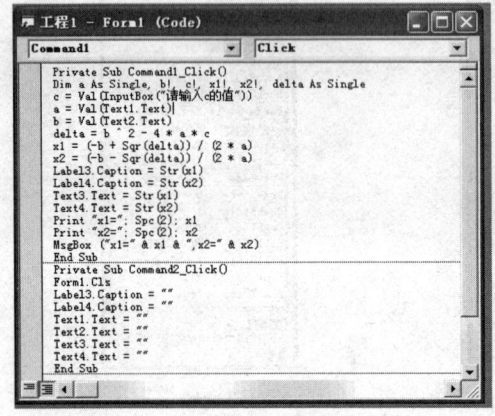

图1-5 代码窗口

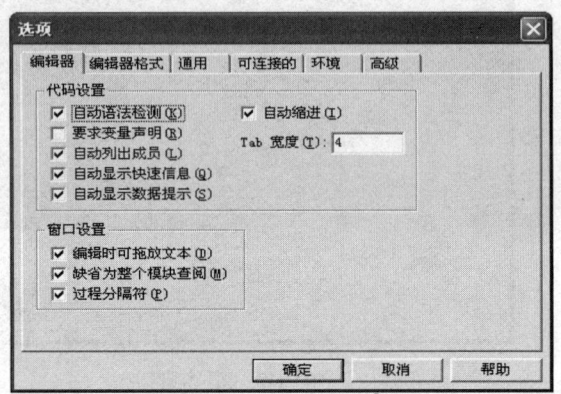

图1-6 "选项"对话框

4. 工程资源管理器（Project Explorer）窗口

创建和编写一个VB程序的过程中，经常会产生各种各样的文件，例如工程组文件（.vbg）、工程文件（.vbp）、窗体文件（.frm）、标准模块文件（.bas）、类模块文件（.cls）以及资源文件（.res）等。系统采用工程的模式组织该程序所包含的全部文件，工程资源管理器窗口类似于一个资源管理器，能够从宏观上对工程进行控制和管理，如图1-7所示。在工程资源管理器窗口中以层次方式列出与当前工程有关的所有文件，程序员可以非常方便地对其中的某一个文件进行编辑、删除等操作。

工程资源管理器窗口中有以下三个按钮：

（1）"查看代码"按钮：切换到代码窗口，显示和编辑代码。

（2）"界面设计"按钮：切换到窗体窗口，显示和编辑对象。

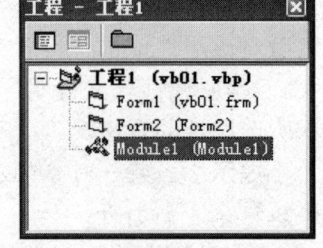

图1-7 工程资源管理器窗口

（3）"切换文件夹"按钮：切换文件夹的显示方式。

工程资源管理器窗口下方的列表窗口以层次化列表形式列出组成这个工程的所有文件。它包含以下两种主要类型的文件：

（1）窗体文件（.frm文件）。该文件存储窗体上所使用的所有控件对象及相关属性、与对象相对应的事件过程、程序代码。一个应用程序至少要包含一个窗体文件。

（2）标准模块文件（.bas文件）。该文件包含所有模块级变量和用户自定义的通用过程，该类型可选。

提示：对于如图1-7所示的工程1(vb01.vbp)、Form1(vb01.frm)、Form2(Form2)、Module1（Module1）等，括号左边的部分依次表示该工程、窗体、标准模块的名称（即Name，在程序代码中使用）；而括号内的部分则依次表示该工程、窗体、标准模块保存在磁盘上的文件名，带扩展名的表示文件已被保存过，无扩展名的则表示当前文件尚未保存。

5. 立即（Immediate）窗口

立即窗口是 VB 6.0 提供的一个辅助工具，如图 1-8 所示。它的主要功能有两个：

（1）调试程序。例如在立即窗口中显示程序运行的中间结果，以及在中断工作状态下直接查看变量的内容。

（2）执行表达式、函数或命令。如果程序员想了解一些函数、命令的功能，或者快速验证某个表达式的计算结果，则可以在立即窗口中输入这些表达式、函数或命令，然后执行并查看结果。

6. 窗体布局（Form Layout）窗口

窗体布局窗口一般位于主界面的右下角，用于指示程序运行时窗体在屏幕上的初始位置，如图 1-9 所示。使用窗体布局窗口主要是为了使所开发的应用程序能够在不同分辨率的屏幕上正常运行，在多窗体应用程序中较有用。程序员可以在窗体布局窗口中用鼠标拖动的方法任意调整程序运行时窗体出现的位置。

7. 工具箱（Toolbox）窗口

工具箱提供了用于设计窗体所需的各种控件，如图 1-10 所示。VB 启动时，一般只在工具箱中装载一些基本的控件，这些控件总共有 20 个，又被称为标准控件或内部控件。工具箱窗口由 21 个按钮构成，利用这些工具，用户可以在窗体上设计各种控件。程序员也可以根据需要，选择"工程"→"部件"命令向工具箱中添加一些经过 Windows 注册的高级控件，例如 ActiveX 控件。

提示：指针不是控件，它仅用于移动窗体和控件以及调整其大小。

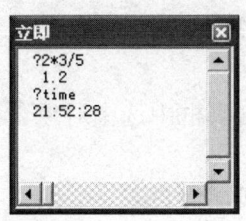
图 1-8　立即窗口

图 1-9　窗体布局窗口

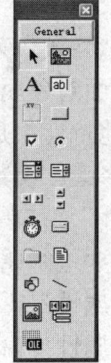
图 1-10　标准工具箱

8. 对象（Object）浏览器窗口

对象浏览器窗口显示对象库中类的属性和方法，并且可以显示模块及过程，也可以用于寻找和使用自己创建的对象。

单击"工具栏"中的"对象浏览器"快捷按钮可以进入对象浏览器窗口，它的具体使用将在以后章节中介绍。

1.4　VB 程序设计步骤

VB 作为一种可视化的程序设计语言，与传统的高级语言相比，无论程序的结构还是设计的方法，都有着较大的区别。下面介绍一个简单的应用程序，使读者了解 VB 程序设计的基本步骤和一些与编程有关的重要概念。

1.4.1 一个简单的 VB 小程序

【例 1.1】在窗体中有一个文本框和两个命令按钮。当单击"显示"按钮时，在文本框中显示一行欢迎文字；当单击"退出"按钮时，程序运行结束。

操作步骤如下：

（1）启动 VB 并创建一个新工程。单击"开始"按钮，打开"开始"菜单中的"程序"菜单，在"程序"菜单项中选择 Microsoft Visual Studio 6.0 级联菜单中的"Microsoft Visual Basic 6.0 中文版"命令，启动 VB 6.0，屏幕上显示如图 1-1 所示的"新建工程"对话框，其中列出了 VB 6.0 所能创建的所有工程类型。

在"新建工程"对话框中选择"新建"选项卡，选中"标准 EXE"项，单击"打开"按钮，就创建了一个默认名为"工程 1"的 VB 新工程，同时进入了 VB 6.0 应用程序的集成开发环境主界面，并自动产生了一个名为 Form1 的窗体，如图 1-2 所示。

（2）程序界面（窗体窗口）设计。单击工具箱中的"文本框"按钮，把鼠标指针移动到"窗体窗口"中的窗体 Form1 上，按住鼠标左键并拖曳鼠标即可画出文本框控件。采用同样的方法依次在窗体上画出两个命令按钮控件。

提示：①在窗体中添加对象，也可以通过双击工具栏中的所选控件完成添加。

②要建立多个相同性质的控件，不要通过复制的方式，应逐一建立。

③若想使多个控件具有统一的尺寸大小和基准位置，可按住 Ctrl 或 Shift 键将它们一一选中，再通过"格式"菜单中的"统一尺寸"和"对齐"子菜单下的命令去完成。

（3）界面对象属性设置。对象建立好后，就要为其设置属性值。窗体上的对象的外观、名称以及其他特性都是由其属性值决定的，对象的大部分属性可以通过属性窗口（如图 1-4 所示）设置或修改。设置对象的属性是为了使对象符合应用程序的需要。

在"属性"窗口中设置对象属性的步骤如下：

1）单击要进行属性设置的对象，或在"属性"窗口的对象列表框中选中对象名称。

2）在"属性"窗口中左侧属性名部分选中要设计的属性。

3）在"属性"窗口右侧属性值部分选择或输入属性值，完成属性设置。

表 1-1 列出了对本例中各对象的属性设置。文本框的 Text 属性值为空串（""），表示无显示内容。

表 1-1 例 1.1 中对象的属性设置

对象	属性	属性值	说明
Form1	Caption	例 1.1	窗体的标题
Text1	Text	""	文本框的显示内容
Command1	Caption	显示	命令按钮的标题
Command2	Caption	退出	命令按钮的标题

提示：①对象的大多数属性可以在设计阶段时在"属性"窗口中设置，也可以在程序代码编写过程中进行赋值，但"名称"属性只能在设计阶段进行设置。

②若窗体上各控件的字号等属性要设置成相同的值，不要逐个设置，只要在建立控件前将窗体的字号等属性设置好，则以后所建立的控件都会将该属性值作为默认值。

（4）编写对象事件过程代码。建立用户界面并为每个对象设置了相关属性后，就要考虑用什么事件来激活对象所需的操作了，这就涉及对象事件的选择和事件过程代码的编写。事件过程代码的编写总是在代码窗口中进行的。

代码窗口是用于进行程序设计的窗口，可显示和编辑程序代码。代码窗口中左边的对象下拉列表框列出了该窗体的所有对象（包括窗体），右边的过程下拉列表框列出了与左边选中对象相关的所有事件。

双击"显示"按钮打开代码窗口，在窗口右顶端的"事件"组合框中选择 Click 事件名，则会在代码窗口中自动出现以下语句：

```
Private Sub Command1_Click( )
End Sub
```

这是"显示"按钮单击（Click）事件过程的框架。在上述两条语句之间输入代码：

```
Text1.Text="欢迎进入 Visual Basic 6.0！"
```

采用同样的方法，对"退出"按钮的 Click 事件进行编程。

```
Private Sub Command2_Click( )
End
End Sub
```

提示：①进入代码窗口有以下几种方法：
- 右击对象，选择"查看代码"命令。
- 选择"视图"→"代码窗口"命令。
- 双击对象。
- 按 F7 键。
- 单击"工程资源管理器"窗口上端左侧的"查看代码"按钮。

②选择事件过程的方法有：
- 双击对象。
- 在代码中选择对象，然后选择事件。

（5）运行和调试程序。一个完整的应用程序设计好后，可以利用工具栏中的"启动"按钮 ▶ ，或者按 F5 键，或者选择"运行"→"启动"命令运行程序。

VB 程序通常会先编译，检查是否存在语法错误。当存在语法错误时，则显示错误提示信息，提示用户进行修改；若不存在语法错误，则执行程序。此时若单击命令按钮就会执行相应的事件过程。

单击"运行"菜单，选择"启动"命令开始执行程序，这时在屏幕上就出现了该程序的窗体。如果单击"显示"按钮，在文本框中将会显示"欢迎进入 Visual Basic 6.0！"，如图 1-11 所示；如果单击"退出"按钮，则程序运行结束。

图 1-11　例 1.1 的运行结果

提示：对于初学者，程序运行时出现错误是很正常的，关键在于要逐渐学会去发现错误并改正错误。编译系统是一个绝对严格的检验师，不会放过所出现的任何细小的错误。调试程序的方法见 1.4.3 节"VB 的程序调试"部分。

（6）保存工程。前 5 个步骤已完成了一个简单 VB 应用程序的建立，但这些程序都位于内存中，因此还需要将其保存在磁盘上。

在 VB 中，一个应用程序以工程文件的形式保存在磁盘上。一个工程可包含多种类型的文件，但至少要包含工程文件（.vbp）和窗体文件（.frm）。工程文件保存了该工程有关的所有文件和对象的清单，是整个程序的核心。而窗体文件保存了窗体及其对象的属性和程序代码。一个窗体就对应于一个窗体文件。

单击工具栏上的"保存工程"按钮 ![] 将保存窗体文件和工程文件。对于新建的工程，在第一次保存文件时将依次出现"文件另存为"和"工程另存为"对话框，分别保存窗体文件和工程文件。

至此，一个完整的应用程序编制完成了。若用户需要再次修改或运行该文件，只需双击该工程文件名；或者单击"文件"→"打开工程"命令，选择该工程文件后将程序调入。

提示：①在运行程序前，需要先保存程序，这样可以避免由于程序不正确而造成死机时所导致程序丢失情况的发生。在程序运行结束后，还要将修改过的有关文件进行存盘。

②在保存工程文件时，一定要确定文件所存放的位置和名称。一般是将同一工程文件中的所有类型的文件存放在同一文件夹中，以便查找、修改和管理。系统默认的路径为 C:\Program Files\Microsoft Visual Studio\VB98。

③若要改变文件的保存位置，应选择"文件"菜单中的"文件另存为"或"工程另存为"命令。

④在保存工程文件时，千万别忘了保存相关的窗体文件。

（7）生成可执行文件和制作安装包。VB 程序的执行有两种方式：解释方式和编译方式。例 1.1 的程序是在 VB 集成开发环境中运行的，这种运行模式称为解释运行。选择"运行"菜单中的"启动"命令之后，系统就会把当前的程序代码解释为相应的机器代码再执行。如果再次运行该程序，则需要重新进行解释，因此程序的运行速度较慢。在程序的设计阶段一般采用解释运行模式，以便于程序的修改和调试。

如果在"文件"菜单中选择"生成 EXE"命令，系统就会把程序的全部代码都转换为机器代码，并生成程序的可执行文件（.exe）。此时程序能够脱离 VB 集成开发环境而单独运行，这种运行模式称为编译运行，其运行速度显然要快于解释运行。

当然，如果要将生成的可执行文件在未安装 VB 系统的 Windows 环境下运行，还必须制作安装文件 setup.exe，该文件里还包含可能用到的其他动态链接库文件。该安装文件可通过 VB 的专用工具 Package & Deployment 来完成。

1.4.2 VB 程序设计的步骤与书写规则

1. VB 程序设计的步骤

从例 1.1 的操作步骤中可以发现，一个完整的 VB 程序设计由建立新工程、设计程序界面、编写程序代码、运行和调试程序、保存所有文件、生成可执行文件和制作安装包等步骤组成。其中在程序界面设计中绝大部分操作是通过窗体窗口、属性窗口和工具箱等部件来实现的，直观并且操作简便,无须书写程序代码。这种可视化的编程方法明显减少了编写程序代码的工作量,提高了程序设计的自动化程度,程序界面也更加美观实用。

2. VB 程序设计的书写规则

(1) VB 代码不区分字母的大小写。VB 对用户编写的程序代码自动进行转换。将 VB 中的关键字首字母转换为大写,其余字母小写。对于由多个英文单词组成的关键字,则自动将每个单词的首字母转换成大写字母。对于用户自定义的变量名、过程名、函数名,VB 以第一次为准,以后自动转换成首次定义的形式。

(2) 一行中可以书写多条语句。VB 程序通常由若干行组成,一行一条语句。对于一些简短的语句可以将几条语句写在同一行中,中间用冒号":"分隔。

(3) 一条语句可进行续行书写。在 VB 中一行最多可以包括 255 个字符,为了增强可阅读性,可以将一条字符较多的语句分成几行书写,在要续行的行尾加续行符(一个空格后跟一个下划线"_")。

(4) 使用注释。既可用以 Rem 开头的整行语句作为注释语句,也可用一个上撇号"'"引导语句后的注释内容。注释内容在代码窗口中以绿色显示。

1.4.3 VB 的程序调试

在编写程序的过程中发生错误是难免的,程序调试就是查找和修改错误的过程。通常可以将程序错误分为:编辑错误、编译错误、运行错误和逻辑错误。

1. 编辑错误

当用户在代码窗口中输入完一行代码时,VB 会对程序直接进行语法检查。当发生错误时,VB 会弹出一个对话框,提示出错信息。当用户通过单击出错提示对话框中的"确定"按钮关闭该对话框后,出错的那一行语句将以红色显示,提示用户加以修改。

这类错误往往是由于用户没有输入完整的语句就按了回车键或关键字输入错误等情况引起的。

2. 编译错误

用户单击"启动"按钮后,VB 在开始运行程序前先要对程序进行编译。若在此时发现有用户未定义变量等情况出现,也会弹出对话框并提示出错信息。出错部分被高亮度显示,同时停止编译。

3. 运行错误

当程序已通过编译但在运行时所产生的错误称为运行错误。发生运行错误时,在所弹出的错误提示对话框中单击"调试"按钮后进入中断模式,光标则停留在出错行上提示用户加以修改。

这类错误往往是由于执行了非法操作引起的,例如数据类型不匹配、除数为零等。

4. 逻辑错误

程序运行后,没有提示出错信息,但却得不到所期望的结果,说明在程序中存在着逻辑错误。这往往是由于程序设计存在错误引起的,这类错误需要程序员仔细阅读程序进行排错。在 VB 中通常可以使用以下方法进行排错:

(1) 设置断点和逐句跟踪。在设计模式或中断模式下,单击怀疑存在错误的语句行左侧的窗口边框或按 F9 键,即设置了断点。当运行程序到断点语句位置(该语句未执行)停下,进入中断模式,此时将鼠标停留在正要查看的变量上,将显示其值。按 F8 键将执行下一条语句,并在代码窗口边框上标记当前行位置。

(2)调试窗口。在中断模式下,还可以通过立即窗口、监视窗口和本地窗口查看有关变量的值。选择"视图"菜单中对应的命令,即可打开这些窗口。

1.4.4 程序举例

下面将再通过演示一个稍微复杂的例子来进一步熟悉 VB 程序设计的整个过程,本例题暂不要求学生上机实现。

【例 1.2】编写一个抽奖程序,当输入欲产生中奖号码的组号后,界面上将随机不断产生号码,直到主持人按下停止按钮时号码停止滚动,此时显示的号码即为本组中奖号码,并以红色显示。

分析:在抽奖程序的界面上设置一个文本框,用于输入产生中奖号的组号。利用 VB 6.0 的时钟和随机数函数,可以每隔一段时间(如 0.1 秒)运行一个过程、随机产生一个号码。使用标签可以使产生的号码固定显示在屏幕上的某个位置。

为了可以多次产生中奖号码,可以在屏幕上建立一个按钮(上面显示"开始"字样),单击这个按钮,开始不断产生号码,此时这个按钮上显示"停止"字样;再次单击这个按钮,停止产生号码,最后产生的号码作为中奖号码。停止产生号码后,按钮上面又显示"开始"字样,可以继续产生抽奖号,直到退出程序。图 1-12 所示是一个抽奖程序的界面。

图 1-12 抽奖程序的界面

操作步骤如下:

(1)新建一个工程,在窗体上分别创建 3 个标签、1 个文本框、1 个时钟控件和 2 个命令按钮。在属性窗口中对窗体和各控件的属性进行设置(时钟控件属性取默认值),如表 1-2 所示。

表 1-2 例 1.2 中对象的属性设置

控件类别	对象	属性	属性值
窗体	Form1	Caption	抽奖
		Picture	C:\Windows\Web\Wallpaper\Red Moon desert.jpg
		Icon	C:\Program Files\Microsoft Visual Studio\Common\Graphics\Icons\Computer\key04.ico
		StartUpPosition	2—屏幕中心
文本框	Text1	Text	" "
		FontSize	小二
		MaxLength	1

续表

控件类别	对象	属性	属性值
标签	Label1	Caption	中奖号:
		FontSize	小二
		FontBold	True
		BackStyle	0—Transparent
		ForeColor	&H00FFFFFF&（白色）
	Label2	Caption	输入组号
		FontSize	小三
		FontBold	True
		ForeColor	&H0000FFFF&（黄色）
		BackStyle	0—Transparent
	Label3	名称	lblNo
		Caption	（空）
		FontSize	小二
		FontBold	True
		ForeColor	&H00FFFFFF&（白色）
		BackStyle	0—Transparent
命令按钮	Command1	名称	cmdOk
		Caption	开始
	Command2	名称	cmdExit
		Caption	退出(&E)

提示：对象的名称属性值最好具有实际意义，如 cmdExit 表示"退出"命令按钮。

（2）完成界面设计之后，打开对象事件代码窗口，开始编写程序代码。除了双击窗体或控件可以打开代码窗口之外，选择"视图"菜单中的"代码窗口"菜单项或按 F7 键，都可以打开代码窗口。如果想针对某个对象编写某个事件的事件过程，可以先在代码窗口顶部左侧的"对象"组合框中选择对象名，然后在顶部右侧的"事件"组合框中选择事件名，就会在窗口中自动出现相应事件过程的框架。

以下是抽奖程序的代码设置方法：

1）双击 Text1 文本框对象，进入代码窗口编写如下事件过程代码：

```
Private Sub Text1_Change( )
    Text1.Text=Ucase(Text1.Text)      '将输入的字符转换为大写状态
End Sub
```

2）双击 Form1 窗体对象，进入代码窗口编写如下事件过程代码：

```
Private Sub Form_Load( )
    Randomize                         '将 Rnd 函数的随机数生成器初始化
End Sub
```

3）双击 Timer1 时钟对象，进入代码窗口编写如下事件过程代码：

```
Private Sub Timer1_Timer( )
    Rem    随机产生一个中奖号码
    Dim x As Long
    x= Int(Rnd*100000)              '随机产生 0～99999 之间的整数
    lblNo.Caption= Text1.Text + Format(x, "00000")
End Sub
```

提示：①VB 程序代码中西文的单引号 " ' " 后面的字符被认为是注释性语句，仅用作说明，不会执行。因此，实验时可以不必书写。

②Rnd 函数产生[0,1)之间的双精度随机数。默认情况下，由于 VB 提供了相同的种子值，每次运行时产生相同序列的随机数。在使用 Rnd 函数之前，执行 Randomize 语句，将提供一个新的种子值，产生不同的随机数。

4）双击 cmdOk 命令按钮对象，进入代码窗口编写如下事件过程代码：

```
Private Sub cmdOk_Click( )
    If cmdOk.Caption= "开始" Then
        Timer1.Interval= 100             '设置每隔 100ms 执行一次 Timer1_Timer 事件过程
        lblNo.ForeColor= &HFFFFFF        '设置字体颜色为白色
        cmdOk.Caption= "停止"
    Else
        Timer1.Interval= 0               '时钟不起作用，不执行 Timer1_Timer 事件过程
        lblNo.ForeColor= RGB(255,0,0)    '使用 RGB 函数设置字体颜色为红色
        cmdOk.Caption= "开始"
        Text1.SetFocus                   '将焦点放到 Text1 文本框中
    End If
End Sub
```

提示：颜色值的表示方法有以下两种：

① RGB 函数：3 个参数值都在 0～255 之间，分别表示红色、绿色和蓝色。

② 6 位十六进制数：每两位表示一个颜色值，从高位到低位分别表示蓝色、绿色和红色。

5）完成 cmdOk 对象 Click 事件过程的编写后，在代码窗口的对象栏中选择 cmdExit，在事件过程栏中选择 Click 事件，编写 cmdExit 对象的 Click 事件过程代码：

```
Private Sub cmdExit_Click( )
    End
End Sub
```

6）运行、调试程序，保存并生成可执行文件等操作，如图 1-13 所示。

图 1-13　例 1.2 的运行结果

习题

1. 程序设计语言的发展经历了哪几个阶段？它们各有什么特点？
2. VB 语言与传统的程序设计语言相比有哪些区别？
3. 简述启动 VB 6.0 的方法。
4. VB 6.0 的集成开发环境有哪些主要组成部分？
5. 如何在窗体中绘制控件？
6. 一个 VB 程序可能包含哪些文件？
7. 什么是对象、事件和事件过程？
8. 简述 VB 程序开发的主要步骤和特点。
9. 编写一个简单的 VB 程序。要求：单击窗体之后，在窗体上显示一行欢迎文字"欢迎你进入 VB 世界！"。

第 2 章　VB 语言设计基础

程序设计就是人们把问题抽象为一些数据和针对数据的操作，并设计出解决问题的方法和步骤，最终翻译成计算机语言的表示形式，使得计算机能够按照预期的目的计算并输出处理的结果。对于程序设计者来说，建立求解模型固然重要，但是对计算机语言的了解程度也是解决问题的关键。

本章将介绍 VB 语言的基本规则，以期设计者能够更清楚地了解 VB 语言的更多细节，为程序设计者编写高效、可靠的应用程序打下坚实的基础。

- VB 语言的基本数据类型
- VB 中的运算符与表达式
- VB 中常用的内部函数
- VB 中的赋值语句与流程控制语句

2.1　VB 中的对象和控件

面向对象编程技术和传统结构化编程的主要区别就是面向对象编程过程中对象的使用贯穿始终。在 VB 程序设计中最基本也是最重要的两个概念：对象和控件来源于对现实世界事物的抽象描述。

2.1.1　VB 中的对象

在 VB 中，对象是具有属性、方法和事件的实体，也就是包含了数据和代码的逻辑实体，数据就是描述该对象状态的属性，代码是指该对象可以执行的行为。对象这一实体是对现实世界中某些对象的模型化。对象仅在程序执行时存在。

同现实世界中的一个砖头（对象）具备名称、尺寸、颜色、重量等特征一样，VB 中的对象也有类似的概念——属性。

VB 中对象的属性是指对象的外观和状态等特征的说明，如名称（Name）、是否可用（Enabled）、是否可见（Visible）等。在 VB 中，一个对象可以有多个属性，而不同的对象一般情况下具有不同的属性。

与现实世界中的一个小狗（对象）可以有走路、玩耍、吠叫、撕咬等行为相对应，VB 中也有方法这一概念。对象的方法是指对象能执行的操作，通过执行预先设定的代码实现某种操作，如 Move 方法、Print 方法等。

在现实世界中，如果陌生人用脚踢一只小狗，一般情况下会引起小狗的愤怒，进而可能会遭到小狗的报复。与此相应，VB 中的对象还有另外一个重要的概念——事件。对象的事件是指能够被对象识别的在程序执行时由系统自身或用户所引发的一些事件，如单击、双击等事件。每个事件都可以对应一组代码，也就是事件过程。

在程序执行时，用户针对某对象执行了某事件，就会触发该对象的相应事件，系统也就会执行相应的事件过程。在识别到用户所触发的事件后，系统将执行该事件所对应的代码——事件过程。事件过程里的代码可以由程序员设定，从而能够完成特定的运算或操作。程序员通过预先设定多个对象的多个事件，并建立起各个对象事件之间的逻辑关联，就可以完成较复杂的任务。事件机制是 VB 程序运行的最基本机制，不仅简单易行，也给用户带来了良好的使用体验。

2.1.2　VB 中的控件和控件类

VB 中的控件是对象的图形化表示形式，这使得在程序编辑与程序运行时都可以与用户进行可视化的交互。但是也有一些对象在程序编辑时或程序运行时没有图形化表示形式，如计时器对象、Screen 对象等。程序设计者在程序编辑时和程序执行过程中直接看到的并不是对象，而是与对象一一对应的控件。

控件类在 VB 中用于表示控件的类型，也就是某一类控件的统一规范和抽象描述。利用控件类，可以创建同种类型的多个具体的控件。

在 VB 开发环境下，工具箱里的图标对应的是一些常用的基本控件类。每一个图标都可以用于创建相应类型的控件（与对象一一对应）。

VB 程序设计的过程是可视化的面向对象编程，只需在 VB 提供的编辑界面下通过鼠标的操作和简单的配置，无须输入所有的代码，就可以完成对象的创建和界面设计工作。

2.2　窗体

窗体是 VB 程序设计过程中最常用到的对象，不仅是创建用户交互操作的基本元素，还是 VB 应用程序的基本构造模块。VB 程序中一般会至少创建一个窗口对象用于和用户进行交互，但是窗体也并不是应用程序必须要创建的对象（这种应用比较少见，因此不再介绍）。

2.2.1　窗体的组成、创建和移除

广义上的窗体实际上是指一块具有特定意义功能的区域。在 Windows 界面下，程序主窗口、对话框都是窗体，只是界面特征有区别而已。

1. 窗体的组成

窗体一般包含系统菜单、标题栏、"最大化"（或"还原"）按钮、"最小化"按钮、"关闭"按钮，如图 2-1 所示。

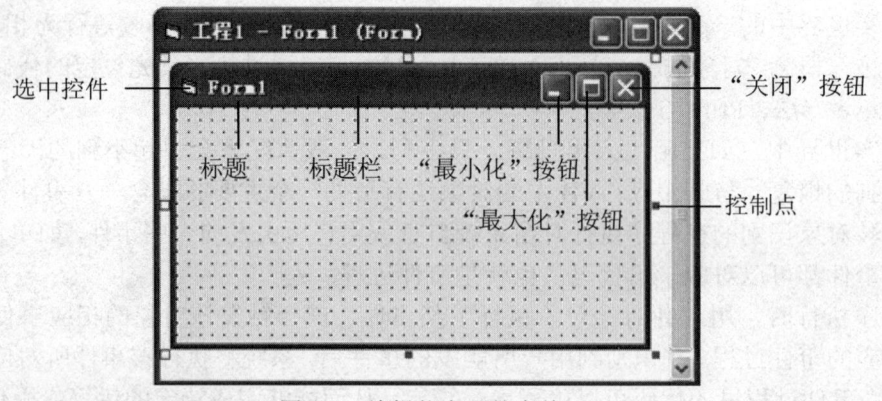

图 2-1　编辑状态下的窗体

系统菜单：在单击时可以打开包含有相应系统控制的菜单。

标题栏：可以显示窗体的标题。

"最小化"按钮：通过单击该按钮可以使当前窗体最小化。

"最大化/恢复"按钮：通过单击该按钮可以使窗体最大化或还原。

"关闭"按钮：通过单击该按钮可以关闭当前窗体。

窗体的工作区：窗体内，标题栏下方、除标题栏以外的区域。

2. 窗体的创建

运行 VB 系统并选择"新建"→"标准 EXE"后，系统会自动创建工程名为"工程 1"的工程和窗体名为 Form1 的窗体，并且此时 Form1 窗体处于编辑状态，如图 2-2 和图 2-3 所示。

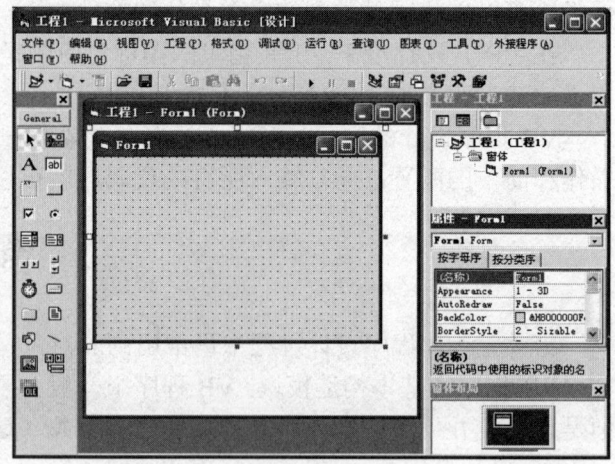

图 2-2　"新建工程"对话框　　　　图 2-3　VB 窗体的编辑状态

提示：处于编辑状态下的窗体四周有 8 个控制点，通过拖动实心的控制点可以调整窗体的大小，窗体此时所示的大小就是窗体运行后默认的大小。

此外，通过"工程"菜单中的"添加窗体"命令（如无特殊说明，本书以后将此类操作描述为："工程"→"添加窗体"）也可以打开"添加窗体"对话框，为当前工程新建一个窗体，如图 2-4 所示。

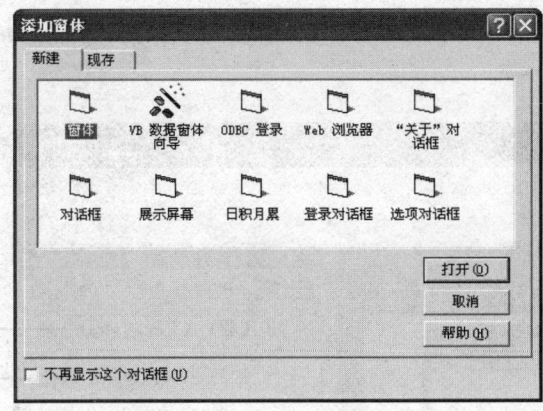

图 2-4 "添加窗体"对话框

3. 窗体的保存

对于新建的工程和窗体，如果从未执行过保存，在"工程资源管理器"中对应项括号内显示的内容与当前工程名或窗体名一致（括号前即是对应的工程名或窗体名），如图 2-5 所示。

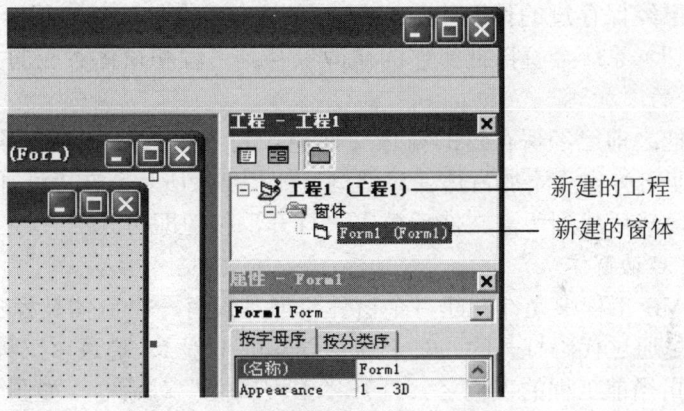

图 2-5 新建的工程和窗体

第一次保存窗体时，单击"文件"→"保存工程"命令（或单击工具栏中的 按钮）将弹出"另存为"对话框。如果存在多个新建窗体（从未以文件方式保存过）和工程，系统将依次先保存窗体文件（扩展名为.frm），再保存工程文件（*.vbp），如图 2-6 和图 2-7 所示。

图 2-6 窗体文件保存对话框

图 2-7 工程文件保存对话框

对于保存过的工程和窗体,其在"工程资源管理器"中对应项括号内显示的内容就是对应的文件名,如图 2-8 所示。

图 2-8　保存后的窗体和工程在工程资源管理器中显示的状态

如果对已经保存过的作了修改,只需要单击"文件"→"保存工程"命令(或单击工具栏中的■按钮)系统会直接把所作的修改保存到工程和窗体对应的文件中,不再弹出对话框。

4. 窗体的添加

如果要把之前已经保存过的窗体文件加入到当前工程内,只需要选择"工程"→"添加窗体"命令即可弹出"添加窗体"对话框,如图 2-4 所示。在"添加窗体"对话框中选择"现存"选项卡,然后找到所需文件后单击"打开"按钮即可。

5. 设置启动窗体

在一个 VB 工程中允许创建多个窗体,但是仅有一个窗体是程序启动时默认加载的窗体,其他窗体都是通过代码打开的。对于默认创建的工程 1,通过"工程"→"工程 1 属性"命令(工程 1 是指当前工程的工程名)打开"工程属性"对话框(如图 2-9 所示),在"通用"选项卡的"启动对象"下拉列表框中设置所需的启动窗体即可。

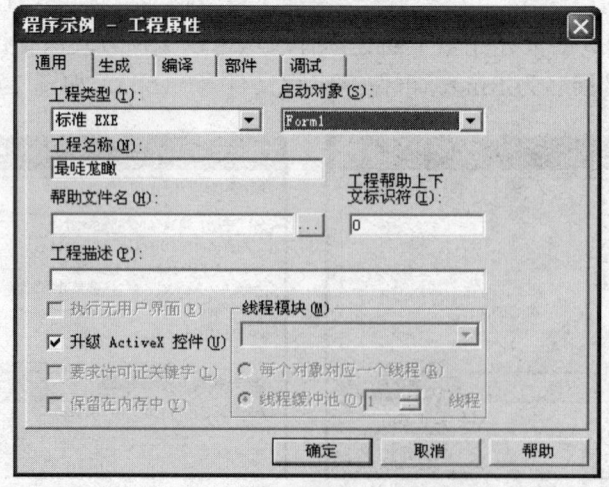

图 2-9　"工程属性"对话框

2.2.2 窗体的属性

简单来说，属性是描述某控件（对象）的基本特征。窗体作为一个控件也具有一系列属性，通过对窗体属性的设置可以改变窗体的状态。窗体控件常用的属性如表 2-1 所示。

表 2-1 窗体的属性及功能

编号	属性	功能
1	Appearance	设置/返回窗体在运行时是否以 3D 效果显示
2	AutoRedraw	设置/返回从绘图方法到一个持久性位图的输出
3	BackColor	设置/返回窗体的背景颜色
4	BorderStyle	设置/返回窗体的边框样式
5	Caption	设置/返回窗体标题栏中的标题文本
6	Controlbox	决定运行时窗体标题栏上是否显示控制菜单及按钮
7	Currentx	当前输出位置的横坐标
8	Currenty	当前输出位置的纵坐标
9	Enabled	设置/返回窗体是否响应用户所引起的事件
10	Font	设置窗体中输出文本的字体相关特征
11	ForeColor	设置/返回窗体中所输出文本和图形的前景色
12	Height	设置/返回窗体的高度
13	Ico	返回运行时窗体系统菜单图标和最小化时显示的图标
14	Left	设置/返回窗体的内部左边缘与其容器（Screen）左边缘之间的距离
15	MaxButton	设置/返回决定窗体是否有"最大化"按钮
16	MinButton	设置/返回决定窗体是否有"最小化"按钮
17	Name（名称）	设置/返回窗体的名称，程序执行时不可改写；在属性窗口中对应的是"名称"属性；通过代码调用时使用关键词 name
18	Picture	设置/返回窗体中所显示的图形
19	Top	设置/返回窗体顶端与其容器（Screen）顶端之间的距离
20	Visible	设置/返回窗体执行时是否可见
21	Width	设置/返回窗体的宽度

提示：要想修改窗体的属性，先选中该窗体，在属性窗口中即可看到窗体的各个属性。大多数属性通过属性窗口的帮助信息即可了解其使用方法。下面分别介绍几个窗体控件最常用的属性，这些属性比较具有代表性，其他属性的用法与此类似。

1. Caption 属性

Caption 属性的值就是出现在窗体标题栏左侧的文本内容，程序运行时起到提示用户的作用。窗体在被创建后，其每一个属性都有默认的值，Caption 属性的默认值和 Name 属性的默认值相同，但是两者有着本质的区别：Name 属性是用于标识窗体控件的，常常被用来和其他控件进行区分，而 Caption 属性的值仅仅是在运行时显示在窗体的标题栏中，从而起到提示用户的作用。

当然，也可以根据需要重新设置 Caption 属性的值。在 VB 中，可以通过属性窗口设置属性的值。

在处于编辑状态的窗体被选中的时候（窗体的四周有 8 个控制点出现），可以看到属性窗口内显示了该窗体的属性和对应的属性值。在属性名右侧选取相应属性，重新输入相应的值即可改变其属性值（有些属性值的修改是在相应的下拉菜单或对话框中选择系统预设的值），如图 2-10 所示。

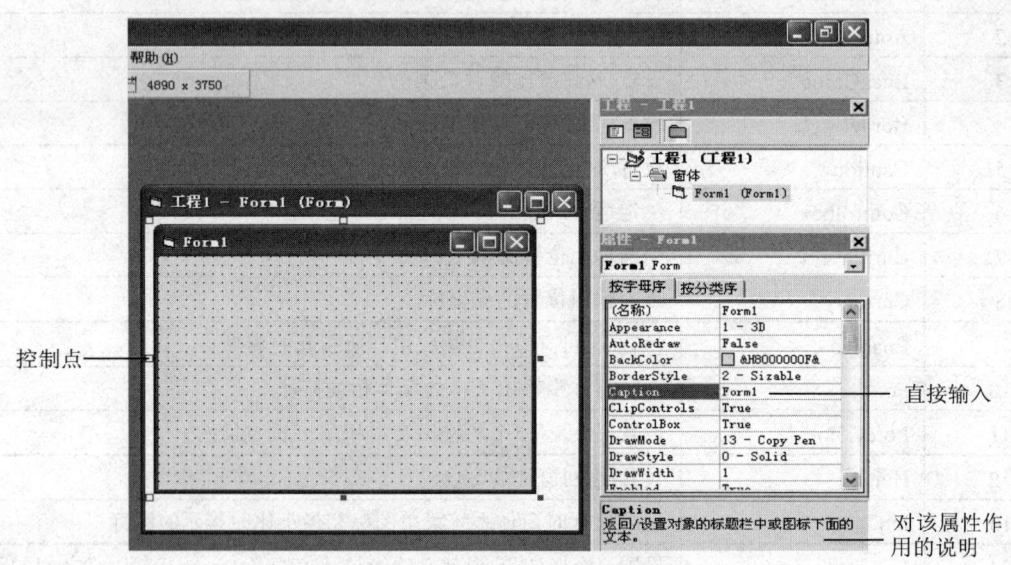

图 2-10　通过可视化界面设定窗体的 Caption 属性值

在属性窗口中，"按字母排序"和"按分类排序"对应的都是窗体的属性，只是各属性排列的先后顺序不同，两种排序方式下属性的数量相同。但是要注意，对于各属性而言，所需要的值是有数据类型要求的，不能随意填写，关于数据类型的知识将在 2.3 节介绍。

提示：新建多个窗体时，Name 属性的默认值依次为 Form1、Form2……，即"Form + 自然数序列"（"控件类的名称+自然数序列"）的形式，窗体的 Caption 属性默认值与本窗体的 Name 属性值一致。

2．Font 属性

Font 属性主要用于在程序编辑状态下预先设置窗体中输出文本的字体相关特征。

单击 Font 属性后面属性值区域的按钮 ... 或双击窗体的 Font 属性名，即可看到弹出的字体设置对话框，如图 2-11 所示。

通过 Font 对话框可以同时设置该窗体的多个属性，包括：字体名称（FontName）、文字是否加粗（FontBold）、文字是否倾斜（FontItalic）、字号大小（FontSize）、文字是

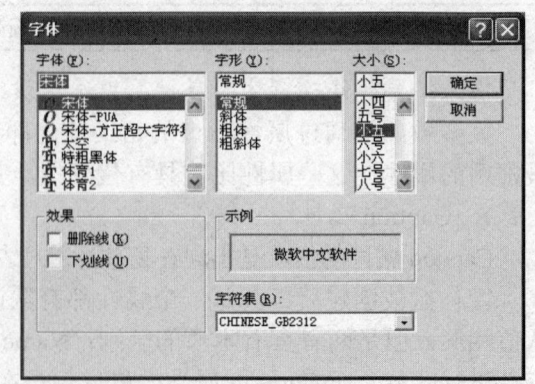

图 2-11　通过可视化界面设定窗体的 Font 属性值

否有下划线（FontUnderline）等。

3. Ico 属性

Ico 属性可以用来设置窗体运行时的系统菜单图标，通常设置为 ico 格式的图标文件。

设置窗体的 Ico 属性时，首先选中窗体控件，在"属性"对话框中选择 Ico 属性，再单击右侧的...按钮即可弹出选择图片的对话框。通过图片选择对话框可以选择扩展名为 ico 和 cur 的图片文件作为本窗体的系统菜单图标。

4. Picture 属性

Picture 属性用于在窗体控件中显示一个图片作为背景，以美化程序的界面。

Picture 属性的设置方法和 Ico 属性的设置方法类似，只是在选取图片的对话框中所能选择的图形文件格式更加丰富，可以支持 bmp、gif、jpg、wmf、ico、cur 等类型的图片文件。所设置的图片将以原大小靠左上对齐显示在窗体内。

表 2-1 中所列的大多数属性都简单易用，通过修改相应的属性值，参考属性窗口下方的简要说明即可掌握其作用方法。

提示：①如果想要清除已经设置好的 Picture 属性，只需要把光标定位到属性窗口中 Picture 属性的右侧文本框，按下 Delete 键即可。

②Visible 属性和 Enabled 属性都必须在运行状态下才能观察到其对窗体的影响。

2.2.3 窗体的事件

通过前面的介绍我们知道，VB 中对象的事件是指能够被对象识别的在程序执行时由系统自身或用户所引发的一些事件，每一个事件都对应一段代码——事件过程。

一个对象可以设置多个事件，不同的对象所能响应的事件也不尽相同。程序员通过预先设定多个对象和事件，并建立起各对象、事件之间的逻辑关联，就可以完成较复杂的功能。用户通过触发特定对象的事件即可使用程序实现的功能。

窗体所能响应的事件比较多，除了前面介绍的通用事件之外，窗体常用的事件如表 2-2 所示。

表 2-2 窗体的常用事件

编号	事件	触发条件
1	Activate	当一个窗体成为活动窗口时
2	Click	在鼠标按键被按下时触发
3	DblClick	在鼠标按键连续两次被按下时触发
4	Deactivate	当一个窗体不再是活动窗口时
5	Initialize	创建窗体实例的时候
6	Load	一个窗体被装载时
7	Resize	当一个窗体第一次显示或当一个对象的窗口状态改变时
8	Unload	一个窗体从屏幕上删除时

下面通过一个实例来了解一下这几种事件以及事件过程的编写方法，同时也可以学习一下通过代码修改控件属性的方法。

通过代码设定某对象属性名也是比较常用的方式，其语法格式要求如下：

　　　　[窗体名.] [<对象名>.]<属性名>=<属性值>

提示：①上述格式说明中的中括号"[ ]"的含义是括号里的选项可以省略不写。

②"."号是分隔符，也可以认为表示着该符号前后选项的从属关系。

③尖括号"＜＞"表示括号中的选项必不可少，如例 2.1 所示。

④实际使用的时候，括号本身不能写出来。

【例 2.1】 通过窗体的 Load 事件修改窗体的 Caption 属性值为"VB 属性修改程序"。

运行 VB 系统并选择"新建"→"标准 EXE"后，系统会默认创建工程"工程 1"和窗体 Form1。在系统默认创建窗体 Form1 的工作区（除标题栏以外的区域）双击打开该窗体控件的代码窗口并书写代码：Me.Caption="VB 属性修改程序"，如图 2-12 所示。

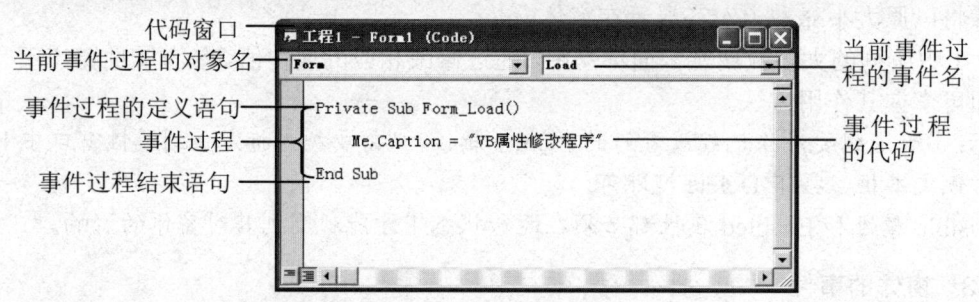

图 2-12　例 2.1 的代码窗口

其中，Me 是指当前窗体，即 Form1，因此，代码也可以写成：Form1.Caption="VB 属性修改程序"。Load 事件是窗体被载入的事件，代码中的双引号必须是西文的双引号。

当单击"运行"菜单中的"启动"项时，程序进入运行状态。此时可以看到当前窗体的标题已经不是最初默认的 Form1，而是"VB 属性修改程序"，如图 2-13 所示。这是因为程序启动后会自动加载窗体，这样就会触发窗体的 Load 事件，于是 Load 事件中的代码被系统执行。例题中 Me.Caption 的含义是"当前窗体的 Caption 属性"，因此该句代码的含义是把"="号右边部分的" VB 属性修改程序"赋值给当前窗体的 Caption 属性。代码中的双引号表示引号内的文字是纯粹的一个文本而不是代码或者其他形式。

提示：①通过单击代码窗口上方的对象名列表框可以选择所需要设置事件过程的对象，通过单击事件名列表框可以设置事件过程所对应的事件。

②在对象名、事件名确定后，系统会自动生成事件过程的定义语句和结束语句，用户无需自己书写，也尽量不要自己书写，以免发生错误。

③书写每一行代码前，通过按 Tab 键可以使代码向右缩进。这样的格式在代码比较多、结构比较复杂的时候有利于阅读代码和查找错误，因此开始代码书写时就应该养成缩进代码的好习惯。

④如果设置了多个事件过程，光标停留在哪个事件过程内，代码窗口上方就会显示相应事件过程的对象名和事件名。

【例 2.2】 编程实现每次单击窗体都使窗体向左移动 100 个单位（系统默认的单位是缇）。

分析：由表 2-1 可知，决定窗体水平位置的属性是 Left 属性，因此可以通过减少窗体的 Left 属性值使得窗体向左移动。题目已经明确单击窗体时向左移动窗体，因此修改窗体 Left

属性值的代码应该写在当前窗体的单击（Click）事件过程中。

在窗体 Form1 的 Click 事件过程内书写代码：Me.Left = Me.Left – 100，如图 2-14 所示。

图 2-13　例 2.1 程序执行的结果

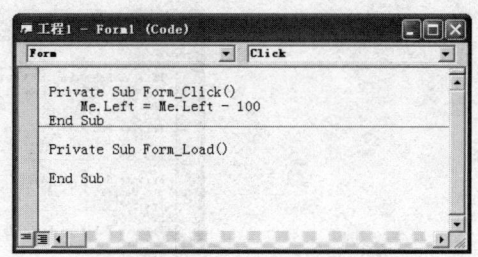

图 2-14　例 2.2 中的代码设计说明

代码写好后，按下 F5 键即可进入程序执行状态，此时单击窗体即可看到窗口向左移动了一定的距离。连续多次单击窗口，则窗口在每一次单击后都会向左移动相同的一段距离。

代码"Me.Left = Me.Left-100"的含义是：把当前窗体的 Left 属性减去 100 个单位后的结果赋值给当前窗体的 Left 属性，作为当前窗体 Left 属性的最新值。

可以把本例题中的事件名修改为 DblClick、Load 等事件，以观察各事件触发的条件。

提示：通过窗体布局窗口可以设置窗体运行后所处的位置。

2.2.4　窗体常用的方法

VB 中对象的方法是指对象可以执行的操作，是对象可以直接执行的一些特定过程（一组具有特定功能的代码）。这些代码被认为封装在对象中，是对象的一部分。

对于窗体而言，常用的方法主要有 Print 方法、Cls 方法、Show 方法、Hide 方法和 Move 方法等。

1. Print 方法

Print 方法可以用于在窗体对象上输出信息，其语法格式为：

[窗体名.]Print [表达式]

【例 2.3】编写程序，给窗体的多个事件过程（如 Load、Resize、Click、DblClick 等常用事件）添加代码，每个事件过程中的代码实现输出当前事件名，以观察各事件触发的条件。

编写代码如下（如图 2-15 所示）：

```
Private Sub Form_Click( )
    Form1.Print "Click"
End Sub

Private Sub Form_DblClick( )
    Form1.Print "DblClick"
End Sub

Private Sub Form_Load( )
    Me.Print "Load"
End Sub
```

```
Private Sub Form_Resize( )
    Print "Resize"          'Print 前未指定对象名，默认为当前窗体 Me
End Sub
```

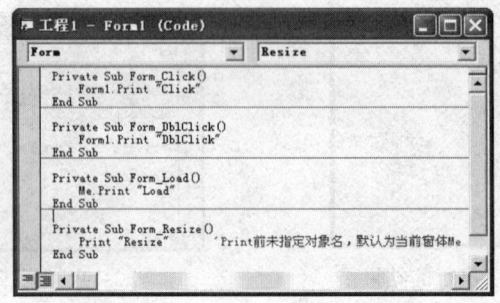

图 2-15　例 2.3 的程序代码

此时我们注意到，似乎 Load 事件并没有执行，因为没有输出"Load"，如图 2-16 所示。但是如果我们通过属性窗口把窗体的 Autoredraw 属性改为 True，再重新运行程序就会看到"Load"字符的输出，如图 2-17 所示。

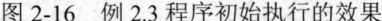

图 2-16　例 2.3 程序初始执行的效果　　　　图 2-17　例 2.3 程序执行时输出"Load"的效果

这是因为 Load 事件之后系统才绘制出窗体对象所对应的控件，对于窗体对象，这会进而触发 Resize 事件。Load 事件中通过 Print 方法输出的结果在窗体重绘后会丢失。设置了 Autoredraw 属性为 True 后，系统就会在重绘窗体控件后把之前的输出信息重新显示。

在程序运行时，分别单击、双击窗体的工作区可观察到这几个事件之间的关联。

【例 2.4】编程实现在单击窗体后修改窗体的文字格式。

分析：窗体控件文字的相关属性主要有：FontName、FontBold、FontItalic、FontSize、FontUnderline 等。为了对比修改前后文字输出效果的差异，可在修改前后各输出一段文字。因为打算在 Load 事件里用 Print 方法输出，故应把窗体的 Autoredraw 属性设置为 True。

编写代码如下：

```
Private Sub Form_Click( )
    Form1.FontName = "隶书"
    Form1.FontBold = True
    Form1.FontItalic = True
```

```
        Form1.FontSize = 22
        Form1.FontUnderline = True
        Print "但是不能吃！"
    End Sub

    Private Sub Form_Load( )
        Form1.Print "牙膏是甜的"
    End Sub
```
执行该程序，单击窗体即可看到图 2-18 中所示的输出结果。程序输出的第一行"牙膏是甜的"是系统默认的文字格式；第二行是单击鼠标后所输出的文字格式（代码修改后的格式）。

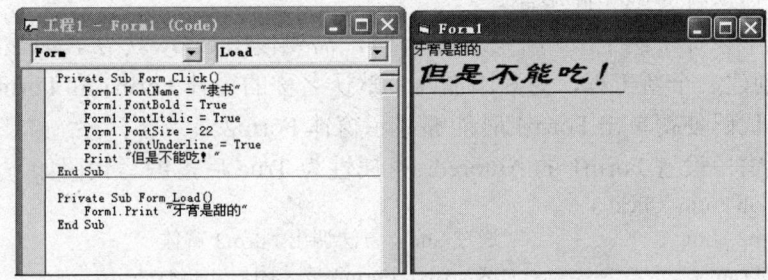

图 2-18　例 2.4 程序代码及执行的结果

3.2 节将详细介绍 Print 方法的使用。

2. Cls 方法

用于清除由绘图方法以及 Print 方法在窗体或图片框中显示的文本，其语法格式为：

  [窗体名.]Cls

【**例 2.5**】为例 2.4 增加窗体的双击（DblClick）事件，使得双击窗体可以清除窗体中所显示的文字。

本例代码如下：

```
    Private Sub Form_Click( )
        Form1.FontName = "隶书"
        Form1.FontBold = True
        Form1.FontItalic = True
        Form1.FontSize = 22
        Form1.FontUnderline = True
        Print "但是不能吃！"
    End Sub

    Private Sub Form_DblClick( )
        Cls
    End Sub

    Private Sub Form_Load( )
        Form1.Print "牙膏是甜的"
    End Sub
```

执行程序，双击窗体的工作区即可看到窗体之前用 Print 方法输出的文字被清除了。

提示：①Cls 方法还可以用于清除图片框（PictureBox）中由绘图方法或 Print 方法所输出的图形或文本，其语法格式为：**[图片框名.]Cls**。

②当 Cls 方法未指定对象名时，默认的对象为当前窗体。

3. Show 方法

Show 方法用于显示窗体，其语法格式为：

[窗体名].Show [Style]

其中，Style 是可选参数，其值为 1 或 0，决定了窗体是有模式还是无模式。Style 为 0 或缺省（省略不写）时对应为无模式，Style 为 1 对应有模式。

以有模式状态打开的窗体运行时用户不能同时与应用程序的其他窗体进行交互；以无模式状态打开的窗体运行时则无此限制。

在一个工程中设计了两个或两个以上窗体时，需要使用 Show 方法，以显示多个窗体。

【例 2.6】创建一个新工程，为其添加两个默认名称的窗体 Form1 和 Form2，其属性均采用默认值。编写代码使得单击 Form1 时能够显示窗体 Form2。

在通过属性窗口设置 Form1 的 Autoredraw 属性为 True 后，编写代码如下：

```
Private Sub Form_Click( )
    Form2.Show 1          '通过 Show 方法调出 Form2 窗体
    Me.Print "*******"    '这一句在 Form2 被关闭后才执行
End Sub
```

程序执行后首先看到的是 Form1，单击 Form1 窗体的空白处可以正常调出 Form2 窗体。此时"Form2.Show 1"语句之后的 Print 语句暂不执行。"*******"输出在 Form1 上。

将 Form2.Show 1 语句中的参数 1 删除（或改为 0）后，再执行本例程序时显示的 Form2 就是无模式窗体。此时，可以看到 Form2.Show 语句后的 Print 语句已执行完毕。

提示：在例 2.6 中如果不把 Autoredraw 属性设为 True，那么由于在 Form1 中输出时有可能会被 Form2 遮挡，即使把 Form2 重新移开，也无法看到之前被遮挡区域所输出的图形。

4. Hide 方法

Hide 方法用于隐藏窗体，其语法格式为：

[窗体名].Hide

【例 2.7】修改例 2.6，使得在单击 Form2 时隐藏 Form2。

为 Form2 设置单击事件，编写代码如下：

```
Private Sub Form_Click( )
    Form2.Hide
End Sub
```

执行时，在单击 Form1 显示了 Form2 以后，再单击 Form2 窗体的工作区，即可看到 Form2 窗体被成功隐藏了。

5. Move 方法

Move 方法主要用于移动一个控件的位置，并可重新调整该控件的大小，语法格式要求如下：

[窗体名.] [<对象名>.]Move 左边距[,上边距[,宽度[, 高度]]]

其中，左边距是指该控件移动到新位置后其左边缘与它所在容器左边缘的距离；上边距是指该控件移动到新位置后其上边缘与它所在容器上边缘的距离；宽度是指该控件移动后的新宽度值；高度是指该控件移动后的新高度值。

这 4 个参数可以理解为这个控件移动到新位置后最新的 Left 值、Top 值、Width 值、Height 值。关键词 Move 与后面参数之间必须用空格隔开。若 4 个参数同时存在,参数间用逗号隔开,且至少有一个参数,也就是左边距。

【例 2.8】编写代码,使得单击窗体后把窗体移动到新的位置(2400,3200),新的宽度为 6000,新的高度为 4000。

编写代码如下:

```
Private Sub Form_Click( )
    Me.Move 2400, 3200, 6000, 4000
End Sub
```

运行程序时,单击窗体即可看到窗体的位置和大小均有调整。如果把代码中的 Move 语句改为: Me.Move Me.Left + 300, Me.Top + 300, Me.Width + 300, Me.Height + 300,在运行时,多次单击窗体可使窗体位置和大小逐渐变化。

2.3 数据类型

程序设计中必然要涉及对数据的处理,数据是程序的必要组成部分。根据数据自身的特点可以对其进行分类,不同类型的数据有不同的存储、处理方法。例如,对于需要进行算术运算的数据可以划分为整数和实数;对于某些希望直接作为文本进行处理的数据,可以定义成能作拼接、截取处理的字符串类型。

对数据的类型划分和设计的目的主要是满足处理问题过程中表示数据的需求,而且合理的数据管理方案也可以使得程序运行时所占用的存储资源和处理器资源更少,确保程序运行的正确性和可靠性。因此,高级程序设计语言一般都提供了比较丰富的数据类型。

VB 提供了由系统定义的基本数据类型,并且允许用户定义自己需要的数据类型。

2.3.1 基本数据类型

VB 定义的基本数据类型总共有 11 种,不同类型的数据的区别在存储格式、所占存储空间的大小,以及所能参与的运算等各方面,如表 2-3 所示。

表 2-3 VB 基本数据类型

	数据类型	关键字	类型说明符	所占字节数	取值范围
数值类型	字节型	Byte	无	1	$0\sim+2^8-1$,即 $0\sim 255$
	整型	Integer	%	2	$-2^{15}\sim+2^{15}-1$,即 $-32768\sim 32767$
	长整型	Long	&	4	$-2^{31}\sim+2^{31}-1$,即 $-2147483648\sim 2147483647$
	单精度型	Single	!	4	负数: -3.402823E+38～-1.401298E-45 正数: 1.401298E-45～3.402823E+38
	双精度型	Double	#	8	负数: -1.79769313486232D+308～-4.94065645841247D-324 正数: 4.94065645841247D-324～1.79769313486232D+308
	货币型	Currency	@	8	-922337203685477.5808～922337203685477.5907

续表

数据类型		关键字	类型说明符	所占字节数	取值范围
字符型	可变长度	String	$	10+串长度	$0\sim2^{31}$，约有 21 亿个字符
	指定长度			串长度	$1\sim2^{16}$，即 1～65535 个字符
逻辑型		Boolean	无	2	True 与 False
日期型		Date(time)	无	8	0101100～12319999
其他	变体型	Variant	无	≥16	可以接受除对象型以外的任意基本数据类型
	对象型	Object	无	4	任何对象引用

在 VB 程序设计中常常用符号（名称）代表相应的数据（符号变量和常量的概念在后续章节中将详细介绍），而且在使用之前要使用 Dim、Private、Public 或 Static 进行显式的声明（这些关键词的详细说明将在第 7 章详细介绍），如 Dim x As Integer 就是声明 x 是一个整型数据。

1. 字节型（Byte）

字节型数据占用一个字节的存储单元，并且只用于保存无符号的整数，不能表示负数。因此字节型的数据表示范围是 $0\sim2^8-1$，也就是说它只能表示 0～255 之间的无符号整数。

例如：

```
Private Sub Form_Click()
    Dim x As Byte            '定义一个字节型变量 x
    x=255                    '给字节型变量 x 赋值为 255
    Print x                  '输出 x 的值，否则执行时无法看到 x 的值
End Sub
```

但是如果我们给 x 赋值为 299，运行时系统就会警告溢出错误。

提示：赋值语句是把等号"="右边的值或计算结果赋给左边的变量（详见 2.4.2 节）。给变量赋值后，通过调用窗体 Print 方法就可以在窗体上显示这个变量的值。

2. 整型（Integer）

整型数据占用两个字节的存储单元，可以表示有符号的整数（其存储结构不包括小数点和指数部分）。存放整数类型数据的两个字节最高的位是符号位，用于存放数据的数位只有 15 位，因此整型所能表示的数据范围是 $-2^{15}\sim+2^{15}-1$，也就是-32768～+32767 之间的整数。

整型数的存储结构如图 2-19 所示。

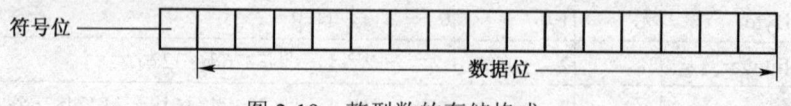

图 2-19 整型数的存储格式

3. 长整型（Long）

长整型数据占用 4 个字节的存储单元，和整型一样可以表示有符号的整数，存储区域的最高位是符号位，因此长整型所能表示的数据范围是 $-2^{31}\sim+2^{31}-1$。

4. 单精度型（Single）

单精度型数据占用 4 个字节的存储单元，用于保存实数。

浮点表示法形式的数据分为基数（尾数）和指数两部分且必不可省略。基数可以是整数也可以是小数，但指数必须是整数。基数和指数都有正负之分，正数的符号可以省略；指数之前必须使用一个字母 e（或 E）用于表示指数的开始，指数开始符号 e 的含义是"乘以 10 的幂次"。实际应用中要注意书写的规范，如 3e-5 或 2.4E5 都是正确的表示，而 e7、9E、32e4.4、e 等都是不合法（不正确）的表示。

5. 双精度型（Double）

双精度数据占用 8 个字节的存储空间，可以表示的数据范围比单精度型更大（如表 2-3 所示），其精确度为 15 位。

指数之前必须使用一个字母 d（或 D）用于表示指数的开始，如 1.457D-6。

6. 货币型（Currency）

货币型数据占用 8 个字节的存储空间，是一个精确的定点实数类型，能够精确到小数点后 4 位和小数点前 15 位，适用于货币计算，其表示范围如表 2-3 所示。

7. 字符串型（String）

字符串是指一个字符序列，序列中的字符可以是 ASCII 字符（包括标准的 ASCII 字符和扩展的 ASCII 字符）和汉字。字符串的长度是指字符串中字符的个数。在 VB 中，字符串中的每个字符都占 2 个字节的存储空间。

在直接引用字符串类型数据的值时必须把这个值用双引号""括起来，如"906"、"全国计算机等级考试（NCRE）"、"全国高等学校计算机水平考试（安徽考区）"等。字符串型数据的值出现有"，则用两个"表示，如"Say"、"no"、"to him"。看到这样形式表示的数据时，我们也就认为是字符串型数据。

如果某个字符串是空字符串，则用连续两个双引号"表示。需要提醒注意的是，如果双引号中间有空格存在，则表示一个包含空格的字符串，如" "和" "分别指包含有一个空格和两个空格的字符串。另外，"312"和 312 这样两个数据所表示的含义是不同的，前者表示一个包含有 312 这样 3 个数字的字符串，而后者则表示数字 312。

在 VB 中，字符串型数据分为变长字符串和定长字符串两种。

（1）变长字符串。变长字符串类型的数据在创建后其长度可以根据具体字符串的值动态调整，计算机为该数据分配的存储空间也是根据该数据实际字符串的长度动态变化的，但是最多只能够容纳 2^{31} 个字符。如通过 Dim ch As String 语句定义的变量 ch 即为变长字符串类型。

（2）定长字符串。定长字符串类型的数据一旦被创建，其字符串的长度就是固定不变的，计算机为该数据分配的存储空间也固定不变，与该数据的实际字符串长度无关。定长字符串最多可容纳 2^{16} 个字符。如通过 Dim name As String * 8 定义的变量 name 就是长度为 8 的定长字符串类型。

根据定长型或变长型，有两种定义变量的形式：

  Dim 字符串变量名 As String

或

  Dim 字符串常量名 As String * 字符数

例如下面的代码：

```
Private Sub Form_Click( )
    Dim c_name As String * 8      '声明长度为 8 的字符串变量 c_name
    c_name = "Australia"          '给 c_name 赋值长度为 9 的字符串,超出的字符将被丢弃
    Print c_name
End Sub
```

执行后,我们看到运行的结果将是在窗体上显示"Australi",超出的字符被丢弃。

8. 逻辑型(Boolean)

逻辑型又叫布尔型,源于数学上对命题的判断,占用 2 个字节的存储空间。逻辑型数据只有 True 或 False 两个取值。

9. 日期型(Date)

日期型数据占用 8 个字节的存储空间,不仅可以表示日期,同时还可以表示时间,因此也可以称之为日期时间型。日期型数据表示的日期范围在 100 年 1 月 1 日到 9999 年 12 月 31 日之间,同时可以表示的时间从 0:00:00 到 23:59:59。

直接引用日期型数据的值时必须用两个"#"号把这个值括起来(如#2011-11-20#),否则将产生错误。

10. 变体型(Variant)

变体型是一种特殊的数据类型,除了定长的字符型数据和用户自定义类型外,可以表示任何种类的数据。对于没有被显式声明为其他数据类型的符号变量,系统默认该变量就是变体数据类型。

【例 2.9】逐语句调试程序,观察变体型变量接收其他数据类型数据的情况。

为新工程默认加载的 Form1 窗体编写单击事件代码如下:

```
Private Sub Form_Click( )
    Dim x As Variant              '亦可写成 Dim x
    x = 2
    x = 0.778899
    x = "This is a MIC."
    x = #3/27/2010#
    x = False
End Sub
```

此时单击"调试"菜单中的"逐语句"命令或者按 F8 键,程序将以调试模式运行。单击窗体的空白处,可以看到程序窗口被切换到后台执行,VB 主程序中的相应代码窗体被切换到前台显示,并且有一行呈现高亮显示状态。高亮显示的语句是即将执行的下一条语句,再次按下 F8 键,这条语句就会被执行,之后下一条语句将以高亮状态显示。

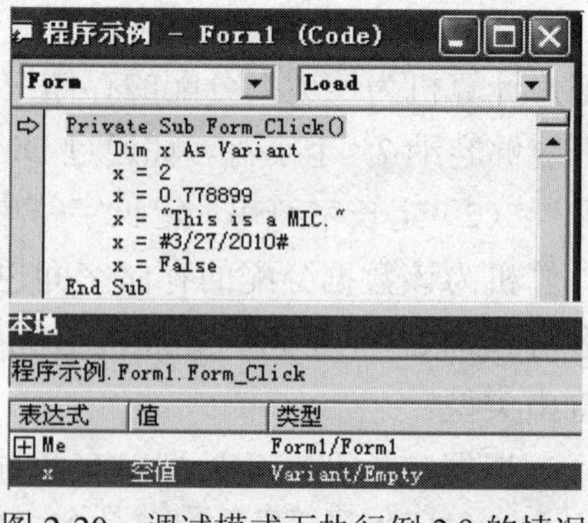

接下来选择"视图"菜单中的"本地窗口"命令,我们将在本地窗口中看到在程序中定义的变量 x,同时还可以看到 x 的值和数据类型,如图 2-20 所示。

图 2-20 调试模式下执行例 2.9 的情况

继续按 F8 键,每按一次将执行一条语句,同时观察本地窗口中 x 的值和数据类型的变化,直到事件过程的最后一条语句"End Sub"结束。通

过这种方式，可直接看到变体型能接收各种数据类型。

变体型变量在接收数值型的数据时会根据其数据大小按照整型、长整型、单精度型和双精度型的顺序进行转换。如例 2.9 中的 x=2，执行后，会认为 2 是一个整型的数，而不是长整型。

在例 2.9 中，可观察到未对变体型数据赋值时其值为空值，这表明该变量此时还没有被赋值。空值不是 0，也不是空字符串""。变体型的空值变量在参与运算的时候会根据运算的类型自动认定，如果参与的是算术运算，则作为 0 处理；如果参与的是字符串运算，则作为空字符串处理；如果参与的是逻辑运算，则作为 False 处理。例如，对于 y=w+3，变量 w 的值假如为空，因为参与的是加法运算，就把 w 作为 0 参与运算，y 的值就被赋为 3。

这种逐语句运行程序的方法既可以用于观察各个变量在程序执行时的状态，也可以在程序出现错误时帮助分析错误，应熟练掌握。

11．对象型

对象型数据占用 4 个字节的存储空间，仅用于存储地址，该地址可表示程序中的对象。通过 Set 语句可让对象型变量引用程序所能识别的任何实际对象。

例如：
```
Private Sub Form_Click( )
    Dim y As Object          '把变量 y 声明为对象型
    Set y = Form1            '将对象型变量 y 赋值为 Form1 对象
    y.Caption = "时间"       '对 Form1 的基本操作可以用 y 替代
End Sub
```

2.3.2 数据类型说明符

如表 2-3 所示，很多常用的基本数据类型都有数据类型说明符（如货币型的数据类型说明符是@）。

数据类型说明符可以跟在数值后面，用于指明该数值的数据类型，如数值 32 和数值 32@是有区别的，数值 32@表明这是一个货币型的数，而数值 32 则未指定数据类型（默认为 Integer 型）。

数据类型说明符还可以跟在声明变量的时候使用，如 Dim x%。

此外，一个数后面加上数据类型说明符，可以表示这个数为相应的数据类型。

例如：
```
Private Sub Form_Click( )
    Dim x as Variant
    x=3#                     '数字 3 是一个双精度值
End Sub
```
按照例 2.9 所介绍的调试方法逐句执行本程序，执行完 x=3#语句后，变体变量 x 的数据类型显示为 Double，如图 2-21 所示。

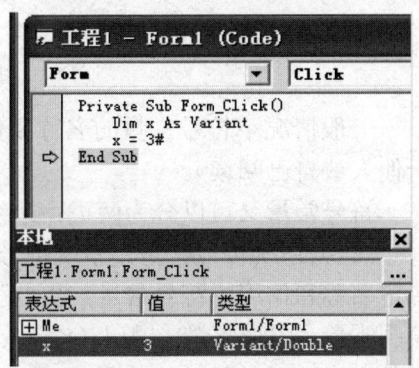

图 2-21　数字具有数据类型的情况

2.4 常量与变量

在程序设计的过程中必定会涉及对数据的处理,为了更便捷、更明确地表示、引用和管理数据,引入了常量和变量的概念。

简单地说,常量就是在程序运行的过程中,其值保持不变,并且不能被改变的数据表示形式。变量是以字符作为数据的标识,在程序执行的过程中,其值也可以发生变化的数据表示形式,这个字符称为变量名。

下面就介绍一下常量和变量及其相关的规则。

2.4.1 常量

常量有两种形式:一种是文字常量,另一种是符号常量。常量在程序运行的过程中值保持不变。

1. 文字常量

文字常量就是用数据本身的值作为数据表示形式,如 890、"LiLei"、True、#2009-12-28#等。根据数据类型的划分,文字常量也被分为数值常量、字符型常量、逻辑型常量和日期型常量。对于字符型常量和日期型常量,必须以相应的定界符把常量的值括起来。

2. 符号常量

在程序运行时,数据都将被调入到内存的存储单元中,内存单元的区分和定位是靠地址实现的。符号常量就是使用一个符号表示相应数据所在的存储单元地址的方法,这个符号就是常量的名称。程序在编译连接时由系统给符号常量分配一个内存地址,并在该地址所指向的存储单元中存放变量的值,数据存储的方式和所分配的存储单元的大小由数据类型决定。

程序运行时对符号常量的访问实质上是通过符号常量的名称符号找到相对应的内存地址,然后读取该存储单元中的数据。因此符号常量名和符号常量的值这两个概念是有区别的,如图 2-22 所示。

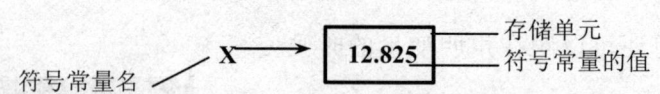

图 2-22 符号常量的表示原理

一般情况下符号常量的名称要能够做到望文知义,以增强程序的可读性(编写的代码便于他人或自己阅读)。

符号常量又可以分为两类:系统符号常量和自定义符号常量。

(1)系统符号常量。系统符号常量简称为系统常量,是指由 VB 系统预先定义好的具有特定名称和作用的符号常量,设计程序时可以直接使用。VB 提供了诸如颜色常量、窗体常量、绘图常量、图形常量、键码(KeyCode)常量等 32 类共计近千个常量。这些系统常量位于 VB 对象库中,可以通过"视图"→"对象浏览器"命令查询和查看,如图 2-23 所示。

系统常量中,最常用的就是颜色常量,例如通过 Text1.ForeColor=VbRed 就可以把 Text1 的文字颜色设置为红色。

图 2-23 对象浏览器

VB 常用的颜色常量如表 2-4 所示。

表 2-4 常用的颜色常量

序号	颜色常量	描述
1	VbBlack	黑色
2	VbRed	红色
3	VbGreen	绿色
4	VbYellow	黄色
5	VbBlue	蓝色
6	VbMagenta	洋红色
7	VbCyan	青色
8	VbWhite	白色

（2）自定义符号常量。自定义符号常量是指用户根据自己的实际需要定义的符号常量，可以简称为自定义常量。其定义的语法格式为：

[Public | Private] Const 常量名 [As <数据类型名> | 数据类型符] = 表达式（运算式）

说明：常量名的命名遵循 VB 标识符的命名规则，符号常量的名称常常用大写形式，以区别于变量。但是要注意，仅从命名的角度是无法区分常量和变量的。

如果缺省 As <数据类型名>或者数据类型符，则常量的实际数据类型由右侧表达式的数据类型决定。

Const 的声明一般放在模块的声明区域，由于还未详细介绍 Public 和 Private 的使用方法，因此我们先省略这一项的介绍。但是如果需要把 Const 定义放在过程的内部，则必须缺省 Const 前面的关键词。

在自定义常量的语句中，表达式（可以简单地理解为运算式，详见 2.5 节）内不可以出现变量和函数，但是允许使用在本语句之前已经定义了的符号常量。

用户自定义类型的具体使用示例如下：

  Const PI# = 3.1415926

或

  Const PI as Double = 3.1415926

2.4.2 变量

与符号常量类似，变量也是用一个符合 VB 命名规则的标识符号表示相应数据所在的存储单元地址的数据表示方法，这个符号就是变量名。与符号常量不同的是，变量可以在程序运行的过程中根据需要动态地进行修改和调整。

在 VB 中，变量分为两种形式：对象的属性变量和内存变量。

对象的属性变量是在对象创建时由 VB 系统为该变量创建的一组变量，属性变量在被创建时都有一个默认值，并且可以进行值的引用或更改。所要注意的是，在使用时必须指明属性变量隶属的对象，否则默认该对象为窗体对象。

内存变量就是由用户根据实际需要定义的变量，在使用之前需要进行声明。如无特别说明，本书所指的变量都是指内存变量。声明变量的方式有显式声明和隐式声明。

1. 变量的显式声明

变量的显式声明是指在使用变量之前说明变量的变量名和数据类型，从而向系统表明将为这个变量分配的存储单元数量和数据存储格式。

变量显式声明以 Dim 关键词最为常用，其语法格式为：

  \<Dim\> \<变量名\> **[数据类型说明符 |As 类型名]**

【**例 2.10**】设计程序，观察显式声明的用法。

编写代码如下（如图 2-24 所示）：

```
Private Sub Form_ Click ( )
    Dim x As Integer
    x = 100
    print x
End Sub
```

程序执行结果如图 2-25 所示。

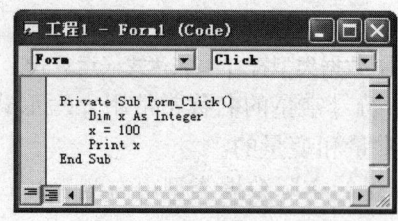
图 2-24 例 2.10 程序代码

图 2-25 例 2.10 程序执行结果

2. 变量的隐式声明

VB 系统在默认状态下允许用户直接使用一个变量，无须声明。对于这样的变量，系统默认其为变体类型，并且只能在该变量所在的过程内部使用，这种处理方式叫隐式声明。

例如：

  Private Sub Form_Click( )

　　　　　Stu_Name = "HanMeimei"　　　　'变量 Stu_Name 未经过声明，直接就可以使用
　　　　　Print Stu_Name
　　　　End Sub
　　这种隐式声明的方式使得程序代码量降低、灵活性得到增强。但是同时也会给程序设计者带来潜在的麻烦，比如上面的代码如果写成：
　　　　Private Sub Form_Click( )
　　　　　Stu_Name = "HanMeimei"　　　　'此时使用的变量是 Stu_Name，系统隐式声明
　　　　　Print Stu_Nane　　'这是隐式声明一个变量 Stu_Nane，和上句所用的 Stu_Name 不同
　　　　End Sub
　　就无法得到预期的结果。因此，在以隐式声明方式使用变量的时候，一定要注意同一变量名的一致性。
　　3．变量的强制显式声明
　　VB 提供了强制显式声明的方法。在模块的声明区域添加语句"Option Explicit"可以实现强制的显式声明，要求该模块下的所有变量在使用前都必须进行显式声明。通过强制显式声明就可以避免隐式声明带来的潜在危险。
　　【例 2.11】修改例 2.10 的代码，使程序强制显式声明变量。
　　在窗体模块的"通用-声明"区内输入 Option Explicit 语句，程序代码如下：
　　　　Option Explicit
　　　　Private Sub Form_ Click ( )
　　　　　x = 100
　　　　　print x
　　　　End Sub
　　这样，Form_Click 事件过程 Print 语句中的变量 x 就应该在使用前进行声明，否则在运行前就会出现错误提示，如图 2-26 所示。

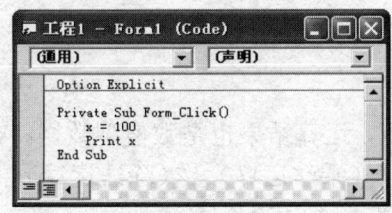 

图 2-26　例 2.11 程序代码和执行结果

　　强制变量显式声明虽然会给编码过程带来一些麻烦，但也使得程序更容易阅读，还能避免由于变量名书写错误带来的问题。
　　除了添加 Option Explicit 语句外，通过单击"工具"→"选项"命令，在弹出对话框中单击"要求变量声明"复选框（如图 2-27 所示）也可以设置系统强制显式声明变量。
　　提示：这一选项的更改在重新启动 VB 系统后才能生效。
　　在"要求变量声明"复选框被选中并且生效的情况下，系统将自动在各个模块的通用区域添加"Option Explicit"，当然也可以把这句话删除，以取消强制显式声明。
　　在"要求变量声明"复选框未被选中的情况下，可以直接使用变量，不需要事先声明，即允许隐式声明变量。如果在模块的声明区域添加"Option Explicit"语句，那么在本模块内所有的变量使用前也必须进行显式声明，其他模块则不受影响。

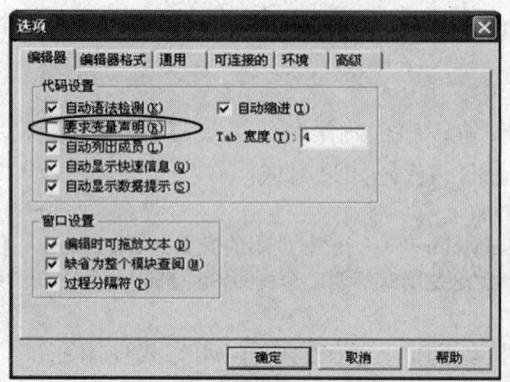

图 2-27　VB 系统的"选项"对话框

2.5　运算符与表达式

本节将介绍 VB 程序设计中加工、处理数据的相关规则。

计算机语言中对数据的加工和处理称为运算（操作），参与运算的数据被称为操作数。

运算符用于描述最基本的数据运算形式。VB 中定义了丰富的运算符，包括算术运算符、字符串运算符、关系运算符和逻辑运算符。

表达式是数据之间运算关系的表达形式，由常量、变量、函数（类似数学中所学到的函数，详见 2.6 节）等数据和运算符组成。表达式描述了参与运算的各个操作数要进行的运算和运算的顺序，运算的最终结果称为表达式的值。单个的操作数也可以看做表达式。

根据表达式中的运算符类型以及表达式的值的类型可以把表达式划分为算术表达式、字符串表达式、关系表达式、逻辑表达式和混合表达式。

2.5.1　算术运算符与算术表达式

1. 算术运算符

算术运算符描述了数值型数据间进行的运算，运算结果也是数值型数据。VB 提供了 8 种算术运算符：^（幂运算）、-（取相反数运算）、*（乘法运算）、/（除法运算）、\（整除运算）、MOD（取模运算）、+（加法运算）、-（减法运算），如表 2-5 所示。

表 2-5　算术运算符及其简单示例

算术运算符	运算关系	优先级	应用示例	示例的结果	说明
^	幂运算	1	3^2	9	3 的 2 次方运算
-	取相反数	2	-32	-32	对 32 取相反数
*	乘法	3	7*2	14	7 乘以 2
/	除法	3	8/5	1.6	8 除以 5
\	整除	4	8\5	1	8 整除 5 的商
MOD	取模	5	8 MOD 5	3	8 除以 5 的余数
+	加法	6	2+3	5	2 加 3
-	减法	6	2-3	-1	2 减 3

(1) 幂运算符（^）。幂运算用于计算乘方和方根，如 3^2、3^(1/3)分别计算 3 的平方和 3 的立方根。

因为幂运算的优先级最高，当指数为表达式的时候必须加上圆括号，否则将达不到所要求的运算效果，若把 3^(1/3)写成 3^1/3 则是先进行幂运算得出 3 的 1 次幂，然后再除以 3。

(2) 整除运算（\）。整除运算是整数之间的除运算，其运算结果也是普通除法运算所得商的整数部分，如 9\5 运算的结果为 1。对于操作数为非整数的情况，先进行四舍五入，再运算，如 9.6\5 的运算结果为 2。

(3) 取模运算（MOD）。取模运算也是整数之间的运算，其运算结果是普通除法运算所得余数的整数部分，并且运算结果的符号始终与第一个操作数的符号相同。示例如下：

    5 MOD -3 运算的结果为 2
    5 MOD 3 运算的结果为 2
    -5 MOD 3 运算的结果为-2
    -5 MOD -3 运算的结果为-2

需要注意的是，MOD 运算在书写的时候和操作数之间一定要用空格隔开，否则就容易出错，示例如下：输入 Print 5MOD3 后，系统将自动把该语句调整成为"Print 5; MOD3"。系统判断用户输入的 5MOD3 不是合法的表达式，数字 5 开头也不符合变量的命名规则，因此将其拆分为表达式 5 和 MOD3。MOD3 作为一个整体完全符合变量的命名规则，所以也作为一个独立的表达式。Print 方法支持多个表达式作为参数，但是需要在多个表达式间插入分隔符号，系统默认添加分号";"。显然这一结果并不一定是程序设计的本意。

2. 算术表达式

算术表达式是指由算术运算符、圆括号和操作数（常量、变量、函数）组成的运算式，其运算结果是数值型。

必须说明的是，表达式在书写格式方面也有一些要求：

(1) 表达式中所有的操作数和运算符必须写在同一行，不能使用上标或下标，即使是繁分式也要通过圆括号使之写在同一行，但要注意原式的运算顺序不能被改变，如繁分式 $\frac{(x+y)*4}{(6-w)}$ 应该写成(x+y)*4/(6-w)。

(2) 运算式中不可以出现希腊字母（如α、β、π等），乘法号用"*"号代替，并且不能像代数式中那样省略，如 3x+5y，应该写成 3*x+5*y。

(3) 绝对值和三角函数用对应的函数（详见 2.6 节）表示。

(4) 中括号和大括号一律改用圆括号表示。圆括号内的运算被看做独立的表达式优先计算，并且圆括号内还可以再使用圆括号。

单纯以各个运算符的优先级来设定表达式的运算顺序非常麻烦，且容易出错，所以常用圆括号设置算术表达式中的运算顺序。

如果算术表达式中的操作数是表示数值的字符串或逻辑型，系统将自动把这个操作数转换为对应的数值，再进行运算。示例如下：

    Print 1+".22"   '字符串".22"被转换为 0.22 然后再进行算术运算，于是得到结果 1.22
    Print 2+"6e3"   '字符串"6e3"被转换为 6000 然后再进行算术运算，于是得到结果 6002
    Print True*6-False '逻辑型的值 True 被转换为-1，False 被转换为 0，再参与运算，结果是-6

算术表达式中如果各操作数的数据类型都相同，则表达式的值也是该数据类型；如果各操作数的数据类型不一致,那么 VB 将根据各数据类型的精确度大小把数据类型精确度较小的数据转换为精确度较大的数据类型后再进行运算,算术表达式值的数据类型以最大精确度的数据类型为准。

数据类型的精确度在加减法运算中的排列顺序为:Integer<Long<Single<Double<Currency;在乘除法运算中的排列顺序为:Integer<Long<Single<Currency<Double。

例如:

  Print 2#+8@   '输出结果的数据类型为货币型
  Print 2#*8@   '输出结果的数据类型为双精度型

但是,这一规则在以下几种情况下例外:

- 当 Long 型数据与 Single 型数据运算时,结果为 Double 型数据。
- 除法和幂运算的结果总是 Double 型,与操作数的类型无关。

整除和取模运算时,如果操作数为实数,则先对参与该运算的操作数进行四舍五入取整,然后完成整除运算或取模运算,其结果仍然是整型或长整型。

例如:

  Print 9.5 \ 5.4   '输出结果为 2
  Print 9.4 MOD 5.4 '输出结果为 4

因为算术表达式值的数据类型就是表达式中数据类型精确度最大的操作数的类型,因此算术表达式的值也有溢出的现象,运算时要加以注意。

例如:

  Print 220+32689 '表达式的数据类型是 Integer,但结果已经超出 32767,因此发生溢出错误

此时,只要为相应数据设置数据类型即可解决,示例如下:

```
Private Sub Form_Click( )
    Dim x As Variant
    x=220+32689#
    Print x
End Sub
```

2.5.2 字符串运算符和字符串表达式

描述字符串运算关系的字符串运算符只有"&"和"+"两种,其作用是把两个字符串连接成为一个字符串。

字符串表达式就是由字符串运算符、字符串类型的数据(常量、变量、函数)和圆括号组成的运算式,其运算结果仍然是字符串。

例如:

  Print "科教"&"兴国"   '结果为:"科教兴国"
  Print "创新"+"思维"   '结果为:"创新思维"

再如:

  x=3.4
  Print "x 的值是" & x   '结果为:"x 的值是 3.4"

使用的过程中要注意:

(1)在使用运算符"&"的时候,要在操作数与"&"之间用空格分隔开;否则会引起

语法错误。

（2）符号"+"仅在两个操作数都是字符串类型的数据时才作为字符串的连接运算符；否则系统将把"+"认定为算术运算符。

当符号"+"的两个操作数数据类型不一致时，有以下几种可能：

1）一个操作数是数值型，另外一个操作数是逻辑型或两个操作数都是逻辑型的数据时，系统将把逻辑型的操作数转换为数值型（True 对应为-1，False 对应为 0），然后再作加法运算。

例如：
```
Print True+2           '结果为：1
Print False + 2        '结果为：2
Print True + False     '结果为：-1
```

2）一个操作数是数值型或逻辑型，另外一个操作数是字符串类型。此时，如果字符串是表示数值的字符串，系统则会把该字符串转换为相应的数值，然后进行计算；如果该字符串只是普通的字符串，那么系统将会提示"类型不匹配"出错信息。

例如：
```
Print "3"+2            '结果为：5
Print "a"+2            '"类型不匹配"错误
Print True + "3"       '结果为：2
```

（3）"&"符号作为字符串连接符的时候会强制性地把参与该运算的操作数转换为字符串类型，然后执行字符串连接运算，其结果是字符串类型。

例如：
```
Print "3" & 2          '结果为："32"
Print "a" & 2          '结果为："a2"
Print False & 2        '结果为："False2"
Print True & False     '结果为："TrueFalse"
Print True & "3"       '结果为："True3"
```

2.5.3 日期运算符和日期型表达式

日期型数据是一种只能进行加（+）、减（-）运算的特殊数据。日期型表达式就是由算术运算符"+"或"-"、算术表达式、日期型操作数（常量、变量、函数）组成的运算式。

日期型数据的运算主要有：

（1）两个日期型数据的减法运算，结果是一个数值型数据（是两个日期相差的天数），如#3/22/2010# - #2/22/2011#结果为-337，也就是前一个日期比后一个日期大了-337 天。

（2）一个日期型数据与一个数值型数据的加法或减法运算，其结果是一个日期型数据，如#2/22/2011# + 3 的结果是日期型数据#2/25/2011#。

2.5.4 关系运算符和关系表达式

关系运算符用于对两个操作数进行比较运算，因此又被称为比较运算符。关系表达式就是由关系运算符、圆括号和操作数组成的运算式，简称为关系式。关系表达式的值是逻辑类型，因此只有 True 或 False 两种可能，如果关系表达式中的关系成立，则结果为 True；否则结果为 False。

关系运算符总共有 6 种，如表 2-6 所示。

表 2-6 关系运算符及简单示例

关系运算符	运算关系	优先级	应用示例	示例的结果	说明
=	等于	优先级相同	3+2=7	False	3+2 等于 7 的结果是 False
<>	不等于		"VB"<>"vb"	True	"VB"不等于"vb"的结果是 True
>	大于		3>7	False	3 大于 7 的结果是 False
<	小于		3<7	True	3 小于 7 的结果是 True
>=	大于等于		"abc">="CD"	True	"abc"大于等于"CD"的结果是 True
<=	小于等于		False<=True	False	False 小于等于 True 的结果是 False

说明:

(1) 两个操作数均为数值型时,按数值的大小进行比较。

(2) 两个操作数均为字符型时,按字符的 ASCII 码值从左到右逐个字符比较,遇到相同的字符则往右各取新的字符继续比较,直到找到不同的字符或者字符串结束。汉字之间的比较按汉字对应拼音的字母串进行,且汉字的字符大于英文字符。

例如:

    Print "a"<"啊"　　　　　'输出结果为:True

(3) 日期型数据的比较按时间的早晚进行,晚些的日期要大于早些的日期。

(4) 数学上常用的形如 3≤x≤9 的关系式不能写成 3<=x<=9(因为同优先级的运算将从左到右逐个进行),应该写成(3<=x)AND (x<=9)或者 3<=x AND x<=9 的形式(AND 运算符是逻辑与运算符,表示两个命题同时成立的时候为 True,否则为 False)。

2.5.5　逻辑运算符与逻辑运算表达式

逻辑运算又称为布尔运算,用于表示逻辑型数据之间的复杂关系。VB 中主要有如表 2-7 所示的 3 种逻辑运算符。

表 2-7 常用的逻辑运算符及其说明

逻辑运算符	运算关系	优先级	应用示例	说明
NOT	逻辑非	1	NOT a	原值为真则结果为假;原值为假则结果为真
AND	逻辑与	2	a AND b	a 和 b 同时为真时结果为真;其余情况结果均为假
OR	逻辑或	3	a OR b	a 和 b 同时为假时结果为假;其余情况结果均为真

针对逻辑运算,通过真值表最能直观地反映出运算的关系,如表 2-8 所示。

表 2-8 逻辑运算的真值表

a	b	NOT a	a AND b	a OR b
True	True	False	True	True
True	False	False	False	True
False	True	True	False	True
False	False	True	False	False

逻辑运算符的运算优先级低于算术运算符、字符串运算符和关系运算符。

使用逻辑运算表达式可以构造比较复杂的逻辑判断。例如，判断 x>3、y=7、z>=9 是否同时满足，用逻辑与（AND）运算就可以实现：(x>3) AND (y=7) AND (z>=9)。

2.5.6 混合表达式

混合表达式是指一个表达式中出现了多种类型的运算符，需要进行多种类型运算的运算式，并且其值的数据类型与最后运算的类型相关。

混合表达式中，各类运算的运算优先顺序为算术运算、字符运算、关系运算、逻辑运算，如 8+2<4*3 AND 5<>6+3 OR 4=3*5，在计算中首先计算所有的算术运算，成为 10<12 AND 5<>9 OR 4=15，再进行关系运算，得到 True AND True OR False，所以最终逻辑运算值为 True。

为了增强程序的可读性，建议大家实际编程的时候多使用圆括号说明运算顺序，如(3>2) OR (8*2<92)。

提示：各个运算符的操作数要完备，例如 3+*2 是错误的表达式，而 3+-2 却是正确的。VB 中只有 "-"（数值取反运算）和 "NOT"（逻辑取非）是单操作数的运算符。

2.6 常用的内部函数

数学中常用函数代表一个值，如 Sin(45°)代表角度数为 45°的角对应的正弦值。我们知道，函数是一个值，并且这个值是按照一系列特定的、通用的运算过程得到的，和圆括号中的数据（自变量或参数）有密切的关系的运算结果。采用 "函数名称(参数)" 的形式，我们可以清楚地了解到这个数据相应的原始参数和与函数名相对应的通用运算过程。

VB 中也有函数的概念，并且其使用形式和意义与数学中的函数一致。VB 中的函数使用方法也是采用 "函数名称(参数)" 的形式，每个函数名对应的是针对参数的一系列特定运算过程，函数本身是一个按照这样的运算过程得到的结果，称为函数的返回值。

VB 中的函数分为内部函数和用户自定义函数。内部函数是指由 VB 提供的可直接使用的函数；用户自定义函数是指用户根据实际需要创建的函数。VB 提供了大量的内部函数，这些函数按照其功能可以划分为数学函数、字符串函数、日期函数等。

函数的调用（使用）格式如下：

函数名 [数据类型说明符](参数列表)

说明：

（1）每个函数名所对应的过程对函数中的参数都有严格的要求，因此在调用时参数的个数、数据类型、含义和取值范围一定要与相应函数过程的要求保持一致。实际使用时，各参数都可以是表达式，但要注意表达式的值必须符合该函数中相应参数的要求，多个参数之间用逗号分隔。

如果函数要求多个参数，且部分参数可以缺省不写，当缺省参数的前后还有其他参数时，必须通过插入分隔符 ","保留该参数的位置，如 Fly(x, ,z)表示函数 Fly( )的参数 x 和 z 之间还有一个参数，只是缺省不写，采用默认值。对于无参数的函数，可以省略括号，如 Now( )可以写成 Now。

（2）函数的返回值有特定的数据类型，因此也要注意函数运用的合理性和正确性。

（3）函数的运算优先级高于算术运算。

下面分别介绍几种类型的 VB 内部函数，用户自定义的函数将在 7.3 节详细介绍。

2.6.1 数学函数

VB 提供的数学函数与数学中的含义基本一致，如表 2-9 所示。

表 2-9 数学函数

序号	函数	功能	示例	示例返回值
1	Sin(x)	求 x 的正弦值	Sin(0)	0
2	Cos(x)	求 x 的余弦值	Cos(0)	1
3	Tan(x)	求 x 的正切值	Tan(0)	0
4	Atn(x)	求 x 的反正切值，返回的是弧度数	Atn(0)	0
5	Abs(x)	求 x 的绝对值	Abs(-3.2)	3.2
6	Sgn(x)	求 x 的正负符号	Sgn(-3.2)	-1
7	Exp(x)	求自然常数 e 的 x 次幂 e^x	Exp(1)	2.71828
8	Log(x)	求 x 的自然对数，即以 e 为底的对数	Log(2.8)	1.0296
9	Rnd(x) 或 Rnd	求一个在区间[0,1)内的随机数	Rnd	（随机小数）
10	Sqr(x)	求 x 的平方根，参数 x 不可为负数	Sqr(4)	2
11	Round(n,m)	返回 n 四舍五入保留小数点后 m 位后的数值	Round(2.3363, 2)	2.34
12	Int(n)	返回小于等于数值 n 的最大整数	Int(3.5)	3
			Int(-2.8)	-3
13	Fix(n)	返回数值 n 的整数部分	Fix(3.5)	3
			Fix(-2.8)	-2

说明：

（1）三角函数的参数均要求采用弧度为单位，通过"角度数*3.14159/180"即可把相应的角度数转换为弧度数。

（2）数学函数应符合相应运算的数学规定，比如函数 Log( )中的参数必须大于 0。

（3）VB 系统未提供的函数可以通过数学手段求出，如三角函数可以采用变换的方法，形如 $\log_a b$ 的数据可以通过换底公式表示。

（4）Rnd( )函数的参数是随机数种子（参考值），可以省略，如果有该参数，则必须大于等于 0。Rnd( )函数返回一个在区间[0,1]的单精度型实数。在使用 Rnd( )函数前一般通过函数 Randomize( )初始化随机数的生成系统，使得 Rnd( )函数能返回真正随机的数据，示例如图 2-28 所示。

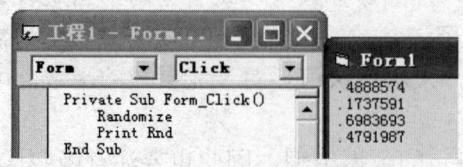

图 2-28 Rnd( )函数的用法示例

Int( )函数常常与 Rnd( )函数配合使用,以生成[a,b]内的随机整数,公式为 Int((b - a + 1) * Rnd + a)。

【例 2.12】编写代码,每单击一次窗体生成一个二位的随机整数 x 并输出其值。

分析:二位的整数应该处于闭区间[10,99]内。因为 Rnd( )函数产生区间[0,1)内的随机数,利用区间运算法,只要把区间[0,1)放大 99-10+1(区间[10,99]的长度)倍,再加上 10 即可得到区间[10,100),如果对这个区间内的数取整,区间内可得到数的最大值为 99。

运行 VB 系统并选择"新建"→"标准 EXE"后,系统会默认创建工程"工程 1"和窗体 Form1。为 Form1 编写单击事件代码如下:

```
Private Sub Form_Click( )
    Cls                              '清除窗体中显示的文字;每次运行都清除上一次单击时显示的文字
    a = 10                           '区间的起始值
    b = 99                           '区间的终止值
    Randomize                        '初始化随机数的生成
    x = Int((b - a + 1) * Rnd + a)   '生成[a,b]内的整数
    Print x
End Sub
```

运行程序并多次单击窗体的工作区,可以看到随机生成的二位正整数 x。

2.6.2 字符串函数

VB 提供了丰富的字符处理函数,使用起来非常方便,基本能满足几乎所有的字符串处理需要,如表 2-10 所示。

表 2-10 字符串函数

序号	函数	功能	应用示例	示例返回值
1	Len(c)	返回字符串 c 中字符的个数	Len("xyz")	3
2	Lenb(c)	返回字符串 c 所占的字节数	Lenb("xyz")	6
3	Left(c,n)	从字符串 c 的左边起,连续截取 n 个字符作为返回值	Left("book",3)	"boo"
4	Right(c,n)	从字符串 c 的右边起,连续截取 n 个字符作为返回值	Right("book",3)	"ook"
5	Mid(c,n,m)	从字符串 c 的左边第 n 个字符起,连续截取 m 个字符(可以读取或改写);省略 m,则一直截取到字符串尾	Mid("book",2,1) Mid("book",2)	"o" "ook"
6	Instr([n,]c,d[,m])	从字符串 c 中的第 n 个字符开始,查找字符串 d;如果存在,则返回 d 所在的位置,否则返回 0;省略 n,则从 c 的最左边第 1 个字符开始查找;m 的值为 0 或 1,分别表示区分大小写和不区分,默认为 0	Instr(2,"cdab","AB",1) Instr(2,"cdab","AB",0) Instr(2,"cdab","AB")	3 0 0
7	Trim(c)	去掉字符串 c 两边的空白字符(包括空格、Tab 等)	Trim(" bo ok ")	"bo ok"
8	Ltrim(c)	去掉字符串 c 左边的空白字符(包括空格、Tab 等)	Ltrim(" bo ok ")	"bo ok "

续表

序号	函数	功能	应用示例	示例返回值
9	Rtrim(c)	去掉字符串 c 右边的空白字符（包括空格、Tab 等）	Trim(" bo ok ")	" bo ok"
10	String(n,c)	返回由 n 个字符串 c 的首字母所组成的字符串；c 也可以是某个字符的 ASCII 码值	String(3,"desk") String(3,68)	"ddd" "DDD"
11	Space(n)	返回由 n 个空格组成的字符串	Space(3)	" "

其中，Mid 函数不仅可以读取所截取的子字符串，而且还可以改写这个子字符串，如例 2.13 所示。

【例 2.13】 Mid( )函数的使用方法示例。

```
Private Sub Form_Click( )
    '如果 Mid( )函数的第一个参数是变量，则 Mid( )函数也可以被看做"变量"，对其进行赋值
    c = "windows"
    Mid(c, 3, 3) = "12345678"    '此时 c="wi123ws"
    Print c                       '执行时窗体上将显示"wi123ws"

    '如果 Mid( )函数的第一个参数是常量，则不允许对 Mid( )函数赋值
    Print Mid("windows", 3)
End Sub
```

程序运行结果如图 2-29 所示。

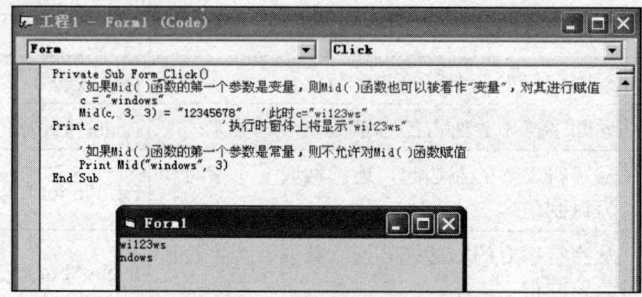

图 2-29 例 2.13 执行的结果

2.6.3 日期函数

日期函数是对日期时间类型数据进行处理的函数，如表 2-11 所示。

表 2-11 日期函数

函数	功能	应用示例	示例返回值
Now( )	返回当前系统的日期和时间	Now( )	#2009-12-24 16:55:49#
Date( )	返回当前系统的日期	Date( )	#2009-12-24#
Time( )	返回当前系统的时间	Time( )	#16:55:49#
Year(d)	返回日期时间型数据 d 中的年份值	Year(Now( ))	2009

续表

函数	功能	应用示例	示例返回值
Month(d)	返回日期时间型数据 d 中的月份值	Month(Now( ))	12
Day(d)	返回日期时间型数据 d 中的日期值	Day(Now( ))	24
Hour(d)	返回日期时间型数据 d 中的小时值	Hour(Now( ))	16
Minute(d)	返回日期时间型数据 d 中的分钟值	Minute(Now( ))	55
Second(d)	返回日期时间型数据 d 中的秒	Second(Now( ))	49
Weekday(d[,n])	返回日期时间型数据 d 是一周的第几天，用 1～7 的数字表示；n 决定星期几是一周的开始	Weekday(Now( )) Weekday(Now( ),2) Weekday(Now( ),1)	5 4 5

说明：对于 Weekday 函数，第二个参数用于决定一周的开始是在哪一天，其值可以为 1～7 中的任意数值，但是要注意 1 代表星期日，2 代表星期一，其余数字依次类推。

2.6.4 数据类型转换函数

在程序设计的过程中常常要把不符合要求的数据类型转换为所需数据类型，因此，VB 提供了一些函数用于数据的转换处理，如表 2-12 所示。

表 2-12 数据类型转换函数

序号	函数	功能	应用示例	示例结果	示例说明
1	Val(c)	把表示数值的字符型变量 c 中的值转换为相应的数值类型并作为返回值	Val("4.2") Val("3D2")	4.2 300	科学计数法
2	CInt(x)	把数据 x 的值转换为整型数据	CInt(2.6) CInt("6e2")	3 600	四舍五入 科学计数法
3	Lcase(c)	把字符串 c 中的大写字母转换为相应的小写字母	Lcase("abcDE")	"abcde"	
4	Ucase(c)	把字符串 c 中的小写字母转换为相应的大写字母	Ucase("abcDE")	"ABCDE"	
5	Chr(n)	返回编码 n 所对应的字符	Chr(99)	"c"	
6	Asc(c)	返回字符型数据 c 中第一个字符对应的 ASCII 码值	Asc("book")	98	
7	Str(n)	把数值 n 转换为相应的字符串并作为返回值；返回值的第一位保留一个字符表示正负，如果 n 为正，第一个字符就是空格	Str(32) Str(-32)	" 32" "-32"	正数转换的数字前保留一位空格
8	CStr(x)	把数据 x 的值转换为字符串型数据	CStr(32)	"32"	CStr 转换的正数前面无空格位

提示：当小数部分恰好为 0.5 时，CInt 函数会将它转换为最接近的偶数值。

2.6.5 格式输出函数

格式输出函数（Format 函数）常常用于把数据转换成特定的格式以便输出，其返回值为字符串型。

Format 函数的格式为：

  Format(表达式[,格式字符串])

表达式是指需要格式化输出的原始数据，可以是数值表达式、字符串表达式或日期表达式。格式字符串用于描述数据输出的格式，要用双引号""括起来。

格式字符串由格式符构成，分为数值格式符、日期和时间格式符和字符串格式符，使用时根据第一个参数的数据类型不同进行相应的选取。缺省格式字符串时 Format 函数的功能与 CStr 函数相同。

1. 数值的格式化

当 Format 函数的第一个参数的值为数值型时，第二个参数即格式化字符串就要在数值格式符中选取。数值格式符如表 2-13 所示。

表 2-13 数值格式符

格式符	功能	应用示例	示例返回值
0	表示数字位，实际数字的位数少于格式符的位数时在数字前后加 0；实际数字的位数多于格式符的位数时小数部分四舍五入	Format(32.468,"0.0") Format(32.468,"0000.0000")	"32.5" "0032.4680"
#	表示数字位，实际数字的位数少于格式符的位数时在数字前后不加 0；实际数字的位数多于格式符的位数时小数部分四舍五入	Format(32.468,"#.#") Format(32.468,"####.####")	"32.5" "32.468"
.	加小数点	Format(32,"0.0")	"32.0"
,	千分位	Format(5432.468,"0,000.00")	"5,432.47"
%	数值乘以 100，加百分号	Format(2.468,"0.0%")	"246.8%"
$	在数字前强制加 "$" 符号	Format(432.468,"$000.00")	"$432.47"
+	在数字前强制加 "+" 符号	Format(432.468,"+000.00")	"+432.47"
-	在数字前强制加 "-" 符号	Format(432.468,"-000.00")	"-432.47"
E+	用指数表示	Format(0.468,"-0.00e+00")	"-4.68e-01"
E-	用指数表示	Format(432.468,".00e-00")	".43e03"

2. 字符串的格式化

当 Format 函数的第一个参数的值为字符型时，格式化字符串要在字符串格式符中选取。字符串格式符如表 2-14 所示。

表 2-14 字符串格式符

格式符	功能	应用示例	示例返回值
<	强制以小写形式作为返回值	Format("Milk","<")	"milk"
>	强制以大写形式作为返回值	Format("Milk",">")	"MILK"

续表

格式符	功能	应用示例	示例返回值
@	表示字符位，实际字符位数小于格式符数量时，字符前加空格	Format("Milk","@@@@@@@") Format("Milk","@@@")	" Milk" "Milk"
&	表示字符位，实际字符位数小于格式符数量时，字符前不加空格	Format("Milk","&&&&&&&") Format("Milk","&&&")	"Milk" "Milk"

3．日期时间的格式化

当 Format 函数的第一个参数的值为日期时间型时，第二个参数格式化字符串就要在日期时间格式符中选取。日期时间格式符如表 2-15 所示。

表 2-15 日期时间格式符

格式符	功能	格式符	功能
d	显示日期（1~31），个位前不加 0	dd	显示日期（01~31），个位前加 0
ddd	显示星期缩写（Sun~Sat）	dddd	显示星期全名（Sunday~Saturday）
ddddd	显示完整日期（yy/mm/dd）	dddddd	显示完整长日期（yyyy 年 m 月 d 日）
w	星期为数字（1~7，星期日为 1）	ww	一年中的星期数（1~53）
m	显示月份（1~12），个位前不加 0	mm	显示月份（01~12），个位前加 0
mmm	显示月份的缩写（Jan~Dec）	mmmm	显示月份全名（January~December）
y	显示一年中的天数（1~365）	yy	用两位数显示年份（00~99）
yyyy	四位数显示年份（0100~9999）	q	显示季度数（1~4）
h	显示小时（0~24），个位前不加 0	hh	显示小时（00~23），个位前加 0
s	显示秒（0~59），个位前不加 0	ss	显示秒（00~59），个位前加 0
ttttt	显示完整时间（小时、分和秒），默认格式为 hh:mm:ss	AM/PM am/pm	12 小时制的时钟，中午前的时间加 AM 或 am，中午后加 PM 或 pm
A/P a/p	12 小时制的时钟，中午前加 A 或 a，中午后加 P 或 p		

【例 2.14】日期型数据的格式化示例。

运行 VB 系统并选择"新建"→"标准 EXE"后，系统会默认创建工程"工程 1"和窗体 Form1。在窗体的单击事件中编写如下代码：

```
Private Sub Form_Click( )
    Print Format(#9/6/1980 1:08:09 pm #, "yyyy 年 m 月 d 日  h 时 m 分 s 秒  am/pm")
End Sub
```

程序运行后单击窗体则可得到执行结果，如图 2-30 所示。

图 2-30 例 2.14 的代码及执行的结果

2.6.6 Shell 函数

VB 提供了 Shell 函数使用户能调用在 DOS 或 Windows 系统下运行的可执行程序，其格式如下：

Shell(文件路径[,窗口类型])

文件路径是一个字符串类型的表达式，其值指明了要执行的应用程序的完整路径（包括路径和文件名），如"c:\xyz.exe"。由文件路径指明的文件必须是可执行文件（扩展名为.com、.exe、.bat）。

窗口类型指定的是应用程序执行后的窗口状态，默认值为 2，含义如表 2-16 所示。

表 2-16 Shell 函数中窗口类型参数的含义

窗口类型	含义
0	窗口不显示
1	正常窗口，前台运行
2	最小窗口，前台运行
3	最大窗口，前台运行
4	正常窗口，后台运行
6	最小窗口，后台运行

Shell( )函数将返回一个双精度类型的值，如果调用成功，则返回这个程序运行的 ID 值；如果调用不成功，则返回 0。

例如，写一段代码调用 Windows 系统提供的"画图"软件，如下：

```
Private Sub Form_Click( )
    i = Shell("C:\WINDOWS\system32\mspaint.exe", 4)    '"画图"程序对应可执行文件的地址
End Sub
```

2.7 VB 中的语句

VB 中的语句是执行具体操作的指令，每条语句通常以回车键结束。本节主要介绍 VB 中对语句的相关要求。

2.7.1 语句编写规则

除前面介绍的一些规范外，VB 中的语句还有一些统一的书写规则。

（1）一般情况下，编写代码时要求一行书写一条语句，每个语句单独占用一行。

（2）VB 也允许多个语句书写在同一行（这一行叫复合语句行），但是要求多个语句之间用冒号"："隔开。VB 要求一个语句行不能超过 1023 个字符，并且一行的实际代码文本前最多只能有 256 个前导空格。

例如：

```
x=3 : Print x     '一行写了 2 条语句，用冒号隔开
```

(3) 对于一条较长的语句，VB 允许其占用多个行（多行书写），但是必须在断行的行末加入一个空格和一个下划线（续行符 "_"）；一个语句最多只能占用 25 个后续行，并且断行的位置不可以在一个完整的标识符或字符串常量内。

例如：
```
Private Sub Form_Click( )
    i = Shell _
    ("C:\WINDOWS\system32\mspaint.exe", 4)    '一条语句写在两行上
End Sub
```

提示：常见错误①是只写下划线 "_"，不写空格；常见错误②是把一个完整的标识符或字符串常量分开。

(4) 编写 VB 代码的时候不区分字母的大小写。

(5) VB 语句中出现的符号（如括号、逗号、分号、等号、引号等）必须是 ASCII 码表中的西文标点符号（作为字符串中的字符内容时可以使用其他符号，如"这是我们的"粮食""）。

(6) VB 语句中要声明或命名一些标识符（如变量名、符号常量名、数据类型名和过程名等）时，相应标识符的命名必须遵循以下规则：

- 必须以英文字母或汉字开头，由字母、汉字、数字或下划线组成。
- 字符必须并排书写在同一行，不能出现上标或下标的形式。
- 长度小于等于 255 个字符，控件、窗体、类和模块的名字不得超过 40 个字符。
- 不可以是系统关键字（已经被系统占用的关键字，如 sub、dim 等）。
- 不可以包含空格、西文标点符号和类型符（%、&、!、#、@、$）。
- 标识符在该标识符的作用域内必须唯一。

合法的命名举例：student_name、学生姓名、B2C。

不合法的命名举例：学生 的 姓名、student name、_used、N^2。

(7) 编写代码时可以为代码添加注释。注释是非执行语句，仅在编辑状态中起到说明代码功能的注释作用，可以增强程序的可读性。

添加注释可以采用注释语句 Rem 或注释符 "'"（西文字符）两种方式。

Rem 语句是以 Rem 开头的一个非执行语句。关键词 Rem 与其后的注释内容之间必须用空格隔开，并且要书写在一行。

注释符 "'" 连同其后的注释内容可以单独放在一行，也可以跟在其他语句的后面，VB 系统在编译时将忽略该符号及其后面的内容，因此不予执行。

例如：
```
Private Sub Form_Click( )
    student_name="张三"      '把字符串"张三"赋给变量 student_name
    Rem 下面一句是把文本框 Text2 的 Text 属性值转换为数值并赋值给变量 student_age
    student_age=22
    student_number="09155964": Rem 把文本框 Text3 的 Text 属性值赋值给变量 student_number
End Sub
```

(8) VB 编程允许使用行号与标号，但不是必须要用。

标号是指以冒号结尾的标识符；行号是一个整型数，与语句代码用空格分隔。行号与标号用于标记一个语句，一般用在转向语句中。

(9) VB 默认采用十进制表示数字，但是也允许使用八进制或十六进制表示一个数。

一个数的前面加前缀"&"或"&O"符号时，表示这个数是一个八进制数，例如：
    Print &10   '10 是八进制数，其对应的十进制数值为 8，因此输出结果为 8
一个数的前面加了前缀"&H"符号时，表示这个数是一个十六进制数，如：
    Print &H10   '10 是十六进制数，对应的十进制数值为 16，因此输出结果为 16

2.7.2 赋值语句

赋值语句用于改变变量的值，其语法格式为：
    变量名=表达式
对于属性变量而言，赋值语句的形式为：
    [对象名].属性=表达式
说明：
（1）赋值语句将把赋值符（=）右边表达式的值赋给左边的变量（包括属性变量）。
（2）不能在同一条语句中给多个变量赋值，如 x=y=z=32 是不能同时给变量 x、y、z 赋值的。
（3）注意赋值语句与关系运算表达式的区别。

赋值语句是一个语句，单独写在某一行，用于给等号（=）左边的变量赋值；关系运算表达式整体就是一个表达式，用于比较等号（=）左右两边的数据是否相等，表达式的值是一个逻辑型的值，且一般出现在某个语句中。

例如：
    x=89   '这是一个赋值语句
    Print x=89   '"x=89"是一个关系表达式
    x=y=z=32   '这是一个赋值语句。其中"y=z=32"是一个关系表达式，如图 2-31 所示

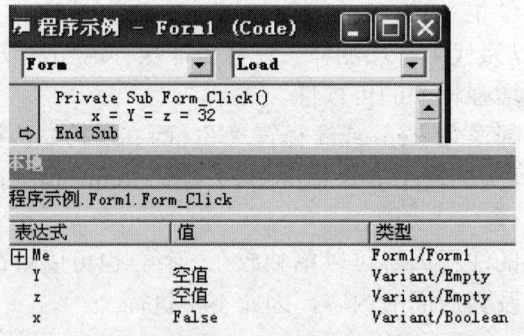

图 2-31 赋值语句与关系运算的区别

（4）赋值语句中，赋值符号（=）两边的变量和表达式数据类型应保持一致。

当赋值符号（=）两边的变量与表达式数据类型不一致时，VB 将先进行自动转换，把表达式的值转换为与变量相同的类型再进行赋值操作；如果自动转换失败，系统就会中断执行，并提示错误信息。

赋值语句中数据自动转换的原则如下：
- 数值型数据赋值给逻辑型变量时，0 被转换为 False，非 0 被转换为 True。
- 逻辑型数据赋值给数值型变量时，False 被转换为 0，True 被转换为-1。
- 可以把数值型、字符串型、日期型变量直接赋值给变体型变量。

习题

一、选择题

1. 以下 4 种描述中，错误的是（　　）。
   A．常量在程序执行期间其值不会发生改变
   B．根据数据类型不同，常量可分为字符型常量、数值常量、日期/时间型常量和布尔型常量
   C．符号常量是用一个标识符来代表一个常数，好象是为常数取一个名字，但仍保持常数的性质
   D．符号常量的使用和变量的使用没有差别

2. 下面合法的常量是（　　）。
   A．1/2　　　　　B．'abcd'　　　　C．1.2*5　　　　D．False

3. Visual Basic 中可以用类型说明符来标识变量的类型，其中表示货币型的是（　　）。
   A．%　　　　　B．#　　　　　　C．@　　　　　D．$

4. 用十六进制表示 Visual Basic 的整型常数时，前面要加上的符号是（　　）。
   A．&H　　　　　B．&O　　　　　C．H　　　　　D．O

5. Visual Basic 日期常量的定界符是（　　）。
   A．##　　　　　B．''　　　　　　C．()　　　　　D．{}

6. 数学关系 3≤x<10 表示成正确的 VB 表达式为（　　）。
   A．3<=x<10
   B．3<=x AND x<10
   C．x>=3 OR x<10
   D．3<=x AND <10

7. \、/、Mod、*四个算术运算符中，优先级别最低的是（　　）。
   A．\　　　　　B．/　　　　　　C．Mod　　　　D．*

8. 下面语句中有非法调用的是（　　）。
   A．x=SGN(-1)　　B．x=FIX(-1)　　C．x=SQR(-1)　　D．x$=CHR$(65)

9. 表达式 23/5.8、23\5.8、23 Mod 5.8 的运算结果分别是（　　）。
   A．3、3.9655、3
   B．3.9655、3、5
   C．4、4、5
   D．3.9655、4、3

10. 如果变量 a=2，b="abc"、c="acd"、d=5，则表达式 a<d OR b>c AND b<>c 的值是（　　）。
    A．True　　　　B．False　　　　C．Yes　　　　D．No

11. 为了给 x、y、z 三个变量赋初值 1，下面正确的赋值语句是（　　）。
    A．x=1:y=1:z=1
    B．x=1,y=1,z=1
    C．x=y=z=1
    D．xyz=1

12. 以下 4 类运算符中优先级最低的是（　　）。
    A．算术运算符　　B．字符运算符　　C．关系运算符　　D．逻辑运算符

13. 已知 a="12345678"，则表达式 Left(a, 4) +Mid(a, 4, 2)的值是（　　）。
    A．123456　　　B．"123445"　　　C．123445　　　D．1279

14. 执行 PRINT 18/2*3,-3^2 命令后，输出结果为（　　）。

A. 3 9   B. 3 -9   C. 27 -9   D. -9   27

15. 执行 PRINT 9.4\3.7,9.4 MOD 3.7 命令后，输出结果为（　　）。
    A. 2 1   B. 3 0   C. 2 20   D. 1 2

16. 运行以下程序后，输出结果为（　　）。
    x%=1/4
    y%=11/4
    PRINT x%;y%
    END
    A. 0.25 0.75   B. 0 2   C. 0 3   D. 1 3

17. 语句 Print Format ("HELLO", "<") 的输出结果是（　　）。
    A. HELLO   B. hello   C. He   D. he

18. 语句 Print (a=2) And (b=-2) 的输出结果是（　　）。
    A. True   B. 结果不确定   C. -1   D. False

19. 表达式 Int(198.555*100+0.5)/100 的值为（　　）。
    A. 198   B. 199.6   C. 198.56   D. 200

20. 要使变量 x 赋值为 1～100 间（含 1，不含 100）的一个随机整数，正确的语句是（　　）。
    A. x=Int(100*Rnd)   B. x=Int(101*Rnd)
    C. x=1+Int(100*Rnd)   D. x=1+Int(99*Rnd)

21. Visual Basic 表达式 Cos(0)+Abs(1)+Int(Rnd(1))的值是（　　）。
    A. 1   B. -1   C. 0   D. 2

22. 表达式 Int(5*Rnd+1)* Int(5*Rnd-1) 值的范围是（　　）。
    A. [0,15]   B. [-1,15]   C. [-4,15]   D. [-5,15]

23. 表达式 Len("123 程序设计 ABC")的值是（　　）。
    A. 10   B. 14   C. 20   D. 17

24. 赋值语句 g = 123 + Mid("123456", 3, 2)执行后，变量 g 中的值是（　　）。
    A. "12334"   B. 123   C. 12334   D. 157

25. 如果 x 是一个正实数，对 x 的第 3 位小数四舍五入的表达式是（　　）。
    A. 0.01 * Int(x + 0.005)   B. 0.01 * Int(100 * (x + 0.005))
    C. 0.01 * Int(100 * (x + 0.05))   D. 0.01 * Int(x + 0.05)

26. MsgBox 函数返回值的类型是（　　）。
    A. 整数   B. 字符串   C. 逻辑值   D. 日期

27. 以下关于窗体的描述中，错误的是（　　）。
    A. 执行 Unload Form1 语句后，窗体 Form1 消失，但仍在内存中
    B. 窗体的 Load 事件在加载窗体时发生
    C. 当窗体的 Enabled 属性为 False 时，通过鼠标和键盘对窗体的操作都被禁止
    D. 窗体的 Height、Width 属性用于设置窗体的高和宽

28. 一条语句要分行书写，用（　　）符号作续行符。
    A. +   B. -   C. _   D. …

29. VB 6.0 的标准化控件位于 IDE（集成开发环境）中的（　　）窗口内。

A．工具栏　　　　B．工具箱　　　　C．对象浏览器　　　　D．窗体设计器

30．关于 Visual Basic 应用程序正确的叙述是（　　）。

A．Visual Basic 程序运行时，总是等待事件被触发

B．Visual Basic 程序设计就是编写代码

C．Visual Basic 程序是以线性方式顺序执行的

D．Visual Basic 的事件可以由用户随意定义，而事件过程是系统预先设置好的

31．保存文件时，窗体的所有数据以（　　）存储。

A．*.PRG　　　　B．*.FRM　　　　C．*.VBP　　　　D．*.EXE

32．下列可以将变量 a、b 的值互换的语句组是（　　）。

A．a=b : b=a　　　　　　　　　　B．a=a+b :　b=a-b : a=a-b

C．a=c : c=b : b=a　　　　　　　D．a=(a+b) /2 : b=(a-b) /2

33．以下程序段执行后，整型变量 n 的值为（　　）。

year1 = 2004

n = year1\4 + year1\400 - year1\100

A．486　　　　B．496　　　　C．506　　　　D．466

二、判断题

1．VB 6.0 中&H¡2 是八进制的数值常数。

2．在 VB 6.0 中，不声明而直接使用的变量，系统默认为变体型（Variant），其默认值为 0。

3．执行 Dim X,Y　AS Integer 语句后，则 X、Y 的默认值均为 0。

4．Dim a As Boolean, b As Boolean

　a = 2

　b = 0

　Print a + b

执行完第二条语句 A 的值为 True。

5．Dim a As Boolean, b As Boolean

　a = 2

　b = 0

　Print a + b

执行完程序段，程序输出结果为 2。

6．Len("等级考试")和 LenB("等级考试")的结果相同。

7．Len("等级考试")和 Len("VB 考试")的结果相同。

8．若 X 为偶数，则 Not(X Mod 2)必然为真。

9．表达式 a%*b-d#\2#+C!的结果的数据类型为双精度型。

10．一个符号常量可以赋同一类型的不同值。

11．VB 6.0 中若表示一个日期和时间常量必须也只能用"#"号将其括起来。

12．Rnd 函数产生的是(0,1)之间不包括 0、1 的随机小数。

13．Len(Str(123)+"123"))的结果为 6。

14．表达式 Val(".123E2AB")的值为.123。

15. Format(5,"0.00%")的结果是 500.00%。
16. 若同时为 x、y、z 变量赋值 5,可以如右操作:x=y=z=5。
17. 各种控件的所有属性都可以在设计模式下通过属性窗口设置,也都可以在运行模式下通过程序语句进行赋值。
18. 事件驱动的编程机制中,事件过程的执行顺序取决于程序流程。
19. 窗体打开时,将依次发生以下事件:Load、Initialize、Activate。
20. 在显示模式窗体时,应用程序中的其他窗体仍可以继续操作。
21. 若要使命令按钮不可见,则可通过设置 Enabled 属性为 False 来实现。
22. 由于 VB 只能以解释方式运行,所以运行速度慢。
23. VB 中打开工程文件时,在资源管理器窗口中可以看到工程中所有的文件,所以可以认为工程文件包括了工程中所有的文件,只要保留工程文件即可,其他文件可以不必保留。
24. 在 VB 中编译生成的可执行文件可以直接复制到任何一台安装有 Windows 系统的计算机上运行。
25. 在 VB 程序中,如果存在语法错误,则无法通过编译,所以如果通过编译生成了 EXE 文件,就说明程序中已不存在任何错误。

三、填空题

1. 在 VB 中声明符号常量的关键字是_____。
2. 表达式 10 MOD 16\4 的值是_____。
3. 要强制进行显式变量声明,必须在声明段部分加入语句_____。
4. 已知 a=3.5,b=5.0,c=2.5,d=True,则表达式:a>=0 AND a+c>b+3 OR NOT d 的值是_____。
5. 用 dim abc as variant 定义的变量 abc 的类型是_____。
6. 设 C="A",写出下列表达式的值:
   (1) C>="0"And C<="9"or c>="A" and c<="Z"的值为_____。
   (2) C<="0"And C>="9"or c>="A" and c<="Z"的值为_____。
7. 在 VB 中,字符型常量应使用_____将其括起来,日期/时间型常量应使用_____符号将其括起来。
8. 表达式 sgn(-25) 的值是_____。
9. 表达式 Ucase(Mid("abcdefgh",3,4)) 的值是_____。
10. 函数 int(rnd*11)+10 的值的范围是_____至_____。
11. 要使 VB 窗体最大化按钮不可用,应将其_____属性设置为 False。
12. 若要求输入密码时文本框中只显示*号,则应当在文本框的属性窗口中设置_____属性。
13. 一个控件在窗体上的位置由_____属性和 Top 属性决定。
14. 将一个窗体隐藏但仍在内存中所使用的方法是_____,显示一个隐藏窗体所使用的方法是_____。
15. 扩展名为.frm 的文件表示_____文件。
16. VB 中,错误的类型大致可分为 3 种:_____、运行时错误和逻辑错误。
17. VB 有 3 种工作模式,即设计模式、_____和中断模式。
18. 在 Visual Basic 中,对象的_____是用来描述一个对象外部特征的。
19. 由于程序的结构算法错误而引起的程序错误是_____。
20. VB 6.0 是基于面向对象的程序设计方法,采用_____驱动的编程机制。
21. 窗体的初始化代码应写在窗体对象的_____事件中。

22．Visual Basic 的对象主要分为_____对象和_____对象两大类。

四、问答题

1．控件与对象有什么区别？
2．如何在工程中添加多个窗体？怎样选择所需的窗体作为启动窗体？
3．VB 中有哪几种数据类型？2+5 OR False 的结果是什么？
4．假设 x=6，y=7，z=9，w=17，下列表达式运算后的结果各是多少？
　　（1）x<y AND z>=w OR x<z*9
　　（2）6>y*7 OR z=w AND y<>z OR w>x
　　（3）NOT y>=x OR z*9=w^2 AND w<>x+z
5．变量 x 和 y 都有初始值，例如 x=238，y=986，怎样编写代码才能实现变量 x 和 y 的值互换？

第 3 章　顺序结构

为了能够解决更复杂的问题,在本章以及后续的第 4 章和第 5 章中将分别介绍 VB 中的顺序结构、选择结构和循环结构及相应结构在实际应用中需要用到的控件。

本章主要介绍顺序结构及相应的语句和常用的算法。另外,还将介绍标签、文本框和按钮控件及其使用方法。

- VB 的控制结构
- 数据输入的几种方式
- 数据输出的方法
- 标签、文本框和命令按钮控件的使用

3.1　程序设计基本方法

程序设计的过程要消耗大量的人力,为了提高程序开发的效率,便于对程序的维护,许多年来,人们一直在研究程序设计的方法。目前最常用的是结构化程序设计方法和面向对象程序设计方法。

3.1.1　结构化程序设计方法

在计算机刚出现的早期,它的价格昂贵、内存很小且速度不高。程序员为了在小得可怜的内存下解决大量的科学计算问题,并为了节省昂贵的 CPU 机时费,不得不使用巧妙的手段和技术手工编写各种高效的程序。其中显著的特点是在程序中大量使用跳转语句(GOTO),使得程序结构混乱、可读性差、可维护性差,通用性就更差了。

结构化程序设计的概念最早由荷兰科学家 E.W.Dijkstra 提出,1966 年他就指出:程序的质量与程序中所包含的 GOTO 语句的数量成反比,完全可以从高级语言中取消 GOTO 语句;任何程序都要基于顺序、选择和循环三种基本的控制结构;程序具有模块化特征,每个程序模块具有唯一的入口和出口,如图 3-1 所示。这为结构化程序设计的技术奠定了理论基础。

结构化程序设计方法主要包括两个方面:

(1) 在软件设计和实现过程中,提倡采用自顶向下、逐步细化的模块化程序设计原则。

(2) 在代码编写时,强调采用单入口单出口的三种基本控制结构(顺序、选择、循环结构),避免使用跳转语句(GOTO 语句)。

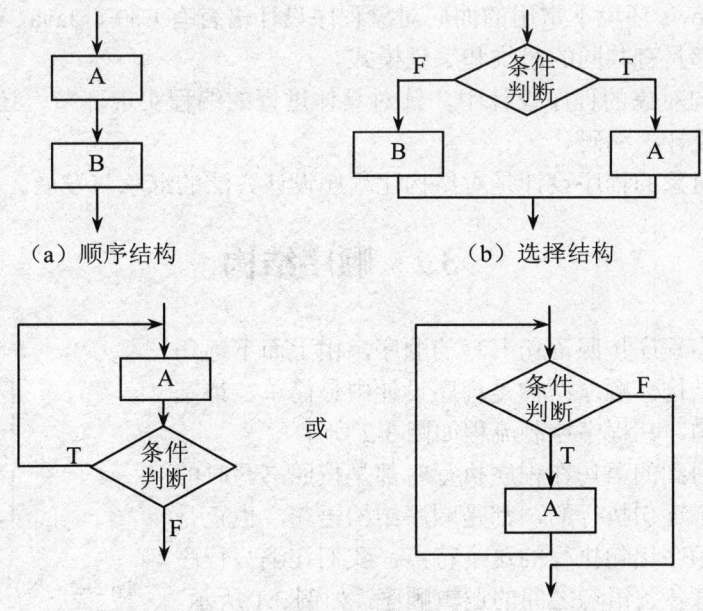

图 3-1　三种基本控制结构

结构化程序的结构简单清晰、可读性强、模块性强，描述方式符合人们解决复杂问题的普遍规律，在代码重复利用、软件维护等方面有所进步，可以显著提高软件开发的效率。因此，在应用软件的开发中发挥了重要的作用。

3.1.2　面向对象程序设计方法

面向对象程序设计（Object Oriented Programming，OOP）起源于 Smalltalk 语言。用面向对象的方法解决问题，不是将问题分解为过程（功能和结构独立、完整的一组代码），而是将问题分解为对象。目前，这种"对象+消息"的面向对象的程序设计模式有取代"数据结构+算法"的面向过程的程序设计模式的趋向。

当然，面向对象的程序设计并不是要抛弃结构化程序设计方法，而是站在比结构化程序设计更高、更抽象的层次上去解决问题。当所要解决的问题被分解为低级代码模块时，仍需要结构化编程的方法和技巧。但是，它在将一个大问题分解为若干小问题时所采取的思路却与结构化方法是不同的：

（1）结构化的分解突出过程——如何做（How to do）？它强调代码的功能是如何得以完成的。

（2）面向对象的分解突出真实世界和抽象的对象——做什么（What to do）？它将大量的工作由相应的对象来完成，程序员在应用程序中只需要说明要求对象完成的任务。

面向对象的程序设计给软件的发展带来了以下进步：
- 符合人们习惯的思维习惯，便于分析复杂而多变化的问题。
- 易于进行软件的维护和功能的增减。
- 可重用性好，能用继承的方式减短程序开发所花费的时间。
- 与可视化技术相结合，改善了工作界面和用户界面。

目前在 Windows 环境下常用的面向对象程序设计语言有 C++、Java、Visual Basic 等。虽然风格各异，但都具有共同的思维和编程模式。

事实上，面向对象的程序设计中，针对具体过程的编程实现环节，还是采用结构化程序设计的方法进行设计、编码。

因此，面向对象的程序设计是对结构化程序设计方法的继承与发展。

3.2　顺序结构

顺序结构是指程序按照语句书写的顺序，由上而下逐句依次执行的控制结构。顺序结构是程序设计中最简单、最基本的程序控制结构，其程序控制流程如图 3-2 所示。

我们之前学习到的语句在程序执行时都是按照书写时的先后顺序自上而下逐句执行的，都是顺序结构语句。也正是因为顺序结构按顺序逐句执行的这个特点，我们在编写程序的时候一定要注意各条语句之间的逻辑顺序，如例 3.1 所示。

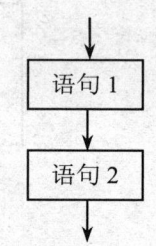

图 3-2　顺序结构的程序执行情况

【例 3.1】观察本例题程序中语句执行时的逻辑顺序对程序结果的影响。

```
Private Sub Form_click( )
    Dim x As Integer, y As Integer
    x = 0: y = 0        '给 x 和 y 赋初值 0（一行中书写了 2 个语句，用冒号隔开）
    x = y + 4           '执行后，x 的值为 4；此时，y 的值仍为 0
    y = x + 5           'x 的值已经是 4，本句执行后，y 的值为 9
    Print x             '窗体将输出：4
    Print y             '窗体将输出：9
End Sub
```

执行程序，观察程序的输出如图 3-3 所示。

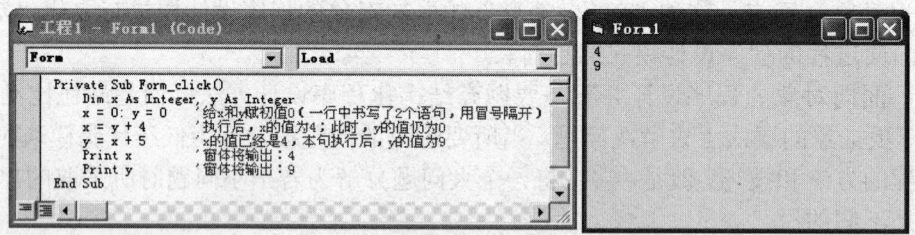

图 3-3　例 3.1 的程序代码和执行结果

然后调整代码中赋值语句的顺序如下：

```
Private Sub Form_click( )
    Dim x As Integer, y As Integer
    x = 0: y = 0        '给 x 和 y 赋初值 0（一行中书写了 2 个语句，用冒号隔开）
    y = x + 5           'x 的值是 0，本句执行后，y 的值为 5
    x = y + 4           'y 的值已经为 5，本句执行后，x 的值为 9
    Print x             '窗体将输出：9
    Print y             '窗体将输出：5
End Sub
```

执行程序，观察程序的输出如图 3-4 所示。

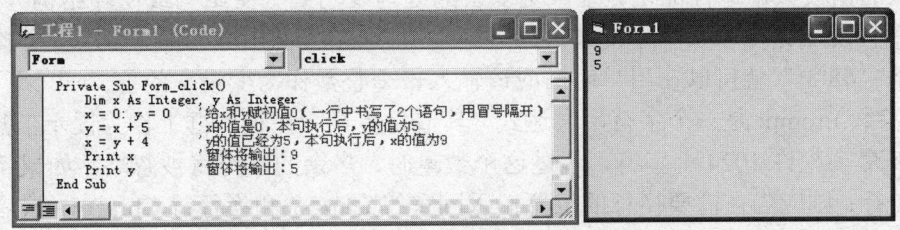

图 3-4 例 3.1 的程序代码修改后的执行结果

由例 3.1 可以看出，执行的都是 x=y+4 和 y=x+5 这两个语句，且执行前 x 和 y 的初始值都为 0，但是当两个语句执行结束以后，两段代码得到的 x、y 值却存在差别。其主要原因就是两个语句之间存在着关联，有互相引用的关系，而且各变量在执行语句前的状态（值）有区别（详见代码中的注释）。

接下来介绍几种顺序结构中常用到的和用户交互的方法。

3.3 数据输入

计算机处理问题的核心就是数据和计算，单纯从数据处理的角度看，几乎所有程序都由这样几个步骤构成：输入数据、处理数据（计算）、输出数据（计算得出的结果）。

输入数据有以下几个来源：

（1）编程时由程序员预设好的数据。

（2）其他计算过程产生的结果。

（3）在程序运行时由用户通过鼠标或者键盘输入的数据。

通过使用 InputBox 函数或者在窗体上利用基本控件都能使 VB 程序在运行时允许用户输入数据。可用于让用户输入（或选择）数据的基本控件有文本框、列表框、组合框、复选框等控件，这些控件同时也可以用作数据输出。但是考虑到有些控件在使用过程中还涉及分支控制结构和循环控制结构，我们在本章只介绍文本框控件用于数据输入的情况，其他控件的用法将在后续章节分别介绍。

3.3.1 通过 InputBox 函数输入数据

VB 程序设计的过程中可以通过 InputBox 函数调用用户输入框，以便用户在程序执行的过程中输入数据。

InputBox 函数的语法格式如下：

    InputBox(Prompt [,Title] [,Default] [,XPos] [,YPos] [,HelpFile,Context])

说明：（1）通过 InputBox 函数可以调用输入框，并且可以指定该输入框的提示信息、标题、输入项的默认值、输入框的位置和帮助信息。

InputBox 函数的返回值就是用户在输入框中输入的内容，但该返回值为字符串型的数据。因此，实际使用的时候常常通过赋值语句把 InputBox 函数的值赋给某个变量。如果这个变量需要的是一个数值型的值，最好在输入框的提示信息部分向用户说明，并且用 Val( )函数把

InputBox 函数返回的值转换为数值型再赋值或处理。一个优秀的程序，应该有错误处理机制，对用户输入的错误数据进行优化处理（更复杂的处理要用到分支结构或循环结构）。

例如，假设 x 是一个长整型变量，通过语句"x=Val(InputBox("随便输入一个整数吧","等待输入数据","68"))"就可以让用户明白应该输入一个整数作为变量 x 的值。

（2）参数 Prompt 是一个字符串表达式，其值将被显示在输入框上作为提示信息，不可省略。Prompt 最多允许 1024 个字符，超过这个数量时，多余的字符将被忽略。如果希望提示信息占用多个行，则应当在需要换行的位置插入回车符 Chr(13)和换行符 Chr(10)，或者使用系统常量 VbCrlf，如例 3.2 所示。

【例 3.2】InputBox 函数示例。

```
Private Sub Form_click( )
    x = Val(InputBox("随便输入" & Chr(10) & Chr(13) & "一个整数吧","等待输入数据", 68))
    Print x
    x = Val(InputBox("再输入" & vbCrLf & "一个整数吧", , 68))    '可以省略中间的某个参数
    Print x
End Sub
```

执行后用户看到的输入框如图 3-5 所示。

(a) 第一个输入框

(b) 第二个输入框

图 3-5 例 3.2 的执行结果

（3）参数 Title 是输入框标题栏中要显示的文本，也是一个字符串表达式，默认其值为当前程序名。如果该项缺省，但是后面还有参数，则该位置的逗号","不可省略，如 x=Val(InputBox("随便输入一个整数吧", , 68))。

（4）参数 Default 是指弹出输入框后系统自动填入到输入位置中的一个字符串表达式，在用户不输入其他值的时候把这个字符串作为 InputBox 函数的返回值。

（5）参数 XPos 和 YPos 都是数值表达式，分别指输入框左边缘与屏幕左边缘的距离和上边缘与屏幕上边缘的距离。

（6）参数 HelpFile 和 Context 用于为输入框添加"帮助"按钮，并使输入框能响应 F1

键，以查看与 Context 所对应的帮助主题。HelpFile 是表示帮助文件名的字符串表达式；Context 是表示相关帮助主题的数值表达式。HelpFile 和 Context 要配对使用，必须同时缺省或使用。

（7）在程序运行的过程中，输入框以有模式方式弹出（代码中调用输入框语句后面的语句暂停执行，用户只能在输入框中操作，直到输入框通过单击"确定"按钮或"取消"按钮被关闭）。

（8）InputBox 函数的后面几个参数不是很常用，最常用的格式为：

InputBox(Prompt[, Title] [, Default])

3.3.2 通过文本框输入数据

文本框控件可以在程序运行时接受用户的键盘输入，并且用户所输入的字符被存入文本框控件的 Text 属性中。文本框控件的这一特点可以用来作为程序数据输入的方式。由于文本框控件的 Text 属性的数据类型是字符串型，因此要获取用于算术运算的数值时要用 Val( )函数把数据转换为数值型，如例 3.3 所示。

【例 3.3】通过加法器程序了解用文本框输入数据的方法。创建新工程，在默认窗体 Form1 中创建 3 个文本框控件（TextBox），各个控件的属性设置如表 3-1 所示。

表 3-1 各对象的属性设置

对象	属性	属性值
Form1	Caption	加法运算程序
Text1	Text	""
Text2	Text	""
Text3	Text	""

各个控件的位置如图 3-6 所示。

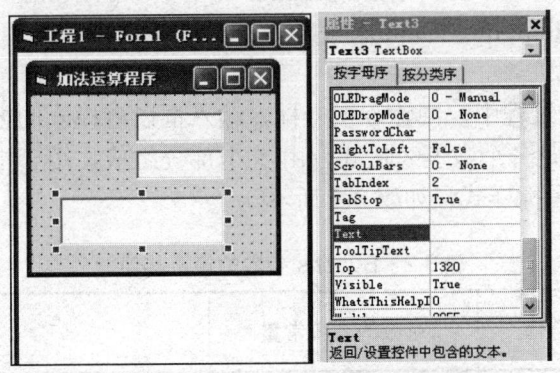

图 3-6 例 3.3 加法运算程序中各控件的位置

为窗体设置单击事件，代码如下：

```
Private Sub Form_Click( )
        Dim x As Double, y As Double        'x 和 y 都声明为双精度型变量
        x = Val(Text1.Text)                 'x 通过文本框 Text1 输入数据
        y = Val(Text2.Text)                 'y 通过文本框 Text2 输入数据
        Text3.Text = x + y                  '加法计算，计算结果放在文本框 Text3 里
End Sub
```

3.4 数据输出

程序处理过程中的相关信息或最终结果往往需要反馈给用户或保存下来,这就是数据的输出。

在 VB 程序设计中,最常用的数据输出方式大体上分为用控件输出和用消息框输出两种。此外,还可以把数据保存在文件或数据库中。

有很多对象都有在程序运行时值可以通过控件被显示出来的属性。比如窗体对象的 Caption 属性、标签对象的 Caption 属性、文本框对象的 Text 属性等,这些控件的类似属性都可以被用来作为输出数据。此外,也可以通过某些对象的相关方法作为输出数据的渠道,如窗体对象的 Print 方法等。

3.4.1 用 MsgBox 函数输出数据

VB 提供了专门用于显示信息的消息框,可以通过执行 MsgBox 函数在程序运行的过程中弹出。

1. MsgBox 函数

MsgBox 函数的语法格式如下:

  MsgBox(Prompt [,Buttons] [,Title] [,HelpFile,Context])

说明:(1)通过 MsgBox 函数可以调用消息框,并且可以指定该输入框的提示信息、消息框类型、标题以及相关的帮助信息。MsgBox 函数在应用中最经常使用的是前三个参数,格式如 MsgBox(Prompt[, Buttons] [, Title])。

(2)参数 Prompt 是一个字符串表达式,其值将被显示在消息框上作为提示信息,不可省略。其最大长度约为 1024 个字符,用法同 InputBox 函数中的 Prompt 参数。

(3)参数 Title、HelpFile、Context 的用法和 InputBox 函数中的相应参数相同,都可以省略。

(4)在程序运行的过程中,同输入框一样,输入框以有模式的方式弹出。

(5)参数 Buttons 是一个数值表达式,由 5 个部分组成,用于指定消息框中按钮的数量及形式和消息框使用的图标样式,如表 3-2 所示。

表 3-2 Buttons 参数的值及其功能

Buttons 的组成部分	可选值	对应的系统常量	说明
消息框中显示的按钮控件数目与形式	0	VbOKOnly	只显示"确定"按钮
	1	VbOKCancel	显示"确定"及"取消"按钮
	2	VbAbortRetryIgnore	显示"终止"、"重试"及"忽略"按钮
	3	VbYesNoCancel	显示"是"、"否"及"取消"按钮
	4	VbYesNo	显示"是"及"否"按钮
	5	VbRetryCancel	显示"重试"及"取消"按钮

续表

Buttons 的组成部分	可选值	对应的系统常量	说明
消息框中所用图标的样式	16	VbCritical	显示 Critical Message 图标
	32	VbQuestion	显示 Warning Query 图标
	48	VbExclamation	显示 Warning Message 图标
	64	VbInFormation	显示 Information Message 图标
默认按钮	0	VbDefaultButton1	第 1 个按钮是默认值
	256	VbDefaultButton2	第 2 个按钮是默认值
	512	VbDefaultButton3	第 3 个按钮是默认值
	768	VbDefaultButton4	第 4 个按钮是默认值
消息框的强制返回模式	0	VbApplicationModal	应用程序强制返回；应用程序一直被挂起，直到用户对消息框作出响应才继续工作
	4096	VbSystemModal	系统强制返回；全部应用程序都被挂起，直到用户对消息框作出响应才继续工作

说明：Buttons 参数的值是由这些数值相加生成的，且每组中只能选取一个值使用，每个值都可以用相对应的系统常量代替。

【例 3.4】MsgBox 应用示例。创建新工程，为默认窗体 Form1 设置单击事件代码如下：

```
Private Sub Form_Click( )
    x = MsgBox("运行病毒程序！ ", VbOKOnly + VbCritical + VbDefaultButton1 + VbSystemModal, "植入病毒")
End Sub
```

事件中的语句也可以替换为如下几种形式，执行效果相同：

x=MsgBox("运行病毒程序！ ",16+4096," 植入病毒")
x=MsgBox("运行病毒程序！ ",4112," 植入病毒")
x=MsgBox("运行病毒程序！ ",0+16+0+4096,"植入病毒")

执行程序，弹出的消息框如图 3-7 所示。

（6）MsgBox 函数的返回值为数值类型，指明了用户在消息框中选择的按钮，其值如表 3-3 所示。

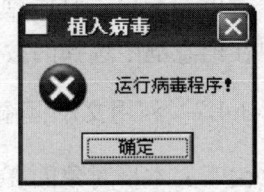

图 3-7 例 3.4 执行时的消息框

表 3-3 MsgBox 函数返回值的含义

返回值	对应的系统常量	说明
1	VbOK	用户选择的是"确定"按钮
2	VbCancel	用户选择的是"取消"按钮
3	VbAbort	用户选择的是"终止"按钮
4	VbRetry	用户选择的是"重试"按钮
5	VbIgnore	用户选择的是"忽略"按钮
6	VbYes	用户选择的是"是"按钮
7	VbNo	用户选择的是"否"按钮

【例 3.5】MsgBox 函数应用举例。创建新工程，为默认窗体 Form1 设置单击事件代码如下：
```
Private Sub Form_Click( )
    Dim x As Integer
    x = MsgBox("想要再选择一次吗？", VbYesNoCancel + VbQuestion + VbDefaultButton1, "询问是否继续")
    Print x
End Sub
```
执行后可以在窗体上看到在消息框中所选择命令按钮对应的编号，如图 3-8 所示。

图 3-8　例 3.5 中弹出的信息对话框和窗体中显示的"是"按钮编号

2．MsgBox 函数的其他调用格式

对于 MsgBox 函数而言，我们并不总是需要函数的返回值，因此就可以忽略函数返回值，以过程调用的方式打开信息对话框，格式如下：

MsgBox Prompt[, Buttons] [, Title] [, HelpFile, Context]

或

Call MsgBox (Prompt[, Buttons] [, Title] [, HelpFile, Context])

如例 3.5 中的 MsgBox 函数调用语句可以改为：

Call MsgBox("想要再选择一次吗？", VbYesNoCancel + VbQuestion + VbDefaultButton1, "询问是否继续")

或

MsgBox "想要再选择一次吗？", VbYesNoCancel + VbQuestion + VbDefaultButton1, "询问是否继续"

可以看到运行时所显示的消息框和例 3.5 的界面完全一样，只是在窗体上输出的数字 0 与用户在消息框中选择的按钮无关。

3.4.2　利用文本框输出数据

由于文本框对象的 Text 属性值在程序执行的时候也会被显示在文本框内，因此，文本框控件除了可以用作数据的输入外，还可以用来输出数据，如例 3.4 中的按钮对象单击事件可以调整为如下代码：

```
Private Sub Command1_Click( )
    Const pi As Double = 3.1415926      'Const 语句在过程内部定义，用双精度型
    Dim x As Double, r As Double        'r 存放圆的半径
    '下句把 Text1 控件的 Text 属性值作为半径值存入变量 r
    r = Val(Text1.Text)                 'Text1 的 Text 属性是字符串型，因此需要转换数据类型
    x = r ^ 2 * pi                      '计算圆的面积，结果放入变量 x
    '下面两句重新调整 Label2 的位置
    Label2.Top = Text1.Top - Label2.Height
    Label2.Left = Label1.Left
    Label2.Caption = "半径为" & r & "的圆面积为："    '重新调整 Label2 的 Caption 属性值
    Label1.Visible = False              '隐藏 Label1 控件
    Text1.Text = Format(x, "0.00")      '通过标签控件的 Caption 属性把 x 的值输出
End Sub
```

假设在运行后输入的半径为 9，则单击 Command1 后的程序界面如图 3-9 所示。

3.4.3 用标签控件输出数据

标签（Label）控件在程序执行的过程中显示一段文本（Caption 属性的值），主要用于为其他控件添加标注性质的文字，用于提示用户。可以通过代码改变 Label 控件 Caption 属性的值以起到输出数据的作用，如例 3.6 所示。

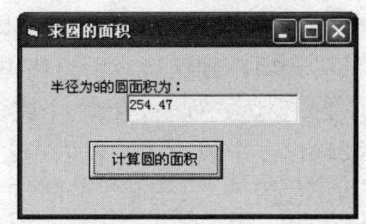

图 3-9　计算圆面积程序的改写版运行效果

【例 3.6】用标签输出圆面积的计算结果。在新工程的默认窗体 Form1 上创建 2 个标签控件和 1 个按钮控件，其属性值设置如表 3-4 所示，各控件的位置如图 3-10 所示。

表 3-4　例 3.6 中各对象的属性设置

对象	属性	属性值
Form1	Caption	求圆的面积
Label1	Caption	圆的半径：
Label2	Caption	该圆的面积为：
Text1	Text	""
Command1	Caption	计算圆的面积

为按钮控件 Command1 设置单击事件代码如下：

```
Private Sub Command1_Click( )
    Const pi As Double = 3.1415926    'Const 语句在过程内部定义，用双精度型
    Dim x As Double                    '双精度型变量 x 用于存放圆面积的计算结果
    x = Val(Text1.Text) ^ 2 * pi       '计算圆的面积
    Rem 下句通过标签控件 Label2 的 Caption 属性把 x 的值输出
    Label2.Caption = "圆的面积为：" & Format(x, "0.00")
End Sub
```

执行程序，结果如图 3-11 所示。

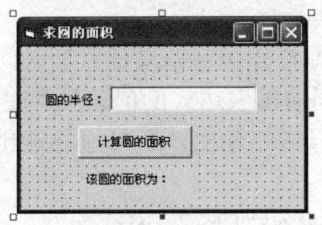

图 3-10　例 3.6 中各控件的位置

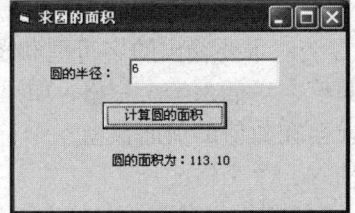

图 3-11　例 3.6 程序的执行结果

3.4.4 用 Print 方法输出数据

Print 方法是 VB 中输出数据的一种常用方式，窗体、图片框、Printer、Debug 等对象都支持 Print 方法。

Print 方法的语法格式如下：

　　[<对象名>.]Print [<表达式列表>][;|,]

说明：(1) 对象名可以是窗体对象（控件）名、图片框对象（控件）名、Printer、Debug，如果缺省该项，则默认对象为代码所在的当前窗体。

(2) 表达式列表是指一个或多个表达式，不写任何表达式的时候，默认输出一个空行；如果要输出多个表达式，表达式之间要用","或";"分隔。

如果使用","（逗号）分隔符，则分隔符后的表达式将以标准格式在下一个打印区（每行以 14 个字符为单位划分为若干区段，每个区段称为一个打印区，每个打印区有 14 个字符宽度）的起始位置输出。

如果使用";"（分号）分隔符，则下一个表达式将按紧凑格式紧跟在上一个表达式后面无间隔地输出。

【例 3.7】观察 Print 语句中各表达式的输出情况。为新工程的默认窗体 Form1 设置单击事件，编写代码如下：

```
Private Sub Form_Click()
    Print "|", "|", "|", "|"                    '为每个打印区的起始位置做标记
        '观察","分隔符后的下一表达式是否在下一个打印区中输出
    Print "aaaaaaaaaaaaaaa", "b"; "c"; "d"
        '观察";"分隔符后的下一表达式的输出情况
    Print "aaaaaaaaaaaaa", "b"; "c"; "d"
        '观察","分隔符前一表达式未超出打印区时后一个表达式的输出情况
    Print "aaaaaaaaaaaa", "b"; "c"; "d"
End Sub
```

程序运行后，单击窗体，则程序执行结果如图 3-12 所示。

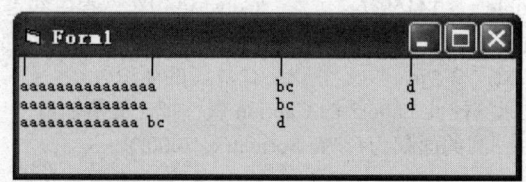

图 3-12　例 3.7 程序的执行情况

(3) 表达式列表中的表达式可以是任何类型的表达式。

Print 方法对于要输出的字符型和逻辑型表达式，将原样输出；如果是日期时间型表达式，则在输出其值之后插入一个空格；如果是数值表达式，则输出表达式的值。需要注意的是，数值在输出前会在数值的前面预留一个符号位（正数的符号省略输出，负号原样输出），数值的后面自动插入一个空格。

【例 3.8】在新建工程的窗体上设置单击事件，编写代码如下：

```
Private Sub Form_Click()
    Cls
    Print "A"; "B"; "23"; "F"; "-89"; "S"       '观察所有字符串的输出情况
    Print "A"; "B"; 23; "F"; -89; "S"           '观察数值 23 和-89 的输出情况
    Dim d As Date
    d = Date()                                   '给日期型变量 d 赋值
    Print "==="; d; "==="                        '观察日期型表达式 d 的输出情况
    Dim f As Boolean
```

```
        f = False                           '给逻辑型变量 f 赋值
        Print "==="; f; "==="               '观察逻辑型表达式的输出情况
    End Sub
```

程序运行后单击窗体，窗体输出如图 3-13 所示。

（4）表达式可以使用 Spc( )函数和 Tab( )函数对输出项进行定位。

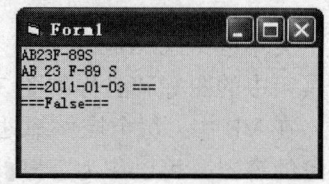

图 3-13　例 3.8 程序的执行情况

函数 Spc(<n>)用于在显示或打印下一表达式之前跳过 n 个空格宽度的位置，数值型参数 n 是必选项。Spc 函数与前面所学的 Space 函数的区别是：Spc 跳过指定数量的空格位，Space 函数产生指定数量的空格。如假设 s 是字符型变量，s=Spc(3)是错误的应用，系统执行时会提示语法错误。

函数 Tab([n])用于指定下一个输出项（表达式）起始的输入位置，整型参数 n 对应的编号是从一行的第一个字符起计数的自然数，如缺省 n，则默认下一表达式定位在下一个打印区的起始位置。如果 Tab(n)函数所处位置的前一项已经输出到第 m 个字符位置，而 n 的值小于等于 m，Tab(n)函数后面的下一个表达式将在下一行的第 n 个字符位置输出，如例 3.9 所示。

【例 3.9】Spc 函数和 Tab 函数的用法示例。在新建工程的窗体上设置单击事件，编写代码如下：

```
    Private Sub Form_Click( )
        Print "HH"; Spc(3); "KK"; Spc(3); "XX"
        Print "SS"; Tab(3); "WW"; Tab(7); "FF"; Tab(8); "TT"
    End Sub
```

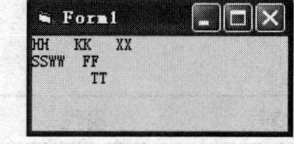

图 3-14　例 3.9 程序运行的情况

该程序运行后，单击窗体即可看到输出如图 3-14 所示。

（5）在 Print 语句的行尾如果使用"；"或"，"分隔符，则下一个 Print 语句输出的内容将紧跟在当前 Print 语句所输出文本的后面；行尾如果使用的是"，"分隔符，则下一个 Print 语句输出的内容将在当前 Print 语句所输出文本后的下一个打印区输出。

如果 Print 语句的行尾没有分隔符，在输出当前 Print 语句中所有的表达式值之后，将自动换行。因此，下一个 Print 语句所输出的内容也将在下一行输出。

【例 3.10】Print 方法换行规则示例。在新建工程的窗体上设置单击事件，编写代码如下：

```
    Private Sub Form_Click( )
        Print "HH"; "XX",
        Print "Second Letter";
        Print "Next Sentence"
        Print "Final Words"
    End Sub
```

程序及执行结果如图 3-15 所示。

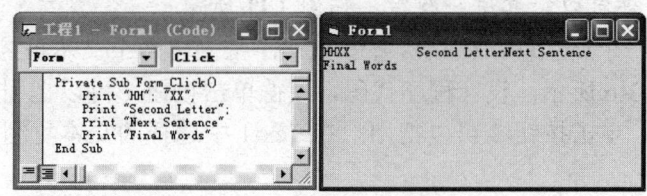

图 3-15　例 3.10 的程序代码和执行结果

3.5 文本框

文本框（TextBox）控件在程序运行时用来显示文本信息并接受用户的编辑，其控件类在工具箱中的图标和名称如图 3-16 所示。

在 VB 中，每个控件都处于某个容器内，窗体就是可以容纳其他对象的容器。可以作为容器的对象有窗体（Form）、屏幕（Screen）、图片（Picture）等。

图 3-16 文本框的控件类在工具箱中的名称和名称

要在某窗体上创建一个文本框控件，应该首先使该窗体处于编辑状态，然后在工具箱里找到文本框控件类对应的图标，双击该图标或在单击该图标后在窗体的编辑区中拖动鼠标即可在窗体内创建一个控件。在设计时，通过单击选取工具箱中文本框控件类对应的图标，然后在窗体上拖动，也可以"画"出一个控件。

提示：如果通过双击工具箱里的控件类创建多个控件，那么新建的控件处于最上层，会遮挡住之前所创建的控件。可以右击控件，在弹出的快捷菜单中调整各个控件的前后层次。在右击控件弹出的快捷菜单中还可以选择删除控件等操作。

1. 文本框的常用属性

文本框常用的属性如表 3-5 所示。

表 3-5 文本框的常用属性

编号	属性	功能
1	Text	返回/设置文本框中显示的内容
2	Locked	设置文本框中的内容在运行时是否可由用户编辑
3	PasswordChar	设置显示在文本框中的代替内容，如设置为"*"，则文本框中只能看到用"*"号代替的内容；常用于输入密码时隐藏信息
4	MaxLength	设置文本框中允许输入的最大字符数，多余的字符串将忽略，默认值为 0，表示无字符数限制；文本框能容纳的最大字符个数为 64K
5	MultiLine	设置文本框是否允许多行显示或输入文本
6	ScrollBars	设置文本框是否有水平滚动条，可以选择水平滚动条、垂直滚动条或同时有水平和垂直滚动条；仅在 MultiLine 属性值为 True 时有效
7	SelText	返回/设置文本框中被选中的文本
8	SelStart	返回/设置文本框中被选中文本的起始位置
9	SelLength	返回/设置文本框中被选中文本的字符长度

提示：SelText 属性在程序处于编辑状态时不可见，只能通过代码使用。除了可以引用 SelText 属性的值外，还可以对其进行改写，如例 3.11 所示。

【例 3.11】创建一个新工程，在默认窗体 Form1 上创建两个文本框控件和两个按钮控件，各控件的属性值如表 3-6 所示。设计程序代码，使得单击按钮 1 可以把用户在 Text1 中选择的文本复制到 Text2 中，单击按钮 2 可以把用户在 Text1 中选择的文本复制到 Text2 中并清除被选中的文本。

表 3-6　例 3.11 中各对象的属性值

对象	属性	属性值
Form1	Caption	被选择文本记录器
Text1	text	多核芯片功耗低，效率更高 并且发热量很少
	MultiLine	True
	ScrollBars	3
Text2	text	""
Command1	Name	RecordSelWord
	Caption	记录
Command2	Name	MoveSelWord
	Caption	转移

说明：当文本框的 MultiLine 属性值为 True 时，预设文本框控件的 Text 属性值需要单击 Text 属性右边的下拉按钮再输入预设值，并且可以通过"Ctrl+回车"实现换行，如图 3-17 所示。

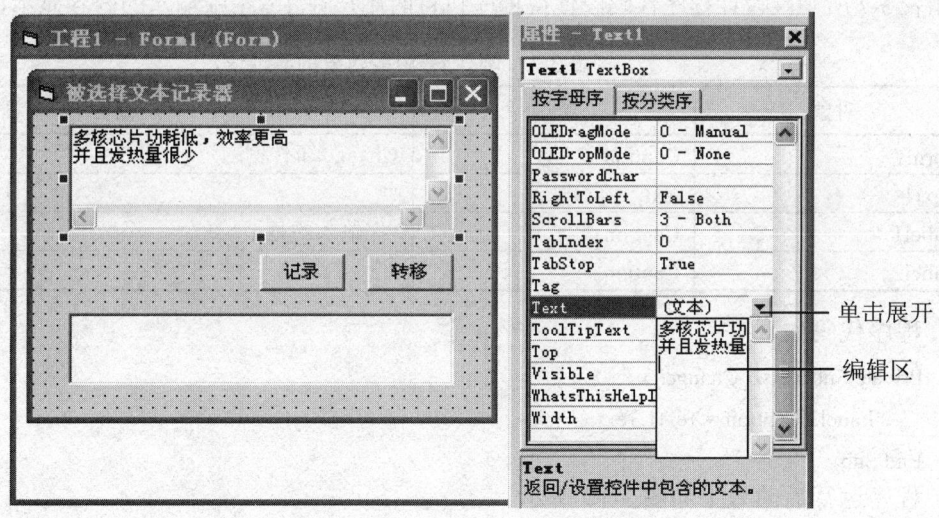

图 3-17　例 3.11 为 MultiLine 值为 True 的文本框控件预设 Text 属性值

分析：文本框控件中被选择的文本由 SelText 返回，因此只要把该属性值赋值给 Text2 的 Text 属性即可。

程序代码如下：

```
Private Sub MoveSelWord_Click( )
    Text2.Text = Text2.Text & Text1.SelText & " "     '记录被选中的文本
    Text1.SelText = ""                '清除被选中的文本
End Sub
```

```
Private Sub RecordSelWord_Click( )
    Text2.Text = Text2.Text & Text1.SelText & " "    '记录被选中的文本
End Sub
```

程序运行后的效果如图 3-18 所示。

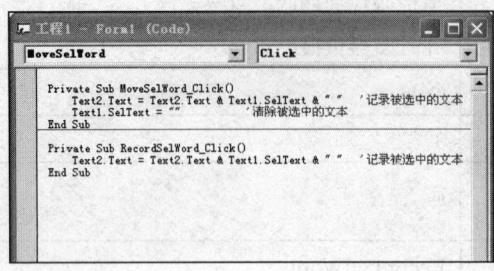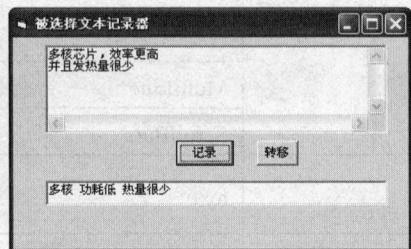

图 3-18　例 3.11 的代码和执行结果

2. 文本框常用事件

文本框也接受 Click 事件和 DblClick 事件，但是更为常用的事件是 Change 事件、GotFocus 事件和 LostFocus 事件。

用户向文本框中输入字符的时候，每输入一个字符都会使文本框的 Text 属性值发生变化，这时就会触发 Change 事件，如例 3.12 所示。

【例 3.12】创建一个新工程，在默认窗体 Form1 上创建一个文本框控件和两个标签，其属性值如表 3-7 所示。设计程序代码，使得程序执行时用户在 Text1 中输入的内容显示在标签 2 中。

表 3-7　例 3.12 中各对象的属性值

对象	属性	属性值
Form1	Caption	Change 事件例题
Text1	text	""
Label1	Caption	"您输入的是："
Label2	Caption	""

程序代码如下：

```
Private Sub Text1_Change( )
    Label2.Caption = Text1.Text
End Sub
```

程序运行后的效果如图 3-19 所示。

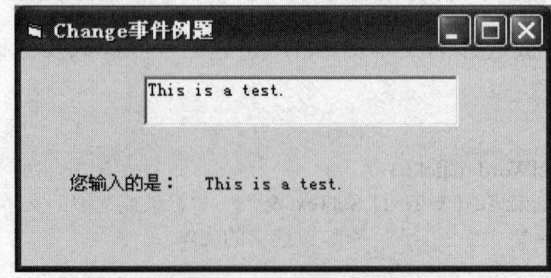

图 3-19　例 3.12 程序执行结果

3.6 标签

标签（Label）控件常常被用于标注其他控件的文字说明，其在工具箱中的图标和名称如图 3-20 所示。

图 3-20 标签的控件类在工具箱中的图标和名称

标签控件的常用属性如表 3-8 所示。

表 3-8 标签的常用属性

属性	功能
Name	标签的名称
Caption	标签的标题
AutoSize	设置标签的宽度是否能根据标题的内容自动调整
Alignment	返回/设置标题的文本在控件中对齐的方式
BackStyle	设置背景的样式
BorderStyle	设置标签的边框风格
WordWrap	设置标签中标题文本的显示方式

1. AutoSize 属性

AutoSize 属性的值为逻辑型，其值为 True 时标签的大小（宽度和高度）将根据标签 Caption 属性中的标题文本大小进行自动调整；为 False 时，表示当标签的标题文本长度超出标签长度时超出部分不显示。

2. WordWrap 属性

WordWrap 属性的值也是逻辑型，其值为 True 时将根据标题文本内容自动调整标签的高度，但是不会调整标签的宽度；为 False 时不会自动调整标签的高度，标签的宽度取决于 AutoSize 属性的设置情况。

若要使 WordWrap 属性生效，必须把 AutoSize 属性的值设为 True。

【例 3.13】观察标签的 AutoSize 属性和 WordWrap 属性对标签控件大小的影响。在新工程的默认窗体上通过双击标签控件创建 4 个默认大小的标签控件，各个标签的 BackColor 属性均设为白色，其余属性如表 3-9 所示。

表 3-9 各标签的属性设置

对象	属性	属性值
Label1	Caption	1. 二十五日，伴随着凛冽的狂风，气温降了不少
	AutoSize	False
	WordWrap	False

续表

对象	属性	属性值
Label2	Caption	2. 二十五日，伴随着凛冽的狂风，气温降了不少
	AutoSize	True
	WordWrap	False
Label3	Caption	3. 二十五日，伴随着凛冽的狂风，气温降了不少
	AutoSize	False
	WordWrap	True
Label4	Caption	4. 二十五日，伴随着凛冽的狂风，气温降了不少
	AutoSize	True
	WordWrap	True

程序运行后的界面如图 3-21 所示。

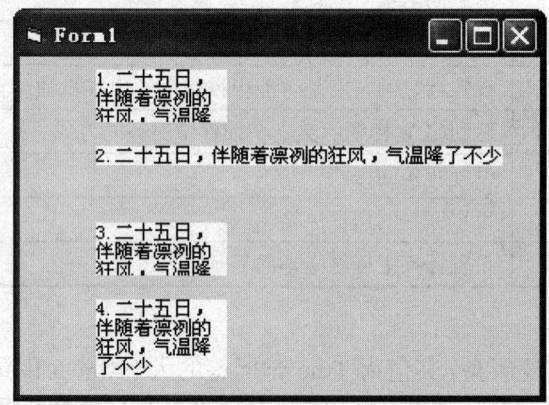

图 3-21　例 3.13 中标签的情况

3.7　命令按钮

命令按钮是 VB 程序设计中应用最多的控件之一，前面的一些例题已经用到了命令按钮。命令按钮最经常应用的事件就是单击事件，当用户对其进行单击操作时，按钮控件也呈现出被按下和释放的效果。无论是从功能上还是从外观上，命令按钮都模拟了现实世界中的按钮。命令按钮在工具箱中的图标和名称如图 3-22 所示。

图 3-22　命令按钮的控件类在工具箱中的图标和名称

1. 常用属性

除了之前介绍的通用属性外，其他命令按钮常用的属性如表 3-10 所示。

表 3-10 命令按钮的常用属性

编号	属性	功能
1	Caption	按钮的标题
2	Default	设置为默认按钮
3	Cancel	设置为取消按钮
4	ToolTipText	设置当鼠标在按钮上悬停时显示的文本
5	Style	设置命令按钮是标准按钮还是图形按钮
6	Picture	设置图形按钮上显示的图形；Style 的值为 1 时有效
7	DownPicture	设置鼠标按下时显示的图片
8	DisablePicture	设置按钮不可用时显示的图片

（1）Caption 属性。和其他的控件类似，命令按钮的 Caption 属性显示在它的控件上，一般情况下设置为反映本按钮功能的说明文字。

此外，用户可以通过 Caption 属性为命令按钮设置一个快捷键，在程序执行的时候，这个快捷键对应的字母将由一个下划线标出，用户只要按下 Alt 键和该字母对应的按键就可以触发该按钮的单击事件。快捷键的设置方法是在 Caption 属性中的该字母前加"&"符号，如"&Start"。

提示：一个按钮的 Caption 属性中只能设置一个快捷键，第一个"&+字母"是设置快捷键。

（2）Default 属性。如果一个按钮的 Default 属性被设置为 True，那么程序执行时，即使焦点（控件能直接接收鼠标、键盘操作的状态）不在按钮上，只要用户按下回车键，也可以触发该按钮的单击事件。Default 属性值为 True 的按钮也称为默认按钮。

一个窗体只能有一个按钮的 Default 属性为 True，某按钮的 Default 属性值被设置为 True 之后，其余按钮的该属性自动被设置为 False。

（3）Cancel 属性。如果一个按钮的 Cancel 属性被设置为 True，那么程序执行时，即使焦点不在按钮上，只要用户按 Esc 键，也可以触发该按钮的单击事件。这个按钮也称为取消按钮。

一个窗体只能有一个按钮的 Cancel 属性为 True，某按钮的 Cancel 属性被设置为 True 之后，其余按钮的该属性自动被设置为 False。

2．命令按钮常用的方法和事件

命令按钮控件常用的事件主要是 Click 事件。

Click 事件是命令按钮最基本、最常用的事件。大多数时候，我们仅仅利用按钮对象最简单的 Click 事件来执行一段代码。程序执行的过程中，触发命令按钮的单击事件有以下几种方法：

（1）直接通过鼠标单击。

（2）用 Tab 键使按钮获得焦点，然后按下空格键或回车键。

（3）使用按钮的快捷键。

（4）命令按钮的 Default 属性为 True 时，在该按钮所在的窗体处于活动窗体时，按回车键。

【例 3.14】观察 Default 属性和 Cancel 属性的使用情况。

在新工程默认加载的窗体 Form1 上创建一个文本框和两个按钮控件，其属性设置如表 3-11 所示。

表 3-11　例 3.14 中各对象的属性设置

对象	属性	属性值
Form1	Caption	Default 属性和 Cancel 属性示例
Text1	Text	""
Command1	Caption	获取时间
	Default	True
	ToolTipText	开始执行
Command2	Caption	&Quit
	Cancel	True
	ToolTipText	退出程序

为 Command1 和 Command2 设置单击事件，代码如下：

```
Private Sub Command1_Click( )
    Text1.Text = Now( )    '在文本框显示/更新系统当前的日期和时间
End Sub

Private Sub Command2_Click( )
    End
End Sub
```

程序执行的过程中按下回车键即可看到文本框中的时间被更新，按下 Esc 键程序就会退出执行；鼠标指向两个按钮时将弹出 ToolTipText 中所设置的提示信息，如图 3-23 所示。

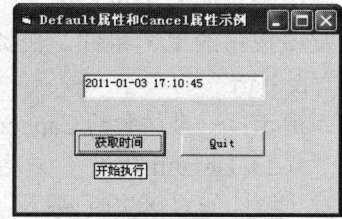

图 3-23　例 3.14 程序执行结果

3.8　程序举例

【例 3.15】设计程序让用户回答一个智力挑战题："假如你需要工人为你工作 7 天，给工人的回报是一根金条。金条上有平分成 7 段的标记线，你必须在每天结束时给工人一段金条，同时只许你在其中的两个标记线上切割，你应该怎样给工人付费？"。

要求在进入题目界面后，焦点在"答案"文本框中，以便用户直接输入答案内容，同时提示"已经开始计时"。在用户单击"提交答案"按钮或在答题时按下 Enter 键后，弹出对话框公布答案，并记录结束时间。用户关闭信息对话框后要锁定答题的文本框，不再允许写入文字，并提示答题已经结束。

分析：提示"已经开始计时"和"做题结束"的信息可以通过窗体的 Print 方法实现，但是结束时执行 Print 之前要用 Cls 方法清除前一个 Print 方法所输出的"已经开始计时"内容。

可以用一个标签控件记录起止时间并显示，使用 s=s & "new word"的形式就可以在保留原内容的同时追加新的内容。给题目内容文本框赋值的时候，由于文本过长，也可以采用这种形式实现。

选中答题文本框的所有内容需要用到文本框的 SelStart 属性和 SelLength 属性，开始位置和长度即可决定被选中的文本。

焦点（Focus）是指接收用户鼠标和键盘输入的一种能力，窗体和大多数控件一般都能获得焦点（但是，也有一些控件不能接收焦点，如标签、框架、图像框、直线、形状、时钟等）。

不同的控件获得焦点时的表现形式不尽相同，如文本框获得焦点时光标就在文本框内闪动，而命令按钮获得焦点时在按钮上就会出现一个虚线矩形。

控件获得焦点的方法主要有以下几种：

- 通过鼠标操作获得。
- 通过使用 Tab 键按照各控件的 TabIndex 属性（用于确定 Tab 键切换焦点的顺序）、TabStop 属性（决定是否允许用 Tab 键获取焦点）所确定的顺序在窗体上的各个控件间轮流切换获得。
- 通过调用对象的 SetFocus 方法获得。SetFocus 方法的语法格式为：**[窗体名.] [<对象名.>]SetFocus。**

本题采用设置控件的 TabIndex 属性方式使得 Text2 为默认的第 0 个具有焦点的控件。

解题过程：在新工程默认加载的窗体 Form1 上创建 2 个文本框、3 个标签控件和 2 个按钮控件，其属性设置如表 3-12 所示，用户界面中各控件的位置如图 3-24 所示。

表 3-12 例 3.15 中各对象的属性设置

对象	属性	属性值
Form1	Caption	"智力挑战题"
	AutoRedraw	True
Lable1	Caption	"题目："
Lable2	Caption	"您的答案："
Lable3	Caption	""
Text1	Text	""
	MultiLine	True
	ScrollBars	2
	TabIndex	1
Text2	MultiLine	True
	Text	"请把您的答案写在这里 按回车键就可以结束做题"
	ScrollBars	2
	TabIndex	0
Command1	Caption	"做好啦"
	Default	True
	ToolTipText	"看看答案"
Command2	Caption	"退出本程序"
	Cancel	True
	ToolTipText	"退出程序的执行"

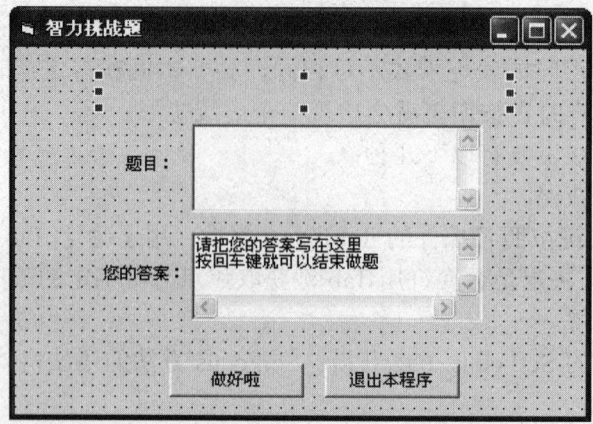

图 3-24　例 3.15 用户界面中各控件的位置状态

程序代码如下：

```
Private Sub Command1_Click( )
    Dim answer As String
    Label3.Caption = Label3.Caption & " 结束时间：" & Time( )
    answer = "两次截断能把金条分成三份，可以在金条的 1/7 位置 2/7 位置切割。"
    answer = answer & vbCrLf & "这样，第 1 天就可以给工人 1/7；"
    answer = answer & vbCrLf & "        第 2 天给工人 2/7，让工人找回 1/7；"
    answer = answer & vbCrLf & "        第 3 天再给工人 1/7，加上原先的 2/7 就是 3/7；"
    answer = answer & vbCrLf & "接下来的几天怎么组合发薪资，大家应该明白了吧！"
    MsgBox answer, vbOKOnly + vbInformation + vbSystemModal, "工人薪金题目的答案"
    Me.Cls                '清除此前输出的文字
    Me.Print "          做题已完成"
    Text2.Locked = True
End Sub

Private Sub Command2_Click( )
    End
End Sub

Private Sub Form_Load( )
    Dim s As String
    s = "假如你需要工人为你工作 7 天，"
    s = s & "给工人的回报是一根金条。金条上有平分成 7 段的标记线，"
    s = s & "你必须在每天结束时给工人一段金条，"
    s = s & "同时只许你在其中的两个标记线上切割，你应该怎样给工人付费？"
    Text1.Text = s
    Me.ForeColor = vbRed
    Print "          计时已经开始，请抓紧答题！"
    Label3.ForeColor = vbBlue
    Label3.Caption = "开始时间：" & Time( )
End Sub
```

```
Private Sub Text2_Click( )
    Text2.SelStart = 0
    Text2.SelLength = Len(Text2.Text)
End Sub
```

程序执行结果如图 3-25 所示，做题结束的画面如图 3-26 所示。

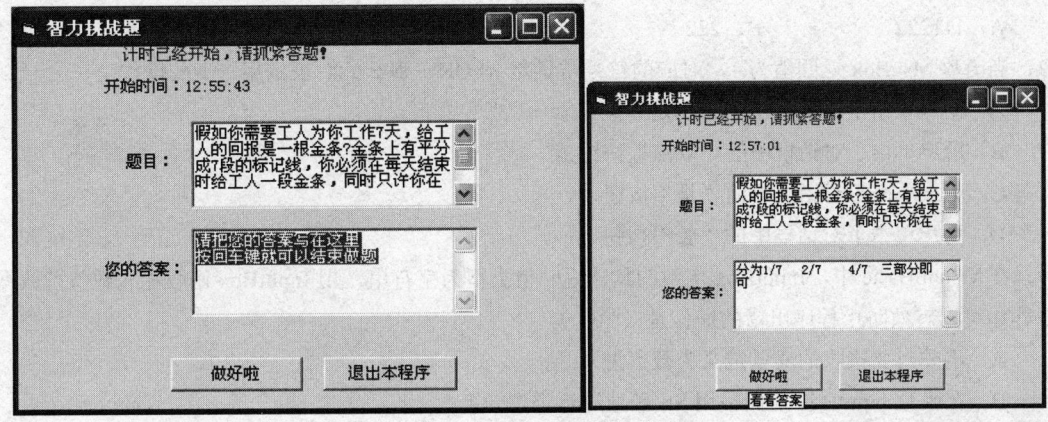

图 3-25　例 3.15 程序执行的结果

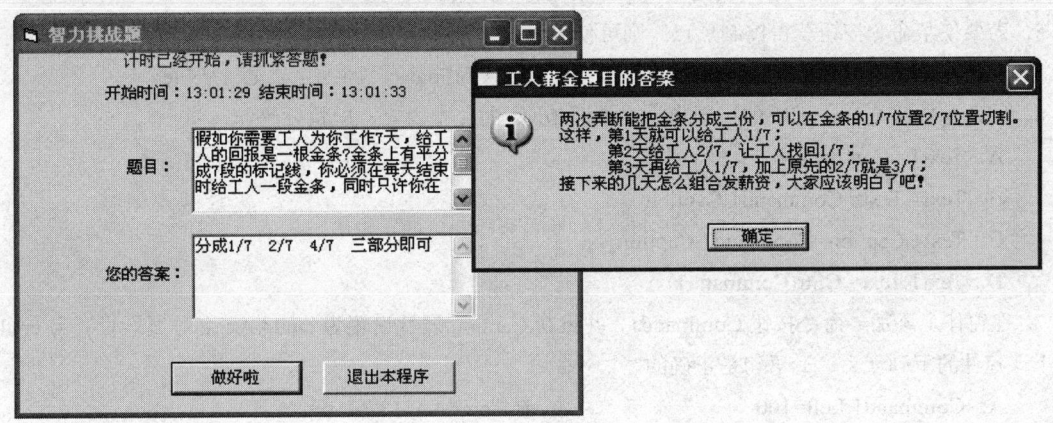

图 3-26　例 3.15 做题结束的画面

程序设计好后，根据代码设计的功能测试各个环节是否执行正常，并理解实现的方法和效果，以灵活运用。

习题

一、选择题

1. 下面的（　　）语句可以实现：先在窗体上输出大写字母 A，然后在同一行的第 10 列输出小写字母 b。

　　A．Print "A";Tab(9);"b"　　　　　　　B．Print　"A";Spc(8);"b"

　　C．Print "A";Space(10);"b"　　　　　　D．Print　"A";Tab(8);"b"

2. 阅读下面的程序段：

   n1=InputBox("请输入第一个数：")

   n2=InputBox("请输入第二个数：")

   Print n1+n2

   当输入分别为 111 和 222 时，程序输出为（　　）。

   A．111222　　　　B．222　　　　C．333　　　　D．程序出错

3. 当函数 MsgBox 返回值为 1，对应的符号常量是 vbOK，那么此时表示用户做的操作是（　　）。

   A．用户单击了对话框中的"确定"按钮

   B．用户单击了对话框中的"取消"按钮

   C．用户单击了对话框中的"是"按钮

   D．用户单击了对话框中的"否"按钮

4. 在 Visual Basic 中，InputBox 函数的默认返回值类型为字符串，用 InputBox 函数输入数值型数据时，下列操作中可以有效防止程序出错的操作是（　　）。

   A．事先对要接收的变量定义为数值型

   B．在函数 InputBox 前面使用 Str 函数进行类型转换

   C．在函数 InputBox 前面使用 Value 函数进行类型转换

   D．在函数 InputBox 前面使用 String 函数进行类型转换

5. 若要使某命令按钮获得控制焦点，则可使用（　　）方法来设置。

   A．Refresh　　　　B．SetFocus　　　　C．GotFocus　　　　D．Value

6. 将命令按钮 Command1 的标题作为文本框 Text1 的文本内容，应执行语句（　　）。

   A．Text1= Command1

   B．Text1.Text= Command1.Caption

   C．Text1.Caption=Command1.Caption

   D．Text1.Text= CStr(Command1)

7. 在窗体上添加一命令按钮 Command1，并将其 Caption 属性设置为 cmdAA、名称属性设置为 cmdBB，则关于该控件的下列（　　）语句是正确的。

   A．Command1.Left=100　　　　　　　　B．cmdAA. Left=100

   C．cmdBB. Left=100　　　　　　　　　　D．以上语句都不对

二、判断题

1. Print Tab(3);"Visual Basic" 和 Print Space(3);"Visual Basic"的效果相同。

2. 为了使下一个输出语句的输出项不换行输出，则应在本 Print 语句的尾部加 "；"，且只能加 "；"。

3. 产生消息对话框的 MsgBox 函数返回的值是数值型。

4. MsgBox 函数和 InputBox 函数都有一个可确定对话框中命令按钮的个数和类型的参数。

三、填空题

1. 在窗体上添加一个命令按钮，然后编写如下事件过程：

   Private Sub Command1_Click( )

   　a = InputBox("请输入一个整数")

　　　　b = InputBox("请输入一个整数")
　　　　Print a + b
　　End Sub
程序运行后，单击命令按钮，在输入对话框中分别输入 321 和 456，输出结果为_____。

2．窗体上有三个文本框 Text1、Text2 和 Text3，有一个命令按钮 Command1，设文本框 Text1 中的内容为 11，文本框 Text2 中的内容为 22，下面程序的执行结果为_____。

　　　Private　Sub Command1_Click( )
　　　　　Text3.Text = Str$(Val(Text1.Text) +Val(Text2.Text))
　　　　　Print Val(Text3.Text)
　　　End　Sub

3．执行语句 B = MsgBox("XXX",,"YYY")后，在消息框中的标题信息是_____。

4．语句 x=inputbox("请输入数据")，输入 12345，则 x 的值是_____，其类型为_____。

5．将标签 Label1 的字号设置成 20，使用的语句是_____。

6．若要使文本框 TextBox 的 ScrollBars 属性有效，必须将其_____属性设为 True。

7．使命令按钮不起作用，应将按钮的_____属性设置为 False。

8．若用户单击命令按钮 Command1，则此时将被执行的事件过程名为_____。

四、问答题

1．VB 中常用的输入数据的方法都有哪些？
2．InputBox 函数和 MsgBox 函数的格式要求是什么？使用时要注意哪些问题？
3．描述 Print 语句的格式和使用方法。
4．VB 有哪几种基本的流程控制结构？

第 4 章 选择结构

现实生活中人们经常需要先对某些条件进行分析和判断，然后做出自己的抉择，并采取相应的动作。在实际程序中也常常需要根据所给定的条件进行判断，根据判断的结果有选择地执行某些语句。VB 语言提供了实现这种操作的程序结构——选择结构，选择结构根据所给定的条件成立或不成立决定从一组不同的分支中选择执行某一个分支。本章主要介绍实现选择结构的语句和函数，以及具有选择性特点的单选按钮控件和复选框控件。

- If 语句的几种结构及应用
- If 语句的嵌套使用
- Select Case 语句的使用
- 单选按钮控件和复选框控件的使用

4.1 If 语句

在第 2 章中介绍了使用关系表达式和逻辑表达式可以实现对某些条件的构建，并且根据表达式的值可以看出条件的真（条件成立）与假（条件不成立），但是如何根据条件来选择执行相应的语句呢？选择结构可以实现这一功能，在 VB 语言中选择结构主要分为 IF 语句和 Select Case 语句两大类。

4.1.1 If 语句的单分支结构

If 结构一般形式如下：
    If <表达式> Then
        [语句块]
    End If
执行流程如图 4-1 所示。
当表达式的值为 True 时，执行语句块，否则执行 End If 语句的下一条语句。

【例 4.1】按降序输出两个整数。
分析：定义两个整型变量 m 和 n，调用 InputBox

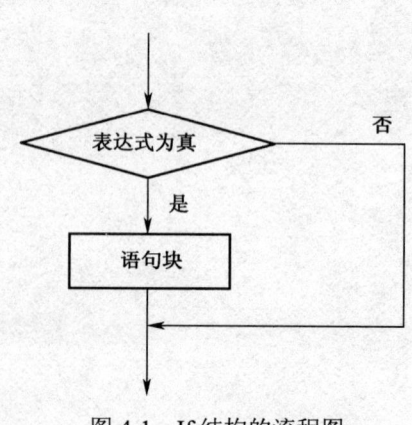

图 4-1 If 结构的流程图

函数输入数据。用 If 结构判断 m 是否小于 n，如果是则用中间变量法交换 m 和 n 的值。最后依次输出 m 和 n。在命令按钮单击事件过程中进行处理，程序代码如下：

```
Private Sub Command2_Click( )
    Dim m%,n%,t%
    m=Val(InputBox("请输入第 1 个整数"))
    n=Val(InputBox("请输入第 2 个整数"))
    If m<n Then
        t=m
        m=n
        n=t
    End If
    Print m;n
End Sub
```

运行程序，结果如图 4-2 所示。

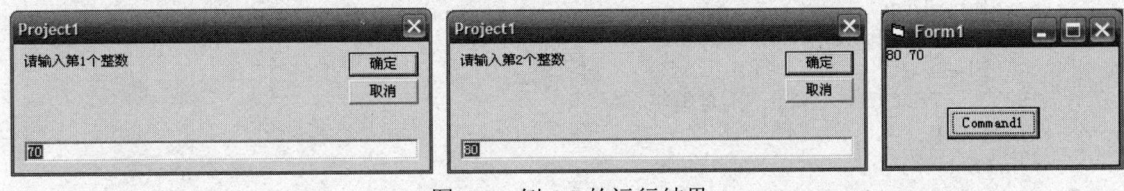

图 4-2　例 4.1 的运行结果

提示：将存储在两个变量中的数据进行交换时，可以借助第三个变量，在此例中引入了中间变量 t。

4.1.2　If 语句的双分支结构

双分支 If-Else 结构一般形式如下：

If <表达式> Then
　　[语句块 1]
Else
　　[语句块 2]
End If

执行流程是：对表达式的值进行判断，如果表达式的值为 True（或为非零），则执行语句块 1；如果表达式的值为 False（或为零），则执行 Else 语句块即语句块 2，如图 4-3 所示。

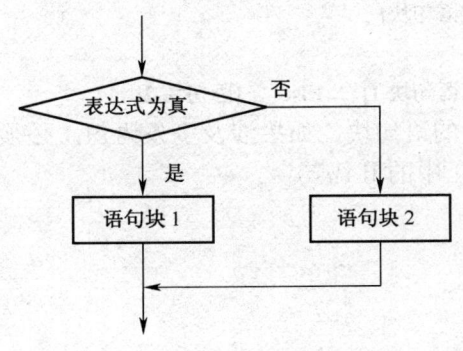

图 4-3　If-Else 结构的流程图

说明：（1）If-Else 结构是一种双分支的选择结构，用来处理"非此即彼，二者择一"的情况。
（2）If 语句的表达式通常是关系或者逻辑表达式，并按非 0 为 True，0 为 False 进行判断。
（3）Else 不能单独出现，只能与 If 语句配合使用。

【例 4.2】输入一个年份，判断是否为闰年。

分析：符合闰年的年份可以被 4 整除但不能被 100 整除，或者能被 400 整除。定义整型变量 Year 和布尔型变量 s，调用 InputBox 函数接收输入的年份信息，由于 InputBox 函数返回值是一个字符串，所以使用 CInt 函数强制转换为整型，以便后面闰年判断表达式的计算，其中 Tab(6)表示将把输出内容位置移到第 6 列（窗体是由一列一列组成的）后。程序代码如下：

```
Private Sub Command1_Click( )
    Dim Year As Integer
    Dim s As Boolean
    Year = CInt(InputBox("请输入年份："))
    s = ((Year Mod 4 = 0 And Year Mod 100 <> 0) Or (Year Mod 400 = 0))
    If s  Then
        Print Tab(6); Year; "是闰年。"
    Else
        Print Tab(6); Year; "不是闰年。"
    End If
End Sub
```

程序运行结果如图 4-4 所示。

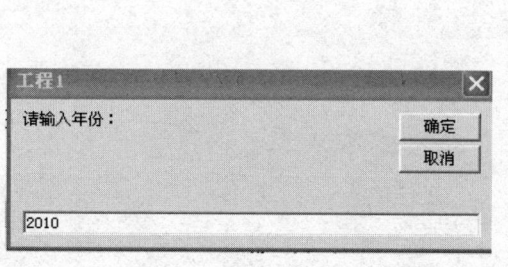

图 4-4　例 4.2 的运行结果

4.1.3　If 语句的单行形式

块结构的 If 语句可以上述的多行结构形式书写，也可以单行的形式进行书写。形如：
  If <表达式> Then [语句块]
或
  If <表达式> Then [语句块 1] Else [语句块 2]

对于单行形式中要执行的语句块，如果涉及多条语句，必须把这些语句写在同一行，语句之间以冒号分隔，如例 4.1 中的 If 语句：

```
If m<n Then
    t=m
    m=n
    n=t
End If
```

可以替换为：
  If m<n Then t=m： m=n：n=t
而例 4.2 中的 If-else 语句：
  If s Then
    Print Tab(6); Year; "是闰年。"
  Else
    Print Tab(6); Year; "不是闰年。"
  End If
因为 Print 语句中有分隔符，不能以单行的形式进行书写。

4.1.4 ElseIf 结构

ElseIf 结构一般用于实现多分支结构。形式如下：
  If <表达式 1> Then
   [语句块 1]
  ElseIf 表达式 2 Then
   [语句块 2]
    …
  ElseIf <表达式 n> Then
   [语句块 n]
  Else
   [语句块 n+1]
  End If

执行流程是：当表达式 1 为 True 时，执行语句块 1；否则计算表达式 2 的值，如果表达式 2 的值为 True，执行语句块 2；否则继续依次计算下面表达式的值，即依次对给定的条件表示式进行判断，哪个条件为 True，则执行该条件中 Then 后面的语句块，如果所有条件表达式的值都为 False，则执行 Else 后面的语句块 n+1，如图 4-5 所示。

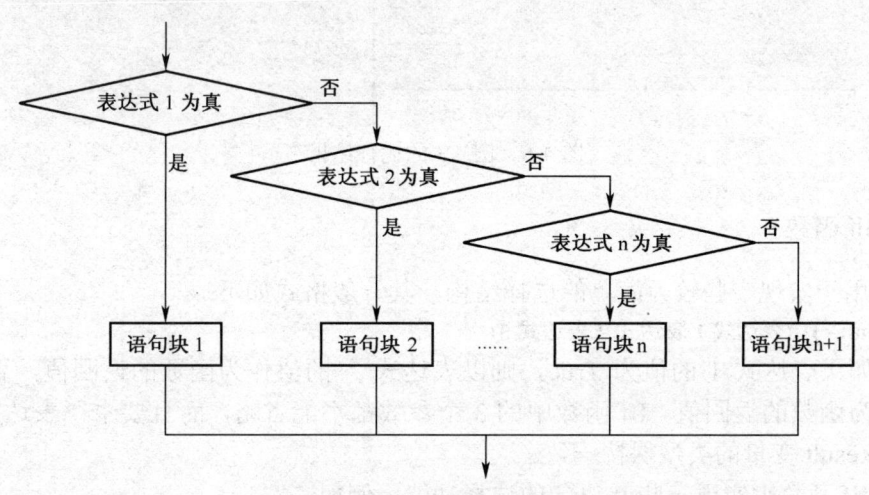

图 4-5 ElseIf 结构的流程图

说明：（1）"条件 1"、"条件 2"等可以是逻辑表达式或关系表达式，也可以是算术表达式，表达式的值按非 0 值表示 True，0 值表示 False。"语句块 1"、"语句块 2"等都是一个或多个 VB 语句。

（2）ElseIf 子句的数量没有限制，可以根据需要加入任意多个 ElseIf 子句。

（3）当 If 结构内有多个条件为 True 时，VB 执行第一个为 True 的条件后的语句块。即如果有多个条件表达式为 True 时，程序只执行最先遇到的条件表达式后面的语句。

【例 4.3】计算分段函数的值。

$$y=\begin{cases} 3x-6 & (x<5) \\ x+4 & (5\leqslant x<10) \\ 4x+2 & (x\geqslant 10) \end{cases}$$

分析：定义两个 Single 型变量 x 和 y，输入 x 的值。考虑到分段函数的条件互相排斥，因此采用 ElseIf 结构较为合适。在命令按钮单击事件过程中进行处理，程序代码如下：

```
Private Sub Command1_Click( )
    Dim x As Single, y As Single
    x=Val(InputBox("请输入 x 的值"))
    If x<5 Then                    '判断 x 是否小于 5
        y=3*x-6
    ElseIf x<10 Then               '判断 x 是否在 5 和 10 之间
        y=x+4
    Else                           '前面两个条件都不满足
        y=4*x+2
    End If
    Print "y=";y
End Sub
```

运行程序，结果如图 4-6 所示。

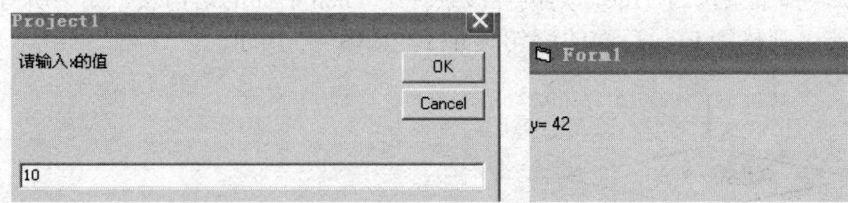

图 4-6 例 4.3 的运行结果

4.1.5 IIf 函数

IIf 函数用于实现一些较为简单的选择结构，其一般格式如下：

Result= IIf(表达式 1,表达式 2,表达式 3)

说明：如果表达式 1 的值为 True，则以表达式 2 的值作为函数的返回值，否则以表达式 3 的值作为函数的返回值。IIf 函数中的 3 个参数都不能省略，而且要求"表达式 2"、"表达式 3"及 Result 变量的类型保持一致。

可以用 IIf 函数来实现一些 If 语句的选择功能。例如：

```
If a>b Then
    max=a
Else
```

```
    max=b
End If
```
可以用 IIf 函数写成:
```
max=IIf(a>b,a,b)
```
该语句的含义是，如果 a 大于 b 则把 a 的值赋给 max，否则把 b 的值赋给 max。

4.1.6 If 语句的嵌套

在 VB 语言中，若 If 语句中的 If 语句块或者 Else 语句块还是 If 语句，则称为 If 语句的嵌套。例如：

```
If <表达式 1> Then
    If <表达式 1_1> Then
        [语句块 1_1]
    Else
        [语句块 1_2]
    End If
Else
    If <表达式 2_1> Then
        [语句块 2_1]
    Else
        [语句块 2_2]
    End If
End If
```

执行流程是：If 表达式 1 的分支中嵌套了一个 If-Else 结构，当表达式 1 的值为 True 时，执行 If 语句块嵌套的 If 语句，即继续判断表达式 1_1。如果其值为 True，执行语句块 1_1，否则执行语句块 1_2；如果表达式 1 的值为 False，则执行 Else 语句块嵌套的 If 语句，即继续判断表达式 2_1。执行流程如图 4-7 所示。

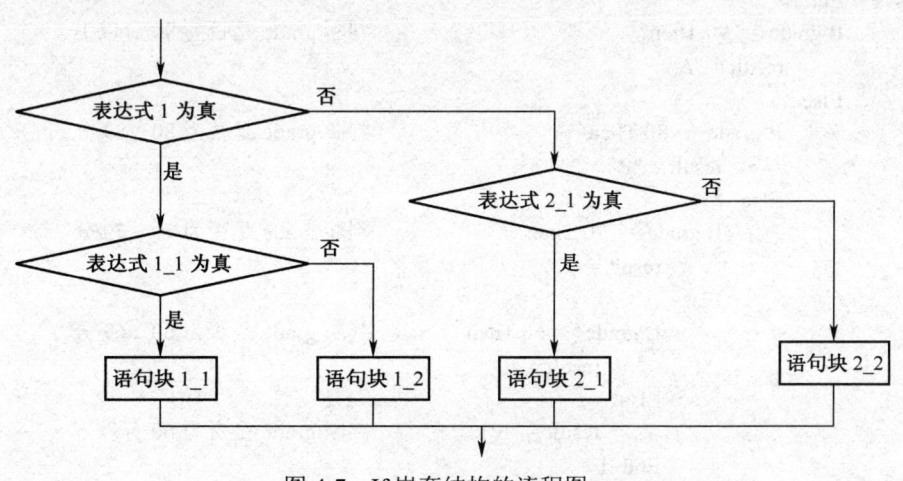

图 4-7 If 嵌套结构的流程图

If 语句的嵌套结构和 ElseIf 结构一样，主要用于实现多分支的程序结构。

【例 4.4】用 If 语句的嵌套实现例 4.3 的功能。

分析：从 x<10 开始判断，如果成立则继续判断是否小于 5，即把 If 语句嵌套在 If 语句块

里。在命令按钮单击事件过程中进行处理，程序如下：

```
Private Sub Command4_Click( )
    Dim x, y As Single
    x=Val(InputBox("请输入 x 的值"))
    If x<10 Then                            '判断 x 是否小于 10
        If x<5 Then                         '判断 x 是否小于 5
            y=3*x-6
        Else                                'x 在 5 和 10 之间
            y=x+4
        End If
    Else                                    'x≥10
        y=4*x+2
    End If
    Print "y=";y
End Sub
```

程序的运行结果与例 4.3 完全相同。

【例 4.5】将学生的百分制成绩转换成等级。在输入框中输入一名学生的成绩，在消息框中输出他的成绩等级，90 分以上为 A，80～89 分为 B，70～79 分为 C，60～69 分为 D，60 分以下为 E。

分析：由于给定条件有 5 种情况，所以考虑使用多分支结构编写程序，在这里我们使用 If 语句的嵌套结构来实现。程序如下：

```
Private Sub Command1_Click( )
    Dim grade As Single, result As String
    grade = Val(InputBox("请输入成绩：", "成绩输入"))
    If grade > 100 Or grade < 0 Then        '判断 grade 数值输入是否合法
        MsgBox "输入数据非法！请重新输入！"
        grade = Val(InputBox("请输入成绩：", "成绩输入"))
    End If
    If grade >= 90 Then                     '判断 grade 是否为 90 分以上
        result = "A"
    Else
        If grade >= 80 Then                 '判断 grade 是否为 80～89 分
            result = "B"
        Else
            If grade >= 70 Then             '判断 grade 是否为 70～79 分
                result = "C"
            Else
                If grade >= 60 Then         '判断 grade 是否为 60～69 分
                    result = "D"
                Else
                    result = "E"            '判断 grade 是否为 60 分以下
                End If
            End If
        End If
    End If
    MsgBox "该生的成绩等级为：" & result
End Sub
```

程序的运行结果如图 4-8 所示。

图 4-8　例 4.5 的运行结果

提示：对于 If 语句的嵌套语句来说，会出现多个 If 和 Else 的情况，这时要特别注意 If 和 Else 的配对问题，一般来说 Else 总是与它前面最近的一个没有配对的 If 配对，或者一个 If 语句必须以 End If 结束。

4.2　Select Case 语句

使用 ElseIf 结构和 If 语句的嵌套结构都可以对多个条件分别进行判断，从而实现多分支的处理。但是如果遇到更复杂的问题，判断语句层数较多时，会导致代码冗长、程序结构不清晰。VB 语言提供了另一种结构更清晰的多分支结构语句 Select Case，它能够根据表达式的值一次性地处理多个分支。其一般形式如下：

```
Select Case <表达式>
    Case <表达式列表 1>
        [语句块 1]
    Case <表达式列表 2>
        [语句块 2]
    …
    Case <表达式列表 n>
        [语句块 n]
    Case Else
        [语句块 n+1]
End Select
```

以 Select Case 开头，以 End Select 结束。执行流程是：首先计算表达式的值，然后将该值与各 Case 表达式列表值比较。如果和其中某个表达式列表的值相等或者匹配，则执行该 Case 后面的语句块；执行完毕以后，程序转到 End Select 之后的语句；如果与所有的 Case 表达式列表值均不匹配，则执行 Case Else 后面的语句块。

说明：（1）Select Case 的表达式一般为数值表达式或字符串表达式，通常为变量或常量，而不是通常的关系或者逻辑表达式。

（2）Select Case 语句在多个选择中执行第一个条件为真的 Case 后面的语句块。

（3）表达式列表与表达式类型必须一致。

（4）Case 表达式列表形式如下：

- 单个表达式。例如 Case 1。
- 多个表达式。表达式之间用逗号分隔，例如 Case 3,6,9。
- 表达式 1 To 表达式 2。指定从表达式 1 到表达式 2 的一个数据范围，表达式 1 的值应小于表达式 2 的值，例如 Case 1 To 5。
- Is 关系运算符表达式。例如 Case Is <=5。当用关键字 Is 定义条件时，只能是简单的条件，不能用逻辑运算符将两个或多个简单条件组合在一起。例如 Case Is>5 AND Is<10 是不合法的。

【例 4.6】用 Select Case 语句实现例 4.3 的功能。

分析：将 x 作为 Select Case 的表达式，采用 Is 形式书写 Case 表达式列表。在命令按钮单击事件过程中进行处理，程序如下：

```
Private Sub Command5_Click( )
    Dim x, y As Single
    x = Val(InputBox("请输入 x 的值"))
    Select Case x
        Case Is < 5                    'x 小于 5
            y = 3 * x-6
        Case Is < 10                   'x 在 5 和 10 之间
            y = x + 4
        Case Else                      'x 大于 10
            y = 4 * x + 2
    End Select
    Print "y="; y
End Sub
```

提示：若出现满足多个条件为真的 Select Case 语句，在执行过程中只会执行第一个 Case 分支的语句，因此当 x 的值是 2 时，执行的语句是 y = 3 * x - 6。

4.3 框架

框架（Frame）控件是一种容器型控件，用于将窗体中的控件分组。在 VB 的工具箱中，框架控件的图标如图 4-9 所示。用它将其他类型的控件分隔开，不仅可以达到视觉上区分的效果，而且也便于对这些控件进行激活、隐藏和移动等整体性的操作并保持各控件之间的相对位置不变。

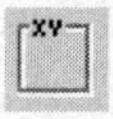

图 4-9 框架图标

框架的建立方法和其他控件有所不同，可以先建立框架，然后在其中建立各种控件，如果需要用框架对窗体中的某些已有的控件进行分组，则可以先选中这些控件，再执行"编辑"菜单中的"剪切"命令（或者按 Ctrl+X 键）；然后选中框架，再执行"编辑"菜单中的"粘贴"命令（或者按 Ctrl+V 键），即可把控件放入框架。

1. 属性

表 4-1 列出了框架控件的常用属性。

表 4-1 框架控件的常用属性

属性	作用
Name	设置框架的对象名
Caption	设置框架所显示的文本信息
Enabled	确定框架是否有效
Visible	确定框架是否可见

说明：(1) Caption 属性设定了框架的标题，如果属性值为空，则框架控件在外观上与一个封闭的矩形框类似。

(2) 当 Enabled 属性为 False 时，不允许对框架内的对象进行操作。当 Visible 属性为 False 时，则框架连同其中的所有控件都将被隐藏。

2. 事件

一般不需要在程序中编写框架控件的事件过程，而是仅仅利用其能为控件分组的特点。

4.4 单选按钮

单选按钮（OptionButton）也称选择按钮，一般成组出现。用户在一组单选按钮中一次只能选择其中一个按钮。当单选按钮被选定后，其左边的圆圈中出现一个黑点。常用框架控件对单选按钮分组，在 VB 的工具箱中，单选按钮控件的图标如图 4-10 所示。

图 4-10　单选按钮图标

如果需要用户从一组互相排斥的选项中任选一项，则可以使用单选按钮，被选中的 Value 值为 True，未被选中的 Value 值为 False。

1. 属性

表 4-2 列出了单选按钮控件的常用属性。

表 4-2　单选按钮控件的常用属性

属性	作用
Name	设置单选按钮的对象名
Caption	设置单选按钮的标题
Alignment	设置单选按钮标题的位置，默认值是 0，表示单选按钮在左边，标题在右边
Value	设置单选按钮的状态，默认值是 False
Style	设置单选按钮的外观，默认值是 0，表示标准方式
Picture	设置在单选按钮上显示的图片文件

说明：(1) Value 是单选按钮控件最重要的属性，其属性值有两个：True 和 False。True 表示单选按钮被选中，而 False 表示未被选中。在一组单选按钮中只能有一个单选按钮的 Value 属性为 True。

(2) 在事件代码中，判断选中的方法可以表示为：

　　If Optional.Value = True

(3) 可以将单选按钮设置成图形按钮的形式。Style 的属性值为 1 时表示图形方式，此时如果单选按钮未被选中，可以由 Picture 属性添加图片文件；如果单选按钮被选中，可以由 DownPicture 属性添加图片文件。

2. 事件

单选按钮的常用事件是单击（Click）事件，但是一般不需要在程序中编写单选按钮控件的事件过程。

【例 4.7】设计如图 4-11 所示的用户界面，用框架控件将 9 个单选按钮分为 3 组：一组用于改变文本框中的文字的字体，一组用来改变文字的大小，一组用来改变文字的颜色。

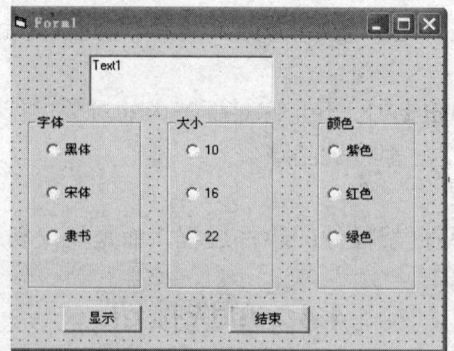

图 4-11 例 4.7 设计界面

分析：在窗体上增加 1 个文本框控件 Text1、3 个框架控件 Frame1～Frame3。选中相应的 Frame 框架控件，在其中增加 3 个单选按钮控件。程序代码如下：

```
Private Sub Command1_Click( )
    If Option1.Value Then Text1.FontName = "黑体"
    If Option2.Value Then Text1.FontName = "宋体"
    If Option3.Value Then Text1.FontName = "隶书"
    If Option4.Value Then Text1.FontSize = 10
    If Option5.Value Then Text1.FontSize = 16
    If Option6.Value Then Text1.FontSize = 22
    If Option7.Value Then Text1.ForeColor = QBColor(5)
    '使用 QBColor 函数表示紫色
    If Option8.Value Then Text1.ForeColor = QBColor(4)
    '使用 QBColor 函数表示红色
    If Option9.Value Then Text1.ForeColor = QBColor(2)
    '使用 QBColor 函数表示绿色
End Sub

Private Sub Command2_Click( )
    End
End Sub

Private Sub Form_Load( )
    Option1.Value = 1
    Option4.Value = 1
    Option7.Value = True
    Text1.Text = "美好的世界"
End Sub
```

程序运行结果如图 4-12 所示。

提示：用框架控件按照对象性质将单选按钮分成不同组以后，就可以同时选择几个单选按钮，以增加程序的灵活性。

QBColor 函数的功能是设置颜色，QBColour 函数值是一种颜色值，其参数是一个介于 0～15 的整数值，每种参数值对应的颜色如表 4-3 所示。

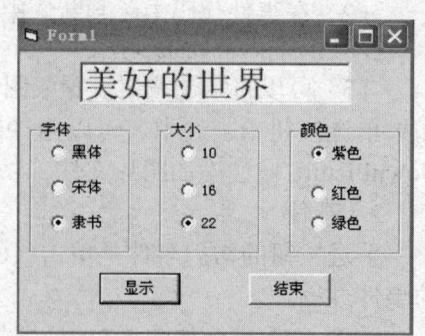

图 4-12 例 4.7 的运行结果

表 4-3 QBColor 函数指定的颜色

参数值	颜色	参数值	颜色	参数值	颜色	参数值	颜色
0	黑	4	红	8	灰	12	亮红
1	蓝	5	洋红	9	亮蓝	13	亮洋红
2	绿	6	黄	10	亮绿	14	亮黄
3	青	7	白	11	亮青	15	亮白

VB 中提供了两个选择颜色函数 QBColor 和 RGB，其中 QBColor 函数能够选择 16 种颜色，RGB 函数能够选择更多的颜色。

RGB 函数（其中 R 代表红色、G 代表绿色、B 代表蓝色）的一般格式为：

RGB(数值表达式 1,数值表达式 2,数值表达式 3)

其中，数值表达式 1 的值是[0,255]之间的整数，表示颜色中红色的部分；数值表达式 2 的值是[0,255]之间的整数，表示颜色中绿色的部分；数值表达式 3 的值是[0,255]之间的整数，表示颜色中蓝色的部分。

功能是由红、绿、蓝这三种颜色的不同比例值调和生成其他的颜色。表 4-4 列出了常见 RGB 函数的颜色效果。

表 4-4 常见 RGB 函数颜色

RGB 函数	颜色	RGB 函数	颜色
RGB(0,0,0)	黑色	RGB(0,255,255)	青色
RGB(255,0,0)	红色	RGB(255,0,255)	紫红色
RGB(0,255,0)	绿色	RGB(255,255,0)	黄色
RGB(0,0,255)	蓝色	RGB(255,255,255)	白色

4.5 复选框

复选框（CheckBox）控件也具有选择功能，用户在一组复选框中一次可以选择多个。在 VB 的工具箱中，复选框控件的图标如图 4-13 所示。

当某一个复选框被选中后，其方框中会出现一个"√"。用户可以同时选中同组中的多个复选框。如果需要用户从一组选项中任选多项，就可以使用复选框。

图 4-13 复选框图标

1. 属性

表 4-5 列出了复选框控件的常用属性。

表 4-5 复选框控件的常用属性

属性	作用
Name	设置复选框的对象名
Caption	设置复选框的标题
Alignment	设置复选框标题的位置，默认值是 0，表示复选框在左边，标题在右边

续表

属性	作用
Value	设置复选框的状态，默认值是 0
Style	设置复选框的外观，默认值是 0，表示标准方式
Picture	设置在复选框上显示的图片文件

提示：Value 是复选框控件最重要的属性，其属性值有 3 个，0 表示未被选中，1 表示被选中，2 表示复选框变成灰色，禁止用户选择。

2. 事件

复选框的常用事件是单击（Click）事件，单击某个复选框可自动改变其状态。

【例 4.8】 登记教师的基本信息。

分析：在窗体上分别创建标签、文本框、框架、单选按钮、复选框和命令按钮等控件，并设置属性值如表 4-6 所示。用第 1 个框架将 4 个单选按钮分组，用第 2 个框架将 4 个复选框分组。教师的姓名和年龄信息分别从文本框输入，用单选按钮选择教师所在系，用复选框选择教师的授课班级信息。

表 4-6　例 4.8 中对象的属性设置

对象	属性	属性值	说明
Form1	Caption	教师信息	窗体的标题
Label1	Caption	姓名	作为 Text1 的标题
Label2	Caption	年龄	作为 Text2 的标题
Text1	Text	""	文本内容为空
Text2	Text	""	文本内容为空
Frame1	Caption	系	框架的标题
Frame2	Caption	职称	框架的标题
Option1	Caption	计算机	单选按钮的标题
Option2	Caption	中文	单选按钮的标题
Option3	Caption	经济	单选按钮的标题
Option4	Caption	数学	单选按钮的标题
Check1	Caption	一班	复选框的标题
Check2	Caption	二班	复选框的标题
Check3	Caption	三班	复选框的标题
Check4	Caption	四班	复选框的标题
Command1	Caption	显示	命令按钮的标题
Command2	Caption	退出	命令按钮的标题

分别编写命令按钮 Command1、Command2 的 Click 事件过程。在 Command1 的事件过程中，用 ElseIf 结构判断用户选择了哪一个单选按钮，用 If 结构判断用户选择了哪些复选框。

读取教师信息之后,把它显示在消息对话框中。

```
Private Sub Command1_Click( )
    s = s + "姓名:" + Text1.Text + vbCr
    s = s + "年龄:" + Text2.Text + vbCr
    If Option1.Value = True Then
        s = s + "计算机"
    ElseIf Option2.Value = True Then
        s = s + "中文"
    ElseIf Option3.Value = True Then
        s = s + "经济"
    Else
        s = s + "数学"
    End If
    s = s + "系老师" + vbCr
    s = s + "授课班级为:"
    If Check1.Value = 1 Then
        s = s + "一班"
    End If
    If Check2.Value = 1 Then
        s = s + "二班"
    End If
    If Check3.Value = 1 Then
        s = s + "三班"
    End If
    If Check4.Value = 1 Then
        s = s + "四班"
    End If
    MsgBox (s)
End Sub

Private Sub Command2_Click( )
    End
End Sub
```

运行程序,结果如图 4-14 所示。

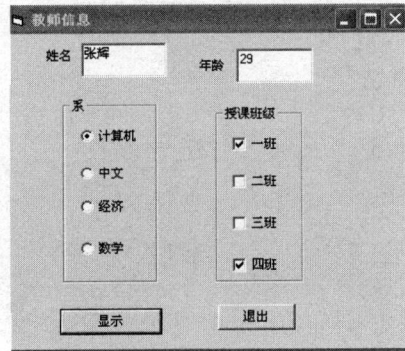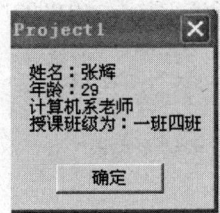

图 4-14 例 4.8 的运行结果

4.6 程序举例

【例 4.9】 求方程 $ax^2+bx+c=0$ 的解。

分析：在窗体上分别创建标签、文本框和命令按钮等控件，并设置属性值如表 4-7 所示。

表 4-7 例 4.9 中对象的属性设置

对象	属性	属性值	说明
Label1	Caption	a	作为 Text1 的标题
Label2	Caption	b	作为 Text2 的标题
Label3	Caption	c	作为 Text3 的标题
Text1	Text	""	文本内容为空
Text2	Text	""	文本内容为空
Text3	Text	""	文本内容为空
Command1	Caption	计算	命令按钮的标题
Command2	Caption	退出	命令按钮的标题

一元二次方程求解时，首先要判断系数 a 是否不等于 0，如果为 0 时就不满足一元二次方程的条件了。当 a 不为 0 时，需要对 b^2-4*a*c 的值进行判断，根据其值是否>0、=0 或<0 判断方程根的求解方法。用 ElseIf 结构判断一元二次方程有几个实根，并进行相应的求根计算。在判断判别式的值是否为 0 时，一般用判断 disc 的绝对值小于一个很小的数来代替是否为 0。

```
Private Sub Command1_Click( )
    Dim a As Single, b!, c!, x1!, x2!, disc As Single, s$
    a = Val(Text1.Text)
    b = Val(Text2.Text)
    c = Val(Text3.Text)
    If a = 0 Then
        s = "不是一元二次方程！"
    Else
        disc = b ^ 2 - 4 * a * c           '计算判别式的值
    If disc > 0 Then                       '有两个实根
        x1 = (-b + Sqr(disc)) / (2 * a)
        x2 = (-b - Sqr(disc)) / (2 * a)
        s = "x1=" & x1 & " x2=" & x2
    ElseIf Abs(disc) <= 0.00001 Then       '有一个实根
        x1 = -b / (2 * a)
        s = "x=" & x1
    Else                                    '无实根
        s = "无实根"
    End If
    End If
```

```
        MsgBox (s)                               '显示根
    End Sub

    Private Sub Command2_Click( )
        End
    End Sub
```

运行程序，结果如图 4-15 所示。

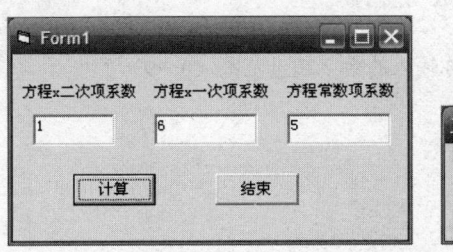

图 4-15 例 4.9 的运行结果

【例 4.10】在文本框中输入单个字母或 0～9 的数字，对其进行分类，识别为大小写字母或者为奇偶数。

在窗体上建立标签、文本框和命令按钮，并设置属性如表 4-8 所示。

表 4-8 例 4.10 中对象的属性设置

对象	属性	属性值	说明
Label1	Caption	输入 0～9 之间的数字或单个字母	提示信息
Text1	Text	" "	文本内容为空
Command1	Caption	判断	命令按钮的标题
Command2	Caption	退出	命令按钮的标题

对于接收到的字符，首先需要判断是不是数字，对于是字母的字符根据 ASCII 码值判断是大写还是小写字母，对于 0～9 之间的数字用 Select Case 语句直接列举判断，因此在 If 语句中嵌套使用了 Select Case 语句，程序用 IsNumeric( )函数测试自变量是否为数值。如果是，返回 True，否则返回 False。Len( )为求字符串长度函数；Asc( )为求字符的 ASCII 码函数；CDbl( )为判断是否为数值的函数，是数值返回本身，不是则返回 0。

```
    Private Sub Command1_Click( )
        Dim m, s
        m = Text1.Text
        If Not IsNumeric(m) Then
            If Len(m) <> 0 Then
                Select Case Asc(m)
                    Case 65 To 90                        '大写字母
                        s = "你输入的是大写字母" & m
                    Case 97 To 122                       '小写字母
                        s = "你输入的是小写字母" & m
                    Case Else
                        s = "你没有输入字母或数字"
```

```
                End Select
            End If
        Else
            Select Case CDbl(m)                              '如果是数字
                Case 1, 3, 5, 7, 9                           '奇数
                    s = m & "是奇数"
                Case 0, 2, 4, 6, 8                           '偶数
                    s = m & "是偶数"
                Case Else                                    '出界
                    s = "你输入的数字超过范围（0～9）了"
            End Select
        End If
        MsgBox s
End Sub

Private Sub Command2_Click( )
        End
End Sub
```

运行程序，结果如图 4-16 所示。

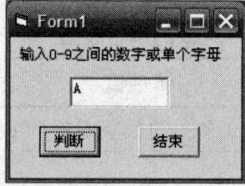

图 4-16　例 4.10 的运行结果

【例 4.11】将例 4.5 用 ElseIf 和 Select Case 语句实现。

分析：例 4.5 解题时代码的层次结构容易混乱，若改用 ElseIf 语句，可以使代码的层次结构更加明晰，可读性更强。对于存在多个分支的程序，有多种解决的方法。这就要求熟悉 ElseIf 语句和 Select Case 语句的特点，针对具体的问题灵活应用选择结构编程实现。

```
Private Sub Command1_Click( )
    Dim grade As Single, result As String
    grade = Val(InputBox("请输入成绩：", "成绩输入"))
    If grade > 100 Or grade < 0 Then         '判断 grade 数值输入是否合法
        MsgBox "输入数据非法！请重新输入！"
        grade = Val(InputBox("请输入成绩：", "成绩输入"))
    End If
    If grade >= 90 Then                      '判断 grade 是否为 90 分以上
        result = "A"
    ElseIf grade >= 80 Then                  '判断 grade 是否为 80～89 分
        result = "B"
    ElseIf grade >= 70 Then                  '判断 grade 是否为 70～79 分
        result = "C"
    ElseIf grade >= 60 Then                  '判断 grade 是否为 60～69 分
        result = "D"
```

```
        Else
            result = "E"                                    '判断 grade 是否为 60 分以下
        End If
        MsgBox "该生的成绩等级为： " & result
    End Sub
```
使用 Select Case 语句，关键部分可以改为：
```
    Select Case grade
        Case Is >= 90
            Result = "A"
        Case 80 To 89
            Result = "B"
        Case Is >= 70
            Result = "C"
        Case Is >= 60
            Result = "D"
        Case Else
            Result = "E"
    End Select
```
请读者将全部程序补充完整，体会三种形式的多分支结构使用方法的不同之处。

【例 4.12】 设计程序模拟一个简单的考试系统，要求用户登录后解答计算鸡兔同笼问题。

程序要求：在完成如图 4-17 所示登录对话框的登录过程以后进入考试界面。考试界面（如图 4-18 所示）只有一个题目，但是数据可以由用户更换成随机的值。

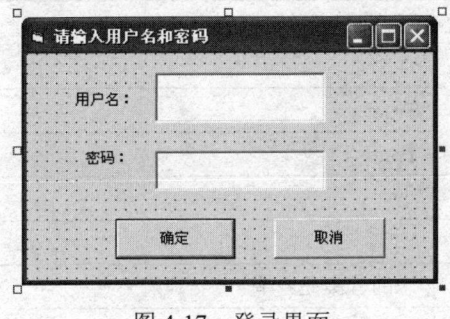
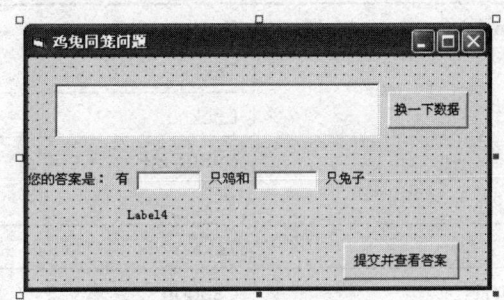

图 4-17　登录界面　　　　　　　　　　　图 4-18　考试界面

对于登录窗口 Form1，为了保护密码，需要使用文本框的 PasswordChar 属性；在"确定"按钮的单击事件中判定用户名和密码是否正确，对于不正确的情况进行提示且不打开考试界面（Form2）；用户名不区分大小写并设为"First"，密码区分大小写并设为"Hand"；"取消"按钮的单击事件是要结束程序运行的，但是在结束之前，判断用户是否确定要退出，并允许用户选择不退出系统。

对于考试界面 Form2，用户单击"换一下数据"按钮后能更新题目中的关键数据（鸡和兔子的总数、所有的动物腿的数量）；题目的答案在用户单击"提交并查看答案"按钮后通过标签的 Caption 属性输出。

其中，登录界面窗体（Form1）中各对象的属性设置如表 4-9 所示；考试界面窗体（Form2）中各个对象的属性设置如表 4-10 所示。

表 4-9 Form1 中各对象的属性设置

对象	属性	属性值
Form1	Caption	请输入用户名和密码
Text1	text	""
	MaxLength	8
text2	Caption	""
	text	""
	PasswordChar	*
Label1	Caption	用户名:
Label2	Caption	密码:
Command1	Caption	确定
	Default	True
	ToolTipText	单击登录
Command2	Caption	取消
	Cancel	True
	ToolTipText	退出登录界面

表 4-10 Form2 中各对象的属性设置

对象	属性	属性值
Form2	Caption	鸡兔同笼问题
Text1	Text	""
	Locked	True
	MultiLine	True
text2	Text	""
text3	Text	""
Label1	Caption	您的答案是：有
Label2	Caption	只鸡和
Label3	Caption	只兔子
Label4	Caption	""
Command1	Caption	换一下数据
	Default	True
	ToolTipText	更改题目中的数据
Command2	Caption	提交并查看答案

分析：在"确定"按钮的单击事件中通过 If 语句判定用户名和密码，输入全部正确的，可以用 Show 方法打开 Form2，并用 Hide 方法隐藏 Form1；对于用户名或密码输入不正确的情况通过 MsgBox 函数提示用户。"取消"按钮的单击事件中首先弹出对话框，再判断 MsgBox 函数的返回值，以确认用户是否要退出。

生成数据采用 Rnd 函数，可以先生成鸡和兔子的总数 x，再随机生成其中一个动物的数量 y（假设为鸡的数量），从而形成答案以及题目中的总头数和总脚数（2*y+(x-y)*4），并通过文本框的 Text 属性输出。

因为在不同的事件过程中要用到 x、y 和 z，所以应当用模块变量声明变量 x、y 和 z。

在"提交并查看答案"按钮的单击事件中编写代码把答案通过 Label4 的 Caption 属性输出。

步骤一：在新建工程中创建两个窗体 Form1 和 Form2，分别按照图 4-17 和图 4-18 所示的位置提示创建各个控件，并按照表 4-9 和表 4-10 所示的要求设置各个对象的属性值。

步骤二：编写代码。

（1）在 Form1 中编写代码如下：

```
Private Sub Command1_Click( )
    If UCase(Text1.Text) = UCase("FIRST") Then
        If Text2.Text = "Hand" Then
            MsgBox "欢迎登录本系统，单击"确定"按钮开始做题", 0, "欢迎"
            Form2.Show
            Form1.Hide
        Else
            MsgBox "密码输入错误，请重新输入", 0, "密码输错啦"
            Text2.SetFocus
            Text2.SelStart = 0
            Text2.SelLength = Len(Text1.Text)
        End If
    Else
        MsgBox "用户名输入错误，请重新输入", 0, "输入错啦"
        Text1.SetFocus
        Text1.SelStart = 0
        Text1.SelLength = Len(Text1.Text)
    End If
End Sub

Private Sub Command2_Click( )
    Dim isquit As Integer          '用于存放用户在消息对话框中的按钮选项
    isquit = MsgBox("真的要退出考试系统吗？" & Chr(10) & Chr(13) & _
        "下次登录就得要重新付费啦", VbYesNoCancel + VbCritical + VbDefaultButton1 + _
        VbSystemModal, "确认退出")
    If isquit = 6 Then
        End
    End If
End Sub
```

（2）在 Form2 窗体模块中编写代码如下：

```
'声明模块变量。x、y、z 分别表示总数、鸡的数目、兔的数目
Dim x As Integer, y As Integer, z As Integer
Private Sub Command1_Click( )
    Randomize                         '初始化 Rnd 函数
    x = Int(Rnd * (20 - 2 + 1) + 2)   '生成一个[2,20]间的整数
```

```vb
        y = Int(Rnd * (x - 2 + 1) + 0)        '生成一个[0,x]间的整数作为鸡的数量
        z = x - y                              '根据鸡的数目可以知道兔的数目
        Text1.Text = "现在一个装有鸡和兔子的笼子里，总共有" & x & "个头和" _
            & y * 2 + z * 4 & "只脚，请问在这个笼子里鸡和兔子各有多少只？"
        Label4.Visible = False
        Cls
        Print x, y, z, y * 2; z * 4            '用于调试程序时期检查程序执行是否正确
End Sub


Private Sub Command2_Click( )
    If y = Val(Text2.Text) And z = Val(Text3.Text) Then    '条件满足就是答对了
        Dim isquit As Integer           '标记，用于存放用户点选的按钮编号
        isquit = MsgBox("你已经考试合格，要退出考试系统吗？" _
            & Chr(10) & Chr(13) & "不退出的话，还可以继续做题", _
            VbYesNoCancel + VbCritical + VbDefaultButton1 + VbSystemModal, "考试合格")
        If isquit = 6 Then              '如果用户点选的是"是"按钮，就继续执行下一句
            End                         '结束程序的运行
        End If
    Else
        MsgBox "不好意思，答错了", 0 + 16 + 0 + 4096, "继续努力吧"
        Label4.Visible = True           '把答案用 Label4 显示出来
        Label4.Caption = "正确答案：共有" & y & "只鸡和" & z & "只兔子"
    End If
End Sub


Private Sub Form_Load( )
    Randomize                           '初始化 Rnd 函数
    x = Int(Rnd * (20 - 2 + 1) + 2)     '生成一个[2,20]间的整数
    y = Int(Rnd * (x - 2 + 1) + 0)      '生成一个[0,x]间的整数作为鸡的数量
    z = x - y
    Text1.Text = "一个装有鸡和兔子的笼子里，总共有" & x & "个头和" _
        & y * 2 + z * 4 & "只脚，请问在这个笼子里鸡和兔子各有多少只？"
    Label4.ForeColor = vbRed            '把 Label4 中的前景文字颜色设置为红色
End Sub

Private Sub Text2_KeyPress(KeyAscii As Integer)
    '通过 ASCII 码值的比较判断输入的字符是否是数字
    If (KeyAscii < Asc("0")) Or (KeyAscii > Asc("9")) Then    '如果输入不是数字
        KeyAscii = 0    '输入字符不是数字的时候，把 KeyAscii 赋值为 0（NULL）
    End If
End Sub


Private Sub Text3_KeyPress(KeyAscii As Integer)
    '通过 ASCII 码值的比较判断输入的字符是否是数字
    If (KeyAscii < Asc("0")) Or (KeyAscii > Asc("9")) Then
        KeyAscii = 0    '输入字符不是数字的时候，把 KeyAscii 赋值为 0（NULL）
```

　　　　End If
　　　End Sub
程序设计好后，根据代码设计的功能测试各个环节是否执行正常，并理解实现的方法和效果。

【例 4.13】编写画圆程序。要求在按下 Shift 键时用鼠标拖动画圆（用实线），如图 4-19 所示。鼠标按下时的位置为圆直径的起点，鼠标松开时的位置作为圆直径的终点。要求在画圆的过程中显示出所画圆的虚线轮廓以及直径（用虚线），如图 4-20 所示。

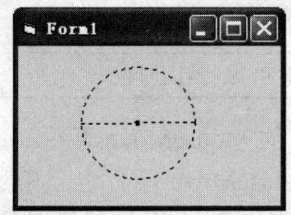
图 4-19　画圆过程中的效果

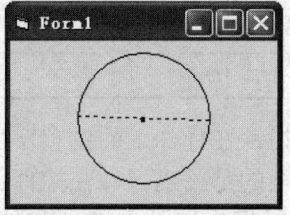
图 4-20　所画图形的效果

提示：（1）VB 中画圆的方法是 Circle 方法，其基本语法格式为：对象名.Circle (X,Y),R。
（2）画直线的方法是 Line 方法，基本语法格式为：对象名.Line (X1,Y1)-(X2,Y2)。
（3）描点的方法是 PSet 方法，基本语法格式为：对象名.PSet (X1,Y1)。
（4）通过窗体的 DrawStyle 属性可以设置在窗体上绘图的线型样式。

当用户在某个对象上利用鼠标操作时会触发 MouseDown 和 MouseUp 事件，触发的条件分别是鼠标按键按下（MouseDown）和鼠标按键弹起（MouseUp）。事实上，鼠标按键按下和鼠标按键弹起这两个操作是鼠标单击按键操作的分解。在同时设置了 MouseDown 事件、MouseUp 事件和 Click 事件的情况下，鼠标单击按键的操作将按顺序触发这三个事件。

在 MouseDown 事件或 MouseUp 事件中可以直接使用 Button、Shift、X、Y 这 4 个参数。其中，Button 参数用于判断事件触发时用户按下的是鼠标上的哪一个按键，其取值及含义如表 4-11 所示；参数 Shift 用于判断事件触发时用户在按下鼠标按键的同时有没有按下 Shift、Ctrl、Alt 这 3 个键盘按键，其取值及含义如表 4-12 所示；X 表示触发该事件时鼠标所在位置的横坐标值，Y 表示触发该事件时鼠标所在位置的纵坐标值。

表 4-11　鼠标事件过程中 Button 参数的取值及含义

Button 的值	对应的系统常量	含义
1	VbLeftButton	按下的是左按键
2	VbRightButton	按下的是右按键
3	——	同时按下了左按键和右按键
4	VbMiddleButton	按下的是中间按键
5	——	同时按下了左按键和中间按键
6	——	同时按下了右按键和中间按键
7	——	左键、右键和中间按键同时按下

表 4-12　鼠标事件过程中 Shift 参数的取值及含义

Shift 的值	对应的系统常量	含义
1	VbShiftMask	按下的是 Shift 键
2	VbCtrlMask	按下的是 Ctrl 键
3	——	同时按下了 Shift 键和 Ctrl 键
4	VbAltMask	按下的是 Alt 键
5	——	同时按下了 Shift 键和 Alt 键
6	——	同时按下了 Ctrl 键和 Alt 键
7	——	Shift 键、Ctrl 键和 Alt 键同时按下

当鼠标指针在控件上的位置发生移动时将触发该对象的 MouseMove 事件。

需要注意的是，当鼠标在控件上连续移动的时候，MouseMove 事件也会相应地连续被触发和执行；鼠标指针处在窗体和控件（如按钮控件）的边界时，窗体和该对象都可以识别 MouseMove 事件。

与 MouseDown 事件和 MouseUp 事件一样，在 MouseMove 事件过程内也可以使用 Button、Shift、X、Y 这 4 个参数，其含义也完全相同。

分析：

（1）在 MouseDown 事件中要记录下绘图的起点坐标，以供 MouseUp 和 MouseUp 事件使用。不同的事件都要使用的变量要定义为模块级变量。

（2）在 MouseMove 事件中要画圆、画直线，且为虚线线型。

（3）由于 MouseMove 事件中已经画了直径，因此在 MouseUp 事件中以实线画圆即可。

（4）为了控制画圆的过程，单独设置一个变量。

程序代码如下：

```
Dim x0 As Single, y0 As Single, R As Single   '定义模块级变量 x0 和 y0，表示圆心坐标
Dim x1 As Single, y1 As Single                '定义模块级变量 x1 和 y1，用于表示直径的起点坐标
Dim drawing As Boolean                        '定义模块级变量 drawing，用于终止 MouseMove 事件中的画图

Private Sub Form_MouseDown(Button As Integer, Shift As Integer, X As Single, _
    Y As Single)
        If Button = 1 Then          '判断是否是鼠标左键，如果是，则继续执行
            If Shift = 1 Then       '判断是否按下了 Shift 键，如果是，则做画圆准备
                x1 = X              '把当前鼠标所在位置的横坐标记录在变量 x1 中
                y1 = Y              '把当前鼠标所在位置的纵坐标记录在变量 y1 中
                drawing = True      '利用变量 drawing 做个标记，表示进入绘图模式
            End If                  '与"If Shift = 1 Then"语句配对的结束标识
        End If                      '与"If Button=1 Then"语句配对的结束标识
End Sub

Private Sub Form_MouseMove(Button As Integer, Shift As Integer, X As Single, _
    Y As Single)
        If Button = 1 Then          '判断是否是鼠标左键，如果是，则继续执行
            If Shift = 1 Then       '判断是否按下了 Shift 键
```

```
            If drawing = True Then      '判断是否处于绘图模式
                Cls                     '清除之前 MouseMove 事件执行时所绘制的图形
                DrawStyle = 2           '设置窗体上绘制图形的线条样式为虚线
                Line (x1, y1)-(X, Y)    '以坐标(x1,y1)为起点，(X,Y)为终点绘制直线（虚线）
                x0 = (x1 + X) / 2       '计算圆心的横坐标并把结果放在变量 x0 中
                y0 = (y1 + Y) / 2       '计算圆心的纵坐标并把结果放在变量 y0 中
                DrawWidth = 4           '设置窗体上绘制图形的线条宽度，使下句所绘圆心更突出
                PSet (x0, y0)           '用描点方法 PSet 绘点作为圆心
                DrawWidth = 1           '把窗体上绘制图形的线条宽度改回默认值 1
                R = ((X - x0) ^ 2 + (Y - y0) ^ 2) ^ (1 / 2)   '圆半径的值放在变量 R 中
                Circle (x0, y0), R      '以坐标(x0,y0)为圆心，R 的值为半径画圆（虚线）
            End If                      '与"If Drawing= 1 Then"语句配对的结束标识
        End If                          '与"If Shift =1 Then"语句配对的结束标识
        End If                          '与"If Button=1 Then"语句配对的结束标识
    End Sub

    Private Sub Form_MouseUp(Button As Integer, Shift As Integer, X As Single, _
        Y As Single)
        If Button = 1 Then              '判断是否是鼠标左键
            If Shift = 1 Then           '判断是否按下了 Shift 键
                Cls                     '清除之前 MouseMove 事件执行时所绘制的图形
                Line (x1, y1)-(X, Y)    '以坐标(x1,y1)为起点，(X,Y)为终点绘制直线（虚线）
                DrawStyle = 0           '设置窗体上绘制图形的线条样式为实线
                DrawWidth = 4           '设置窗体上绘制图形的线条宽度，使下句所绘圆心更突出
                PSet (x0, y0)           '用描点方法 PSet 绘点作为圆心
                DrawWidth = 1           '把窗体上绘制图形的线条宽度改回默认值 1
                Circle (x0, y0), R      '以坐标(x0,y0)为圆心，R 的值为半径画圆（虚线）
                drawing = False         '退出绘图模式，这将使得 MouseMove 事件不再绘图
            End If                      '与"If Shift =1 Then"语句配对的结束标识
        End If                          '与"If Button=1 Then"语句配对的结束标识
    End Sub
```

提示：在各个事件过程中都要使用的同一个变量必须定义为模块级变量（在代码窗口的通用→声明区域定义）。

【例 4.14】 编写判断输入字符程序，可以区分字母、元音字母及数字的个数，如图 4-21 所示。

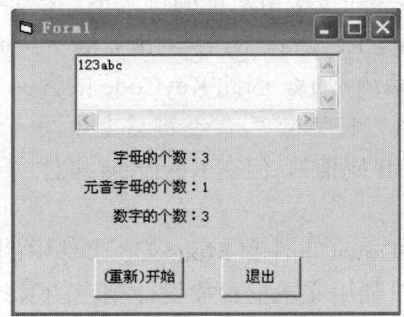

图 4-21 判断输入字符

在窗体上建立标签、文本框和命令按钮，并设置属性如表 4-13 所示。

表 4-13　例 4.14 中对象的属性设置

对象	属性	属性值	说明
Label1	Caption	字母的个数：	提示信息
Label2	Caption	元音字母的个数：	提示信息
Label3	Caption	数字的个数：	提示信息
Text1	Text	" "	文本内容为空
	ScrollBars	3-Both	有水平和垂直滚动条
Command1	Caption	（重新）开始	命令按钮的标题
Command2	Caption	退出	命令按钮的标题

输入字符需要按下键盘中的相应字符，VB 在按下键盘中的某个键时就会触发 KeyPress 事件，VB 中很多控件（如窗体、文本框、列表框等）都能响应 KeyPress 事件。

KeyPress 事件用于判别按键的 ASCII 码值，如窗体对象的 KeyPress 事件过程格式如下：

　　Private Sub Form_KeyPress(KeyAscii As Integer)
　　　　[程序的代码]
　　End Sub

参数 KeyAscii 是触发该事件的按键所对应的 ASCII 码值。

当一个控件具有焦点时，通过键盘操作可以触发相应的键盘事件。键盘事件不仅包括 KeyPress，还有 KeyDown、KeyUp 事件，KeyDown 事件和 KeyUp 事件分别在按下按键和弹起按键的时候触发。与鼠标事件类似，KeyDown 操作和 KeyUp 操作是 KeyPress 操作的分解，但与 KeyPress 事件不同的是，键盘上的所有标准按键都能触发 KeyDown 事件和 KeyUp 事件。

KeyDown 事件和 KeyUp 事件过程内部可以使用的参数有 KeyCode 和 Shift，如窗体对象的 KeyDown 事件和 KeyUp 事件过程格式如下：

　　Private Sub Form_KeyDown(KeyCode As Integer, Shift As Integer)
　　　　[程序的代码]
　　End Sub

　　Private Sub Form_KeyUp(KeyCode As Integer, Shift As Integer)
　　　　[程序的代码]
　　End Sub

参数 KeyCode 是触发该事件的按键所对应的键码值。键码是把标准键盘上的物理按键与一个数值相对应（对于字母按键，KeyCode 的值与相应大写字母对应的 ASCII 码值相同），VB 中还定义了与该数值相对应的系统常量。因此 KeyCode 的含义与 KeyPress 事件中的 KeyAscii 不同，如标准键盘上的字母"A"和字母"a"在键盘上是同一个按键，因此它们的 KeyCode 值都一样（是字母"A"的 ASCII 码值），但在 KeyPress 事件中通过 KeyAscii 参数可以区分出两个字母。

参数 Shift 的含义与 MouseDown 事件和 MouseUp 事件中的含义相同（如表 4-12 所示）。

通过以上分析，本题中可以利用文本框对象设计相应的 KeyPress 事件和 KeyUp 事件，程序代码如下：

```
Dim Lnums As Integer
Dim Lnums2 As Integer
Dim Nnums As Integer

Private Sub Command1_Click( )
    Lnums = 0
    Lnums2 = 0
    Nnums = 0
    Text1.Text = ""
End Sub

Private Sub Command2_Click( )
End
End Sub

Private Sub Text1_KeyPress(KeyAscii As Integer)
    If (KeyAscii >= Asc("a") And KeyAscii <= Asc("z")) Or (KeyAscii >= Asc("A") And KeyAscii <= Asc("Z")) Then
        Lnums = Lnums + 1                        '得出字母个数
        Select Case LCase(Chr(KeyAscii))         '判断元音字母个数
            Case "a", "e", "i", "o", "u"
                Lnums2 = Lnums2 + 1
        End Select
    ElseIf KeyAscii >= Asc(0) And KeyAscii <= Asc(9) Then    '判断数字个数
        Nnums = Nnums + 1
    End If
End Sub

Private Sub Text1_KeyUp(KeyCode As Integer, Shift As Integer)
    Label1.Caption = "字母的个数：" & Lnums
    Label2.Caption = "元音字母的个数：" & Lnums2
    Label3.Caption = "数字的个数：" & Nnums
End Sub
```

习题

一、选择题

1. 运行下列程序段之后，显示的结果为（　　）。
    A1=5
    A2=10
    If A1<A2　Then Print A2; Print A1
    A．5　　　　　　　　B．10　　　　　　　　C．5 10　　　　　　　　D．10 5

2. 下面程序段（　　）能够正确实现目的：如果 x<y，则 A=10，否则 A=-10。
    A．If X<Y Then A=10　　　　　　　　B．If X<Y Then A=10: Print

                A=-10   A=-10: Print A
                Print A
    C. If X<Y Then   D. If X<Y Then   A=10
                A=10:Print A   A=-15
        Else   Print A
                A=-10:Print A   End if
        End if

3. 下列程序段的执行结果为（   ）。
    X=Int(Rnd( )+5)
    Select Case X
    Case 6
    Print   "优秀"
    Case 5
    Print   "良好"
    Case 4
    Print   "通过"
    Case Else
    Print   "不通过"
    End Select
    A. 优秀   B. 良好   C. 通过   D. 不通过

4. 若要使用 If 语句统计满足性别为男、职称为副教授以上、年龄小于 40 岁条件的人数，不正确的语句是（   ）。
    A. If sex="男" And age<40 And InStr(duty,"教授")＞0   Then n=n+1
    B. If sex="男" And age<40 And (duty="教授" Or duty="副教授")   Then n=n+1
    C. If sex="男" And age<40 And Right(duty,2)="教授" Then n=n+1
    D. If sex="男" And age<40 And duty="教授" And duty="副教授" Then n=n+1

5. 下列程序段的执行结果为（   ）。
    x=-2
    y=5
    If   Not x>0   Then x=y-3   Else   y=x+3
    Print   x-y;y-x
    A. -3 3   B. 5 -8   C. 3 -3   D. 25 -25

6. 下面程序运行时键入 3，则该程序的运行结果是（   ）。
    Private Sub Command1_click( )
    x=InputBox("请输入一个整数")
    Select Case x
        Case Is<-3
            Print (x+1)/(x+3)
        Case －3 to 3
            Print x*x+1
        Case Is >3
            Print(x+1)/(x-3)
    End Select
    A. 5   B. 8   C. 10   D. 20

7. 不能正确表示条件"两个整型变量 X 和 Y 之一为 0,但不能同时为 0"的布尔表达式是( )。
    A. X*Y=0 AND (X<>0 OR Y<>0)
    B. (X=0 Or Y=0) AND (X<>0 OR Y<>0)
    C. NOT(X=0 OR Y=0) AND (X<>0 OR Y<>0)
    D. X*Y=0 AND X+Y<>0

二、程序填空题

1. 以下程序判断从文本框 Text1 中输入的数据,如果该数据满足条件除以 3 余 2、除以 5 余 3 且除以 7 余 4,则输出;否则,将焦点定位在文本框 Text 中,选中其中的文本。

```
Private Sub Command1_click( )
    x=Val(Text1.Text)
    If _____ Then
        Print x
    Else
        Text1.SetFocus
        Text1.Selstart=0
    End if
End Sub
```

2. 下面的程序根据文本框 Text 中输入的内容进行以下处理:若 Text 为"2,4,6",则输出"Text 的值为 2,4,6";若 Text 为"1,3,5",则输出"Text 的值为 1,3,5";若 Text 为"8,9",则输出"Text 的值为 8,9";否则输出"Text 的值不在范围内"。

```
Private Sub Command1_click( )
    Select Case Val(Text1.Text)
        Case ____(1)____
            Print  "Text 的值为 2,4,6"
        Case ____(2)____
            Print  "Text 的值为 1,3,5"
        Case ____(3)____
            Print  "Text 的值为 8,9"
        Case ____(4)____
            Print  "Text 的值不在范围内"
    End Select
End Sub
```

3. 输入若干字符,统计有多少个元音字母、多少个其他字母,不区分大小写,直接按回车键结束,并显示结果。其中,CountY 中存放元音字母个数,CountC 中存放其他字符个数。

```
Dim CountY%,CountC%
Private Sub Text1_KeyPress(KeyAscii As Integer)
    Dim C$
    C=____(1)____
    If  "A"<=C  And  C<="Z"  Then
        Select Case ____(2)____
            Case ____(3)____
                CountY=CountY+1
            Case ____(4)____
                CountC=CountC+1
        End Select
```

```
            End If
        If ___(5)___ Then
            Print    "元音字母有";CountY; "个"
            Print    "其他字母有";CountC；"个"
        End If
    End Sub
```

4．下列程序运行后输出的结果是_____。
```
x=Int(Rnd)+3
If   x^2>8   Then   y=x^2+1
If   x^2=9   Then   y=x^2-2
If   x^2<8   Then   y x^3
Print y
```

三、编程题

1．计算表达式：

$$y=\begin{cases} x & x<0 \\ x^2 & 0\leq x\leq 10 \\ 10 & 10<x\leq 20 \\ 0.5*x+20 & x>20 \end{cases}$$

要求输入 x 的值后，单击"计算"按钮，按表达式的范围计算出相应的值，运行结果如图 4-22 所示。

2．创建一个窗体，用于应用程序登录，用户名为 admin，密码是 12345，程序运行结果如图 4-23 所示。

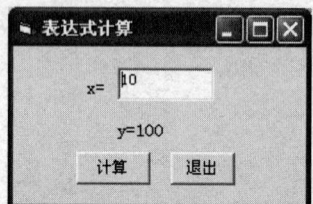
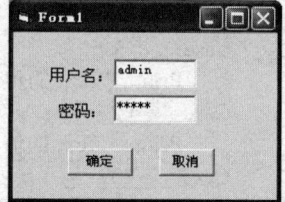

图 4-22　表达式计算结果　　　　　　　　图 4-23　登录运行结果

3．输入三个数，求其中的最大值和最小值，程序运行结果如图 4-24 所示。

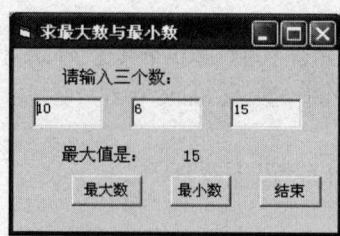

图 4-24　求最大值/最小值运行结果

第 5 章　循环结构

循环结构是程序设计中最重要的一种结构。其特点是，在给定条件成立时，反复执行某程序段，直到条件不成立为止。就像在操场上跑 10 圈，当圈数超过 10 圈时就停止。循环结构中控制循环的条件称为循环条件，反复执行的程序段称为循环体。

VB 提供了多种循环语句，如 Do-Loop、While-Wend、For-Next、For-Each-Next 等。其中最常用的是 Do-Loop 和 For-Next。

本章重点讲解常用的循环算法和编程方法，并结合循环语句介绍了图片框、图像框和计时器等控件。

- 常用循环语句的应用
- 循环出口语句（Exit）
- 多重循环
- 图片框、图像框和计时器控件

5.1　For–Next 语句

编写程序时，经常会遇到重复地执行某一些语句的情况，例如求 1+2+3+4+…+100。

我们不妨将变量 sum 看做是一个初始状态为空的盒子，然后依次向盒子里投入硬币，第一次 1 枚，第二次 2 枚，……，最后一次 100 枚，最后盒子里面的硬币的数目就是要求的结果。i 是每次投的硬币数，每次的投币操作是 sum+i，下一次投币数是 i+1。写成 VB 语句就是：

```
sum=sum+i
i=i+1
```

通过循环结构将这两条语句重复执行 100 次，即可实现累加和的计算。计算出下一次投币数的操作 i=i+1 也是循环的一部分，目的是将下一次循环时投币数加 1。

VB 语言提供了 For-Next、While-Wend 和 Do-Loop 等循环语句，用于实现循环结构。

学习循环语句时，应注意循环的一些要素：循环初值、循环条件、循环次数和循环体。循环初值是循环的起点。循环条件决定了循环是否继续和何时终止退出。循环次数是循环体执行的次数，直接影响循环的结果。循环体是循环语句的主体，是被重复执行的部分。几个要素之间相互影响，在阅读和设计循环语句中需要统一把握。

For-Next 语句属于"计数"循环，不断地执行循环体，当循环次数达到上限后就退出循环。

它的一般形式为：
> **For 循环变量=初值 To 终值 [Step 步长]**
> **循环体**
> **Next [循环变量]**

执行流程如下：

（1）循环变量赋初值。

（2）判断循环变量是否在初值到终值的范围内。如果是，则转到步骤（3），否则就结束循环。

（3）执行循环体。

（4）循环变量增加一个步长，然后转到步骤（2）。

执行流程如图 5-1 所示。

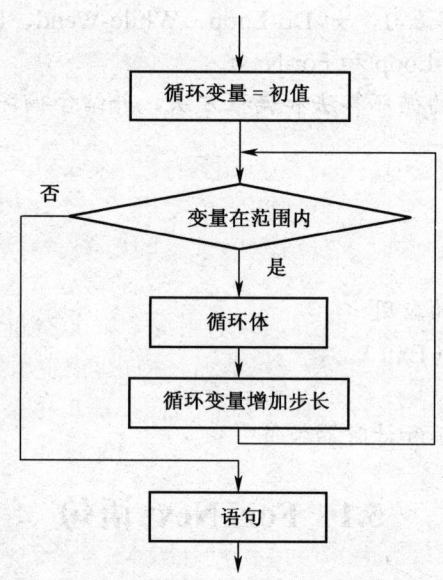

图 5-1　For-Next 语句的流程图

说明：（1）步长可以是正数，也可以是负数。当步长是正数时，应该满足初值≤终值。如果步长为负数，则应该满足终值≤初值。如果省略 Step，则步长的默认值是 1。

（2）循环变量的类型必须是数值型，初值、终值和步长的类型都自动转换为循环变量的类型。循环次数=Int((终值-初值)/步长)+1，函数 Int 的作用是只取出数据的整数部分，小数部分则丢弃。例如循环变量是 Single 类型，初值是 1.1，终值是 9.9，步长是 1，则循环次数为 9。

（3）如果事先知道循环次数，则尽量采用 For-Next 语句来设计程序。For-Next 语句写成的循环可读性最好。

（4）Next 后面的循环变量可以省略，当有多重循环时可以增加可读性。

【例 5.1】求 1+2+3+4+5+…+100。

分析：采用 For-Next 语句实现循环。i 作为循环变量，1 作为初值，100 作为终值，步长是 1。

```
Private Sub Command1_Click( )
    Dim i As Integer, sum As Integer
```

```
            sum = 0
            For i = 1 To 100
                sum = sum + i
            Next
            Print "i=,Sum=";i,sum
        End Sub
```

说明：从求累加和这个例子可以看出，一个循环问题往往能够用多种循环语句实现。这就要求程序员应熟悉几种循环语句的特点，在设计程序时针对具体问题采用合适的循环语句。

For Each-Next 语句与 For-Next 语句类似，但专门用于对数组和对象集合中的所有元素进行统一处理。其一般形式如下：

  For Each 循环变量 **In** 集合
   循环体
  Next [循环变量]

说明：（1）集合既可以是数组，也可以是像窗体这样的拥有控件的对象集合。

（2）循环变量的类型必须是变体型（Variant）或者控件类型（Control），循环变量在循环过程中依次代表集合中的每一个元素。循环次数取决于数组或对象集合中元素的个数，即有多少个元素就循环多少次。

【例 5.2】显示 Form1 窗体界面中所有控件的对象名。

分析：定义控件类型变量 a，采用 For Each-Next 语句实现循环。a 作为循环变量，窗体 Form1 作为集合，在循环体中依次输出窗体中所有控件的对象名。

```
        Private Sub Form_Load( )
            Show
            Dim a As Control
            For Each a In Form1
                Print a.Name
            Next a
        End Sub b
```

运行程序，结果如图 5-2 所示。

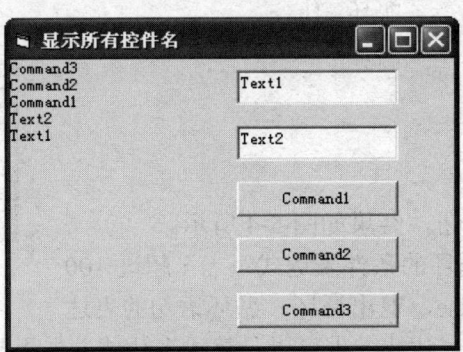

图 5-2 例 5.2 的运行结果

说明：窗体中有 3 个命令按钮控件和 2 个文本框控件，它们的对象名分别是 Command1、Command2、Command3 和 Text1、Text2。循环变量 a 依次代表每一个控件，调用 Print 方法，输出控件的 Name 属性值即对象名。

5.2 While–Wend 语句

While 语句属于"当型"循环,当循环条件成立时,就不断地执行循环体。它的一般形式如下:

  While <表达式>
    循环体
  Wend

执行流程是:先计算表达式,如果为 True 则执行循环体,周而复始;如果表达式的值为 False,则退出此循环结构,如图 5-3 所示。

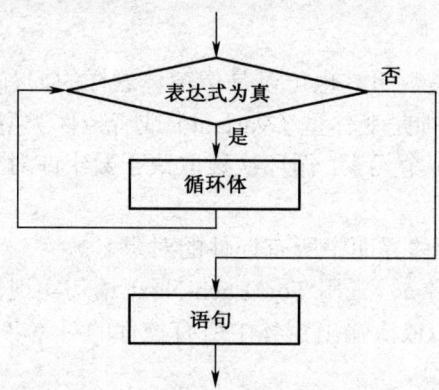

图 5-3 While-Wend 语句的流程图

【例 5.3】求 1+2+3+4+5+…+100,把结果放入变量 sum 中。

在窗体中建立 Command1 按钮,输入命令按钮的 Click 事件代码如下:

```
Private Sub Command1_Click( )
    i = 1                    '循环初值
    sum = 0
    While i <= 100           '循环条件
        sum = sum + i        '循环体
        i = i + 1
    Wend
    Print "sum="; sum
End Sub
```

运行程序,单击命令按钮,结果如图 5-4 所示。

说明:(1) i<=100 是循环的条件表达式,当 i 超过 100 时,表达式由 True 变成 False,退出循环。循环语句的表达式可以是关系表达式、逻辑表达式,也可以是算术表达式,如果是算术表达式,需要按"非 0 为 True"的原则转换为逻辑值,上面的循环也可以写成:

图 5-4 例 5.3 的运行结果

  While i-101
    …
  Wend

因为当 i 等于 101 时 i-101 的值等于 0,转换后相当于 False,循环将立即退出。

（2）循环体是重复执行的部分，形式上重复，实际上每次执行的可能是不同的操作。例如，由于 i 的不断增加，sum=sum+i 每次累加的 i 也在不断增加，就像每次投币数在不断增加一样。

（3）循环条件是控制的关键，通常由包含变量的表达式构成。其中的变量经常称为循环变量，是控制循环的关键变量。例如变量 i 在作为累加和的变量的同时，也担任了控制循环的任务，当 i 所构成的条件表达式 i<=100 为 False 时，结束循环。我们完全可以用另外一个变量来单独行使这个功能，例如：

    i=1
    j=1
    sum=0
    While j<=100
        sum = sum + j
        i=i+1
        j=j+1
    Wend

显然这样的程序虽然容易理解，但不够简练。

（4）循环应该是有限次数的循环，否则将出现"死循环"。对于上面的循环，如果将表达式 i<=100 改成 i>0，循环将一直执行下去，因为 i 在不断增加，而且永远大于 0。

思考：如何计算 1+3+5+…+99？

5.3 Do–Loop 语句

Do-Loop 语句主要有 Do While-Loop 和 Do-Loop While 两种形式。

（1）Do While-Loop 形式如下：
    Do While <表达式>
        循环体
    Loop

（2）Do-Loop While 形式如下：
    Do
        循环体
    Loop While <表达式>

Do While-Loop 的循环条件位于循环语句的前面，与 While 语句完全等价。Do-Loop While 的循环条件位于循环语句的后面，属于"直到型"循环，不断地执行循环体，直到循环条件不成立为止。

Do-Loop While 的执行流程是：先执行循环体，再计算表达式，如果为 True 则周而复始；如果表达式的值为 False，则退出此循环结构，如图 5-5 所示。

注意：Do-Loop While 与 Do While-Loop 的区别是：由于 Do-Loop While 是先执行循环体后判断循环条件，所以它的循环体至少执行一次，而 Do While-Loop 语句的循环体有可能一次也不执行。

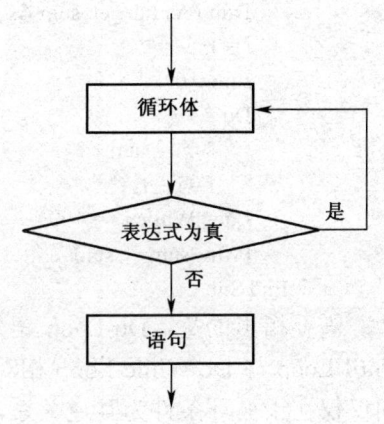

图 5-5　Do-Loop While 语句的流程图

分别观察下面两个程序的运行结果：
```
Private Sub Command1_Click( )
    i = 1
    sum = 0
    Do While i < 0
        sum = sum + 1
    Loop
    Print "(Do While ...Loop)sum="; sum
End Sub

Private Sub Command2_Click( )
    i = 1
    sum = 0
    Do
        sum = sum + 1
    Loop While i < 0
    Print "(Do ...Loop While)sum="; sum
End Sub
```
建立两个命令按钮，分别编写 Click 事件代码，程序运行结果如图 5-6 所示。

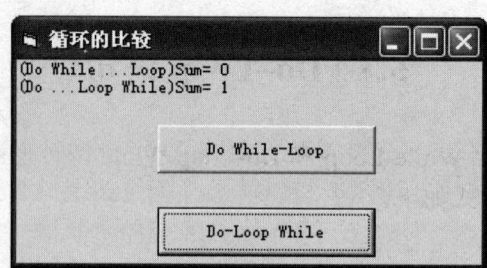

图 5-6　Do-Loop While 和 Do While-Loop 语句的效果比较

【例 5.4】求 1+2+3+4+5+…+100，把结果放入变量 sum 中。

分析：与例 5.1 非常相似，只是采用了 Do-Loop While 完成循环。
```
Private Sub Command1_Click( )
    Dim i As Integer, sum As Integer
    i = 1                        '循环初值
    sum = 0
    Do
        sum = sum + i            '循环体
        i = i + 1
    Loop While i <= 100          '循环条件
    Print "sum="; sum
End Sub
```
需要指出的是，Do-Loop 语句还有其他两种形式：Do Until-Loop 和 Do-Loop Until。Do Until-Loop 与 Do While-Loop 相对应，而 Do-Loop Until 则与 Do-Loop While 相对应。它们的区别仅仅在于循环条件为互逆关系，假如 While 形式的循环条件是 A，则与其等价的 Until 形式的循环条件是 Not A。While 形式是循环条件成立则继续循环，而 Until 形式是循环条件成立则结束循环，即不成立才继续循环。如果把例 5.2 程序中的 Loop While i <= 100 改为 Loop Until i >100，其效果完全相同。

5.4 流程转向语句

循环有时候需要中途提前跳出，就像我们在操场上跑步突然遇到下雨时需要停止一样。使用流程转向语句可以实现提前跳出。VB 语言提供的流程转向语句有 Exit 语句和 Goto 语句，它们往往与 If 语句配合使用。

5.4.1 Exit 语句

Exit 语句可以出现在 Do-Loop 语句和 For-Next 语句中，作用是跳出本层循环结构，转去执行下面的语句。其一般形式为 Exit Do 和 Exit For，前者用于跳出 Do-Loop 语句，后者用于跳出 For-Next 语句。

观察并分析下面的程序。

程序 1：
```
Private Sub Command1_Click( )
    sum = 0
    i = 1
    Do
        If sum > 2010 Then
            Exit Do
        End If
        sum = sum + i
        i = i + 1
    Loop While True
    Print "i="; i
End Sub
```

程序 2：
```
Private Sub Command2_Click( )
    sum = 0
    i = 1
    For i = 1 To 100
        If sum > 2010 Then
            Exit For
        End If
        sum = sum + i
    Next i
    Print "i="; i
End Sub
```

在窗体中建立两个命令按钮，分别在其 Click 事件中输入上面的两段程序代码，运行程序的结果如图 5-7 所示。

图 5-7 Exit 跳转演示程序的运行结果

思考：能否在例 5.1 的 While 语句中使用 Exit 语句跳出循环？

5.4.2 Goto 语句

Exit 语句虽然打断了原定的程序执行流程，但是其跳转的目的地是固定的，因此又被称为限定流程转向语句。除此之外，VB 语言还提供了无条件流程转向语句，即 Goto 语句。它的作用是在不需要任何条件的情况下，直接使程序的执行转到该语句标号所标识的语句。Goto 语句的一般形式如下：

  Goto 语句标号
    …
  语句标号：…

说明：语句标号用标识符表示，代表 Goto 语句转向的目标位置，目标位置的语句出现在程序中的任意位置都是允许的。建议在大多数场合下还是不要使用 Goto 语句，以保证程序结构的清晰性和程序的可读性。

在某些场合下可以使用 Goto 语句。例如在三重以上的循环嵌套结构中，Goto 语句能够使程序的执行流程从循环结构的最内层直接跳到最外层，从而提高程序执行的效率。

5.5 循环嵌套

循环嵌套又称为多重循环，是指在一个循环结构的循环体中又包含另一个完整的循环结构。通常把嵌套在循环体内的循环结构称为内循环，把外层的循环结构称为外循环。内循环其实可以看成是外循环的循环体的复杂化。

While、Do-Loop 和 For-Next 三种循环语句都可以相互嵌套，例如：

```
For i= …
    …
    Do While …
        …
    Loop
    …
Next i
```

【例 5.5】计算 1+(1+2)+(1+2+3)+(1+2+3+4)+…+(1+2+3+…+100)，把结果放入变量 sum 中。

分析：显然这是累加和的再次累加，用循环嵌套可以很轻松地完成，程序如下（程序运行结果如图 5-8 所示）：

```
Private Sub Command1_Click( )
    sum = 0
    For i = 1 To 100
        For j = 1 To i
            sum = sum + j
        Next
    Next
    Print "sum="; sum
End Sub
```

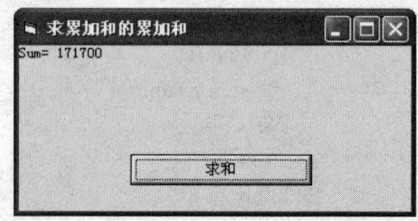

图 5-8 例 5.5 的运行结果

说明：（1）循环变量 i 控制外层 For-Next 语句的循环次数，共 100 项。

（2）循环变量 j 控制内层 For-Next 语句的循环次数，该次数取决于循环变量 i 的大小。对于第 i 次外循环，内层 For-Next 语句将 1～i 累加到 sum 中，相当于将 1+2+…+i 的和加到变量 sum 中。

思考：如何计算 1!+2!+3!+…+10!？

5.6 循环算法

算法是纲，程序是目，纲举才能目张。算法（Algorithm）是对某个问题求解过程的描述，编程时如果没有算法作指导，将会寸步难行。循环算法主要有穷举法和迭代法，编写循环程序时还经常会用到标志法和计数器等技巧。

5.6.1 穷举法

穷举法就是穷尽所有的可能，一一列举并进行测试，从中筛选出满足条件的数据。读者可能会提出疑问，穷举法对人而言是最笨的方法，怎么能作为计算机的算法呢？对人而言，穷举法确实不能称之为算法；但是对计算机而言，穷举法则是行之有效的算法。因为计算机的运算速度远远超过人们手工运算的速度。如果再加以适当的优化，减少了循环次数，穷举法的效率还会得到进一步的提高。

穷举显然需要使用循环结构，测试则需要使用选择结构。在采用穷举法编写程序时，往往还辅以标志法和计数器等技巧。

（1）标志法。现实生活中存在着大量形形色色的标志，以提醒人们注意状态的改变。例如，绿灯亮可通行，红灯亮则等待；"一唱雄鸡天下白"，雄鸡高唱，宣告了黎明的到来。程序中的标志（flag）一般是一个逻辑型变量，它的初值既可以是 True，也可以是 False，这取决于实际情况以及程序员的编程习惯。在程序中设置标志的目的是为了跟踪程序的状态。如果状态发生改变，则应及时修改标志，通过对标志的判断即可感知程序状态的变化。

（2）计数器。For-Next 语句的循环变量主要用来控制循环次数，同时也起着一部分计数器的作用。程序中的计数器实际上是一个整型变量，它的初值为 0，用来统计满足条件的数据的个数。

【例 5.6】百马百担问题。一匹大马驮 3 担货，一匹中马驮 2 担货，两匹小马驮一担货。有 100 匹马，驮 100 担货，问大马、中马和小马各有多少匹？

分析：设大马、中马和小马的数量分别为 x、y 和 z。根据已知条件，可以列出一个存在多组解的三元一次方程组。

$$\begin{cases} x + y + z = 100 \\ 3x + 2y + \dfrac{1}{2}z = 100 \end{cases}$$

显然应该采用穷举法，把 x、y 和 z 各种可能的组合都一一列举出来，进行判断，然后输出满足要求的数据。从表面上看，x、y 和 z 各自的取数范围都是 0～100，在程序中应该用 For-Next 语句设置三重循环，把方程组作为测试条件。经过进一步的分析，会发现只需要二重循环，即对 x 和 y 进行循环，而 z 的值应当等于 100-x-y，把第 2 个方程作为测试条件。而且 x 和 y 的取值范围也可以缩小，由第 2 个方程可知，x 的取值范围是 0～33，y 的取值范围是 0～50。

```
Private Sub Command1_Click( )
    Dim x%, y%, z%
    Print Tab(5); "大马"; Tab(10); "中马"; Tab(15); "小马"
    For x = 0 To 33
        For y = 0 To 50
            z = 100 - x - y
            If x * 3 + y * 2 + z / 2 = 100 Then
                Print Tab(5); x; Tab(10); y; Tab(15); z
            End If
        Next y, x
    End Sub
```

运行程序，结果如图 5-9 所示。

思考：在 If 语句的条件中，z/2 能否改为 z\2？

【例 5.7】判断自然数 x 是否为素数（质数）。

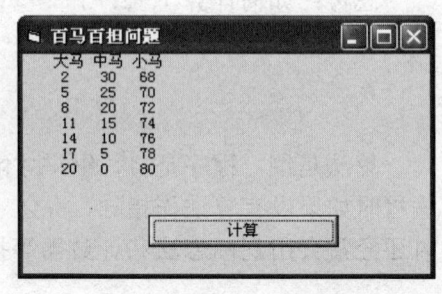

图 5-9　例 5.6 的运行结果

分析：根据定义，若除 1 和自身之外的所有自然数都不能整除 x，则 x 是素数。因此将 2～Sqr(x)范围内的所有可能因子一一测试，如果都不能整除 x，则 x 必是素数，否则 x 就不是素数。设置一个标志，初值为 True，表示假定 x 是素数。一旦发现 x 被某一个数整除，则将标志的值修改为 False，然后退出循环。在循环之后判断标志的值，即可得出结论。

```
Private Sub Command1_Click( )
    Dim i As Integer, x As Integer
    n = Int(Val(InputBox("输入一个正整数", "提示")))
    For i = 2 To n – 1                      '穷举
        If n Mod i = 0 Then Exit For        '跳出循环，没有必要再比较
    Next i
    
    If i > n - 1 Then
        Print n & "是素数"
    Else
        Print n & "不是素数"
    End If
End Sub
```

运行程序，结果如图 5-10 所示。

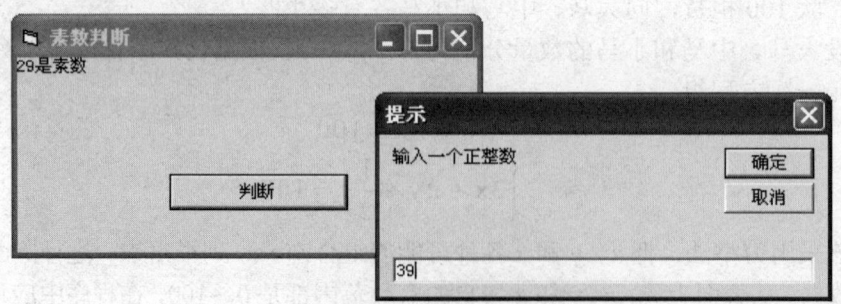

图 5-10　例 5.7 的运行结果

说明：i>n-1 表示在 2～n-1 之间没有 n 的因子，正好符合素数的定义。

解决该问题的算法还有：
```
Private Sub Command1_Click( )
    Dim i As Integer, x As Integer, Flag As Boolean
    Flag = True
    n = Int(Val(InputBox("输入一个正整数", "提示")))
    For i = 2 To Sqr(n)          '穷举
        If n Mod i = 0 Then
            Flag = False
            Exit For             '跳出循环，没有必要再比较
        End If
    Next i

    If Flag = True Then
        Print n & "是素数"
    Else
        Print n & "不是素数"
    End If
End Sub
```
程序中作了两个变化：

（1）利用 Boolean 类型的变量 Flag 作为判断是否是素数的依据，默认是素数，一旦发现有小于 n 大于 1 的因子，就立即将 Flag 改成 False 值，退出循环。显然，中途退出后可以判断出 n 不是素数。

（2）循环的范围可以是 2～n-1，也可以是 2～n/2，甚至是 2～sqr(n)。

5.6.2 迭代法

迭代法的基本思想是不断地从旧值出发推导出新值，或者说新值是由上一次的旧值迭代而来，正所谓"总把新桃换旧符"。迭代法由迭代初值、迭代公式和迭代次数等要素构成，其中迭代初值是设置循环的起点，迭代公式形成循环体，迭代次数则控制循环的次数，直接影响着循环条件。

迭代公式是实现迭代算法的难点，关键是要找出当前一项与上一项之间的迭代关系。找到之后，把当前一项和上一项均用同一个变量代替，即可得到循环体。例 5.3 就属于迭代法的简单实例，它的循环体是语句 sum=sum+i，其依据是迭代公式 $s_i=s_{i-1}+i$，即前 i 项的和等于前 i-1 项的和加上 i。只需要把 s_i 和 s_{i-1} 均换成 sum，就可以得到循环体。同理计算 n!的程序的循环体，其依据是迭代公式 n!=(n-1)!×n。

【例 5.8】计算 1!+2!+…+10!，把结果放入变量 sum 中。

分析：很容易想到用二重循环求解，即外层循环求累加和，内层循环计算阶乘。这样的程序如下：
```
Private Sub Command1_Click( )
    Dim i As Integer, j As Integer,sum As Long, p As Long
    sum = 0
    For i = 1 To 10
        p = 1
```

```
        For j=1 to i              '计算 i!
            P = p * j
        Next j
        sum = sum + p             '计算累加和
    Next i
    Print "sum="; sum
End Sub
```

仔细研究之后，会发现有两个迭代公式：一个是 $s_i=s_{i-1}+i!$，另一个是 $i!=(i-1)!×i$。因此定义累加器和累乘器，分别计算累加和与阶乘。只需要采用一重循环，把这两个迭代公式作为循环体。

```
Private Sub Command1_Click( )
    Dim i As Integer, sum As Long, p As Long
    sum = 0
    p = 1
    For i = 1 To 10
        p = p * i                 '计算 i!
        sum = sum + p             '计算累加和
    Next i
    Print "sum="; sum
End Sub
```

运行程序，结果如图 5-11 所示。

图 5-11　例 5.8 的运行结果

5.7　图片框

图片框（PictureBox）控件是一种可以容纳其他控件的容器型控件，它的基本功能是显示图片，图片文件的格式可以是 bmp、ico、gif 和 jpg 等。除此之外，图片框还可以作为绘制图形的绘图板，甚至能够输出文本信息。
在 VB 的工具箱中，图片框控件的图标如图 5-12 所示。

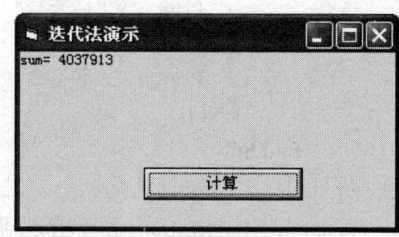

图 5-12　图片框控件的图标

1. 属性

表 5-1 列出了图片框控件的常用属性。

表 5-1　图片框控件的常用属性

属性	作用
Name	设置图片框的对象名
Align	确定图片框在窗体中的显示位置
AutoSize	确定图片框是否能自动调整尺寸以显示全部内容，默认值是 False
Picture	设置在图片框中显示的图片文件

说明：（1）程序中第一个图片框控件的默认对象名是 Picture1，第二个图片框控件的默认对象名是 Picture2，依此类推。

（2）Align 的属性值有 5 个，默认值是 0，如表 5-2 所示。

表 5-2　Align 属性值

常量	值	含义
None	0	在程序中可以改变图片框的尺寸和位置
Align Top	1	图片框与窗体顶端对齐
Align Bottom	2	图片框与窗体底端对齐
Align Left	3	图片框与窗体左端对齐
Align Right	4	图片框与窗体右端对齐

（3）Picture 属性值由被显示图片的文件名和路径名组成，既可以在属性窗口中设置，也可以在程序中调用 LoadPicture 函数进行设置。在程序运行过程中动态载入图片的方法如下：

对象.Picture=LoadPicture("图片文件路径")

例如：

Picture1.Picture=LoadPicture("D:\照片\20100101.jpg")

如果在调用 LoadPicture 函数时未提供参数，例如 Picture1.Picture=LoadPicture( )，则表示清除图片框对象 Picture1 中的图片。

（4）当 AutoSize 的属性值是 True 时，尽管图片框可以根据显示的图片自动调整尺寸，但是有可能会覆盖窗体中的其他控件。因此在界面设计时，应该妥善安排图片框控件在窗体中的位置。

2．事件

图片框的常用事件是单击（Click）事件，但是一般不需要在程序中编写图片框控件的事件过程。

3．方法

窗体的很多方法对于图片框都是适用的，如 Print、Cls 和 Move 等，还可以在图片框中调用 Point 和 Line 等方法绘图。在图片框中调用 Print 方法显示文本，与在窗体中直接显示文本相比，不仅界面美观，而且输出方式也较为规范。

5.8　图像框

图像框（Image）控件专门用来显示图片，与图片框相比，显示图片时所需资源较少，显示速度也更快。如果只是在界面中显示图片，则应该优先考虑使用图像框控件。在 VB 的工具箱中，图像框控件的图标如图 5-13 所示。

图 5-13　图像框控件的图标

表 5-3 列出了图像框控件的常用属性。

表 5-3　图像框控件的常用属性

属性	作用
Name	设置图像框的对象名
Picture	设置在图像框中显示的图片文件
Stretch	确定图片是否能自动调整尺寸以适应图像框，默认值是 False

说明：（1）程序中第一个图像框控件的默认对象名是 Image1，第二个图像框控件的默认对象名是 Image2，依此类推。

（2）Picture 属性值的设置方法与图片框相同，也可以在程序中调用 LoadPicture 函数载入图片。例如：

        Image1.Picture=LoadPicture("D:\照片\20100101.jpg")

（3）当 Stretch 属性值是 False 时，图像框可以根据显示的图片自动调整尺寸；当 Stretch 属性值是 True 时，图片可以根据图像框自动调整尺寸，但是这有可能导致图片显示时出现变形。

思考：图像框控件和图片框控件有什么区别？

5.9 计时器

计时器（Timer）控件能够有规律地以一定的时间间隔来触发 Timer 事件过程，执行指定的操作，从而实现特定的功能。在 VB 的工具箱中，计时器控件的图标如图 5-14 所示。需要指出的是，计时器属于后台控件，程序运行时看不到，因此通常用于完成一些要求定时处理的后台事务。

图 5-14 计时器控件的图标

1. 属性

表 5-4 列出了计时器控件的常用属性。

表 5-4 计时器控件的常用属性

属性	作用
Name	设置计时器的对象名
Enabled	确定计时器是否有效，默认值是 True，表示有效
Interval	设置计时器引发 Timer 事件的时间间隔，默认值是 0

说明：（1）程序中第一个计时器控件的默认对象名是 Timer1，第二个计时器控件的默认对象名是 Timer2，依此类推。

（2）当某个计时器的 Enabled 属性值是 True 时，计时器开始工作，并每隔一个固定的时间周期就引发 Timer 事件。当计时器的 Enabled 属性值是 False 时，则计时器暂停工作。

（3）Interval 是计时器最重要的属性，其属性值是一个整数，即设置的时间间隔，单位是毫秒。Interval 属性值的取值范围是 0～65535，最大时间间隔大约为 65 秒，如果为 0 则计时器无效。例如希望每隔 2 秒引发一个 Timer 事件，那么 Interval 属性值应该设置为 2000。

2. 事件

计时器控件的事件只有一个 Timer 事件，每经过一个由 Interval 属性值设定的时间间隔，就触发 Timer 事件过程。

【例 5.9】设计一个 10 秒的倒计时器。

分析：在窗体上分别创建 1 个计时器、1 个图片框和 3 个命令按钮，并设置属性值如表 5-5 所示。

表 5-5　例 5.9 中对象的属性设置

对象	属性	属性值	说明
Form1	Caption	倒计时	窗体的标题
Timer1	Enabled	False	计时器失效
	Interval	1000	时间间隔为 1 秒
Command1	Caption	开始倒计时	命令按钮的标题

在 Command1 的单击事件过程中，把 Timer1 的 Enabled 属性置为 True，启动计时器。

```
Private Sub Command1_Click( )
    Text1.Text = 10
    Timer1.Enabled = True
    Command1.Caption = "正在倒计时"
End Sub
```

在 Timer1 的 Timer 事件中编写倒计时代码，每 1 秒刷新一次 Text1 的值：

```
Private Sub Timer1_Timer( )
    If Text1.Text > 0 Then
        Text1.Text = Text1.Text - 1
    Else
        Timer1.Enabled = False
        Command1.Caption = "开始倒计时"
    End If
End Sub
```

运行程序，结果如图 5-15 所示。

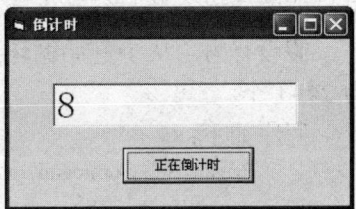

图 5-15　例 5.9 的运行结果

5.10　程序举例

【例 5.10】求 1～100 之间的所有素数之和，把结果放入变量 sum 中。

分析：显然应采用穷举法来解决这个问题。在程序中设置一个二重循环，其中外层循环列举 1～100 之间所有的自然数，内层循环则采用例 5.7 的方法判断素数。

```
Private Sub Command1_Click( )
    Sum = 0
    n = 0
    For i = 2 To 100
        Flag = True
        For j = 2 To i-1                'i-1 也可以用 i/2,sqr(i)代替
            If i Mod j = 0 Then
                Flag = False
                Exit For                '跳出内层循环
            End If
        Next
        If Flag Then
            Print i,
            Sum = Sum + i
            n = n + 1
```

```
        If n Mod 5 = 0 Then Print        '每输出 5 个数换行
        End If
      Next
      Print "Sum=", Sum
    End Sub
```

运行程序，结果如图 5-16 所示。

说明：语句 Exit For 只能跳出本层循环，不能跳出外层的循环。

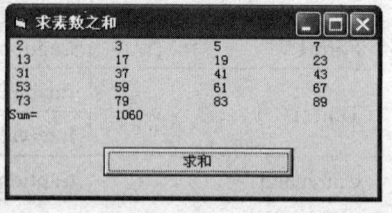

图 5-16 例 5.10 的运行结果

思考：语句 Flag = True 能放在外层 For 循环的前面吗？

【例 5.11】显示如下图案：

```
        *
       * * *
      * * * * *
     * * * * * * *
    * * * * * * * * *
```

分析：对于此类图形的输出通常需要嵌套的循环才能解决问题，其中需要找到以下规律：星号前的空格个数与行数之间的关系；星号个数与行数之间的关系。

假设行号 i 从 1 开始循环到 5，则本题规律如下：星号前的空格个数为 5-i 个；星号个数为 2*i-1 个。

程序如下：

```
    Private Sub Command1_Click( )
      For i = 1 To 5
        For j = 1 To 5 - i
          Print " ";          '双引号内加一个空格字符
        Next j
        For j = 1 To 2 * i - 1
          Print "*";
        Next j
        Print
      Next i
    End Sub
```

运行程序，结果如图 5-17 所示。

图 5-17 例 5.11 的运行结果

【例 5.12】将例 5.10 和例 5.11 的输出用图片框控件实现。

在窗体中添加图片框控件 Image1，分别修改上面两个程序代码中的输出形式，将 Print 修改为 Image1.Print，程序运行结果如图 5-18 所示。

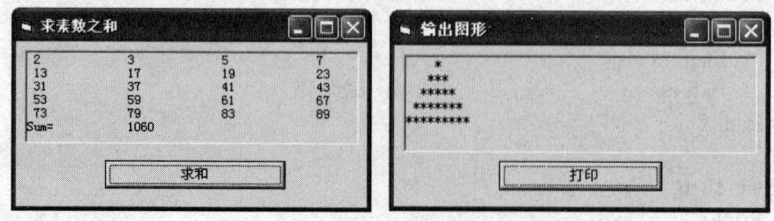

图 5-18 例 5.12 的运行结果

【例 5.13】打印"九九乘法表"。

程序代码如下：
```
Private Sub Command1_Click( )
    FontSize = 16
    Print
    Print Tab(20); "九九乘法表"
    FontSize = 12
    Print
    For i = 1 To 9
        For j = 1 To i
            Print Tab(j * 8); i & "x" & j & "=" & i * j;
        Next j
        Print
    Next i
End Sub
```
运行程序，结果如图 5-19 所示。

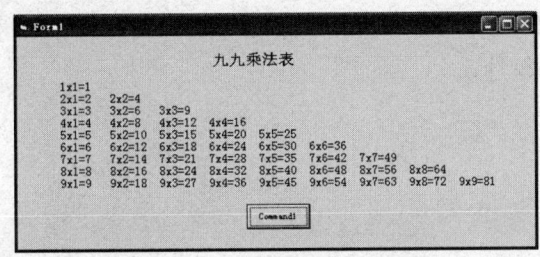

图 5-19　例 5.13 的运行结果

习题

1．输入 10 个数，分别统计其中正数、负数和零的个数。

2．计算 1+2/3+3/5+4/7+…+100/199，把结果放入变量 sum 中。

3．设计一个能够在窗体中自左至右反复移动的字幕板。

4．国际象棋的棋盘一共有 64 格。如果第 1 格放 1 粒麦子，第 2 格放 2 粒麦子，第 3 格放 4 粒麦子，依此类推，请问前 20 格共放了多少粒麦子？

5．一球从 100 米高度自由落下，每次落地后反跳回原高度的一半，再落下……编写程序，求它在第 10 次落地时共经过多少米距离。

6．一只小猴某一天摘了许多桃子，当天吃掉一半多一个，第二天接着又吃掉剩余桃子的一半多一个。以后每天都吃掉尚存桃子的一半多一个，到第十天早上要吃时，只剩下一个桃子了。编写程序，求小猴第一天总共摘下了多少个桃子。

7．输出所有的三位水仙花数。所谓水仙花数，是指所有位的数字的立方之和等于该数，例如 $153=1^3+5^3+3^3$。

8．编写程序输出下面的图形。
```
      *
     ***
    *****
   *******
    *****
     ***
      *
```

第 6 章　数组

前面介绍过的数据类型均为基本类型，一个基本类型的变量可以用来存取和处理一个数值型数据或字符串，对于成批的数据采用基本类型就需要用到数组和自定义类型。VB 语言提供的数组是一组相同类型变量的集合，自定义类型是由多个简单类型聚合而成，用来描述复杂数据。本章主要讲解数组的相关知识，包括一维数组、二维数组、动态数组和控件数组，介绍自定义数据类型和字符串的处理方法，以及列表框控件和组合框控件。

- 一维数组
- 二维数组
- 动态数组
- 自定义类型
- 列表框控件和组合框控件

6.1　一维数组

在应用中可能会碰到这样的问题：某班有 50 位学生，统计该班 VB 语言考试的平均成绩。如果用以前的方法来解决这个问题，先定义 50 个整型变量，再从键盘输入每一位学生的成绩，分别存放在这些变量里，然后利用循环结构计算成绩总和，再除以人数得到平均成绩。

显然，分别定义 50 个变量的工作十分繁琐，让人无法忍受，而且在语法上这些变量没有相关性，使用起来很不方便。

假设有变量 a1、a2、a3、……、a10，能否利用它们的共性和相关性重新构造一种新的数据类型？这个问题涉及了相同类型的相关数据的处理，在程序中用数组可以解决这个问题。

数组是具有相同类型的相关数据的集合，利用数组可以较为方便地解决大量数据处理的问题。数组按结构来划分，可以分为一维数组、二维数组和多维数组，其中一维数组是基础。

6.1.1　一维数组的定义

一维数组的定义方式如下：

　　Dim 数组名([下界 To]上界) As 类型

例如：

        Dim a(1 To 10) As Integer

表示定义了一个有 10 个元素的整型数组 a，一个元素相当于一个普通的整型变量，每个元素可以存放一个整型数据。数组的元素在内存中按顺序存放，数组所占据的字节数是各元素所占字节数之和，显然数组 a 在内存中占 10×2=20（字节）。

说明：（1）数组名用合法的标识符命名，与变量的命名方法相同。

（2）数组中所有元素的数据类型都相同。

（3）下界和上界均为整型常量表达式，它们规定了元素下标的取值范围。下界最小可以是-32768，上界最大可以是 32767。要求下界≤上界，一维数组的长度即元素的个数等于上界-下界+1。

（4）对于没有赋初值的数组元素，数值型默认为 0，字符型默认为空字符串，逻辑型默认为 False。

（5）下界默认为 0，也可以使用 Option Base 语句设置数组下界的默认值，例如：

        Option Base 1
        Dim a(10) As Integer

定义了一个有 10 个元素的整型数组 a，它的上界是 10，下界则默认为 1。Option Base 语句的参数只能是 0 或 1，而且该语句在一个模块中只能出现一次。

6.1.2　数组元素的引用

引用元素必须要在定义数组之后，元素引用的形式如下：

    数组名(下标)

例如：

        a(3)=a(1)+a(2)

说明：在引用数组的元素时，应注意下标值不要超过数组的范围。假如某个数组的下界为 0，上界为 10，则其下标值的范围应该是 0～10。超过数组范围的现象称为下标越界，系统会予以报错。

下标从下界开始，到上界结束，它实际上是数组元素的序号，表示该元素在数组中的相对位置。例如数组 a 在内存中的存储结构如图 6-1 所示，图中 1000、1002 等是内存地址。

a(1)	1000
a(2)	1002
a(3)	1004
a(4)	1006
a(5)	1008

图 6-1　一维数组的存储结构

6.1.3　数组的应用

数组是相同类型相关数据的集合，由于引用数组元素中可以使用变化的下标，在程序中可以结合循环结构来引用和处理数组中的元素。

数组元素的赋值可以采用以下方式：
  a(1) = 100
  a(2) = a(1) + 100
也可以在程序中用 InputBox 函数来为数组元素赋值，例如：
  a(1) = Val(InputBox("请输入一个数:","输入"))
对于 Variant 类型数组变量，可以用 Array 函数直接赋值，例如：
  Dim a As Variant
  a = Array(90,80,95,100,50)

【例 6.1】分别输入 5 位学生的 VB 语言成绩，计算并输出平均成绩。

分析：定义一个长度为 5 的整型数组，用来存放学生的成绩。采用 For-Next 语句进行处理，下标初始为 1，每次循环不断加 1，到 5 为止。在循环体中累加每一位学生的成绩，最后除以人数得到平均成绩。

```
Const N As Integer = 5
Private Sub Command1_Click( )
    Dim a(1 To N) As Integer
    Dim i As Integer, total As Integer, average As Single
    total = 0
    For i = 1 To N              '输入学生成绩
        a(i) = Val(InputBox("请输入第" & i & "位学生的成绩"))
        total = total + a(i)
    Next i
    average = total/N           '计算平均成绩
    Print "平均成绩是"; average
End Sub
```

运行程序，结果如图 6-2 所示。

 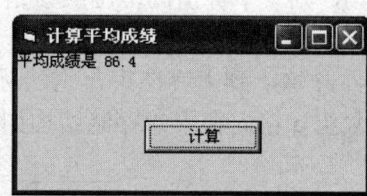

图 6-2 例 6.1 的运行结果

说明：在程序的第一个 For-Next 语句中，反复调用 InputBox 函数输入学生成绩，并分别存放在数组 a 的各个元素中。为增加程序的通用性,在事件过程的外部定义了一个符号常量 N，表示数组的上界。如果需要修改数组的上界，则只需要修改符号常量的初值即可。

【例 6.2】通过 Array 函数输入 10 位学生的成绩，输出最高分和最低分。

程序如下：

```
Option Base 1
Dim a As Variant
Private Sub Command1_Click( )
    Dim max As Integer, min As Integer
    Dim i As Integer
    max = a(1)                  '设定初值
```

```
            min = a(1)
        For i = 2 To 10
            If max < a(i) Then           '找最高分
                max = a(i)
            End If
            If min > a(i) Then           '找最低分
                min = a(i)
            End If
        Next i
        Picture1.Print "最高分：" + Str(max) + _
        Chr(13) + "最低分：" + Str(min)
    End Sub

    Private Sub Form_Load( )
        a = Array(78, 95, 85, 77, 89, 92, 73, 85, 75, 96)
    End Sub
```

程序运行结果如图 6-3 所示。

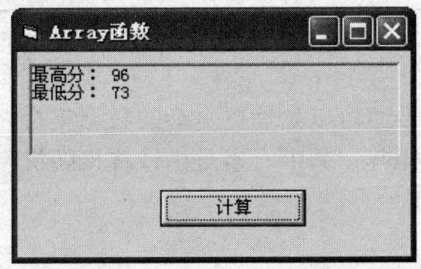

图 6-3 例 6.2 的运行结果

6.2 二维数组

一维数组主要用于存放一组相关数据，当遇到多组相关数据时，需要用到二维数组。

6.2.1 二维数组的定义

二维数组的定义方式如下：

Dim 数组名(**[**下界 **To]**上界,**[**下界 **To]**上界) **As** 类型

例如：

Dim a(1 To 3,1 To 4) As Integer

表示定义了一个 3 行 4 列的二维整型数组 a，它的逻辑结构如表 6-1 所示。数组 a 有 3×4，即 12 个元素，每个元素可以存放一个整型数据。

表 6-1 数组 a 的逻辑结构

a(1,1)	a(1,2)	a(1,3)	a(1,4)
a(2,1)	a(2,2)	a(2,3)	a(2,4)
a(3,1)	a(3,2)	a(3,3)	a(3,4)

说明：（1）通常把二维数组的第一个下标形象地称为行下标，第二个下标称为列下标。

（2）二维数组的元素个数为行的长度×列的长度，行或者列的长度为各自的上界-下界+1。

（3）类似地还可以定义多维数组。例如：

　　　　Dim a(1 To 3,1 To 4,1 To 5) As Integer   '共有 3×4×5，即 60 个元素的三维数组

表 6-1 所示的数组 a 实际上整合了 3 个一维数组：

　　　　a(1)、a(2)、a(3)、a(4)
　　　　b(1)、b(2)、b(3)、b(4)
　　　　c(1)、c(2)、c(3)、c(4)

整合过程如表 6-2 所示。

表 6-2　数组的整合

a(1) →a(1,1)	a(2) →a(1,2)	a(3) →a(1,3)	a(4) →a(1,4)
b(1) →a(2,1)	b(2) →a(2,2)	b(3) →a(2,3)	b(4) →a(2,4)
c(1) →a(3,1)	c(2) →a(3,2)	c(3) →a(3,3)	c(4) →a(3,4)

6.2.2　二维数组的应用

由于多了一维数据，二维数组可以处理更复杂的数据集合。

【例 6.3】设有一个 3×3 矩阵，其中元素是由计算机随机产生的小于 100 的整数，求：

（1）对角线上的元素之和。

（2）方阵中最大的元素。

分析：矩阵可以用一个二维数组表示，利用单层循环可以求出对角线上的元素之和，利用双层循环可以找到最大数。

```
Dim a(3, 3) As Integer
Private Sub Command1_Click( )
    Dim s As Integer, Max As Integer
    s = 0
    For i = 1 To 3
        s = s + a(i, i)
    Next
    Picture1.Print "对角线和是："; s
    Max = a(1, 1)
    For i = 1 To 3
        For j = 1 To 3
            If a(i, j) > Max Then
                Max = a(i, j)
            End If
        Next j
    Next i
    Picture1.Print "最大数是："; Max
End Sub

Private Sub Form_Load( )
```

```
        Show
        Randomize
        For i = 1 To 3
            For j = 1 To 3
                a(i, j) = Int(Rnd * 99) + 1
                Picture1.Print a(i, j); Chr(9);
            Next j
            Picture1.Print
        Next i
    End Sub
```
程序运行结果如图 6-4 所示。

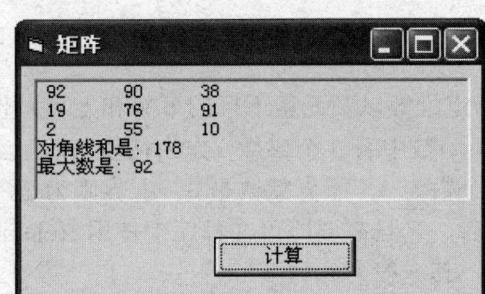

图 6-4　例 6.3 的运行结果

说明：通常把二维数组的行下标放在外层循环，而把列下标放在内层循环。

思考：三维数组的数据如何输入、输出及处理？

6.3　动态数组

前面介绍的数组都是指定长度和类型的数组，也可称为静态数组。如果无法预知元素的个数和数组的维数，VB 语言允许定义动态数组，以增强程序的灵活性，提高内存使用的效率。

动态数组在程序运行过程中才被分配存储空间，它的定义方式如下：

　　Dim 数组名( ) As 类型

例如：

　　Dim a( ) As Integer

表示定义了一个动态整型数组 a，数组的维数以及元素下标的下界和上界未知。可以用数组名赋值的方式把一个静态数组中全部元素的值依次赋给一个动态数组中的全部元素。例如：

```
Dim a(1 To 3) As Integer, b( ) As Integer, i%
For i = 1 To 3            '对静态数组 a 的所有元素赋值
    a(i) = i
Next i
b = a                     '数组名赋值
For Each x In b           '输出动态数组 b 中所有元素的值
    Print x
Next x
```

数组名赋值的方式自动确定了动态数组 b 的维数以及元素下标的下界和上界，它们均与静态数组 a 相同。也可以调用 LBound 和 UBound 函数分别获得数组的下界和上界。这两个函数的格式如下：

LBound(a[,n])

UBound(a[,n])

说明：（1）参数 a 是数组名。参数 n 表示数组 a 的第 n 维，如果省略，则默认是 1。

（2）LBound 函数返回数组 a 第 n 维的下界，UBound 函数返回数组 a 第 n 维的上界。

变体型数组的各个元素能够存放不同类型的数据，如果是动态变体型数组，则可以通过 Array 函数进行初始化，并自动确定动态数组中元素的个数。例如：

```
Dim b( ), i%
b = Array(1, 2, 3)
For i = 0 To 2
    Print b(i)
Next i
```

定义数组 b 时，既未指定维数以及元素下标的下界和上界，也未指定数据类型，因此它是动态变体型数组。在 Array 函数中有 3 个参数，作为初值依次赋给了数组 b 的各个元素。由此确定了动态数组 b 中元素个数为 3，下界默认是 0，上界则为 2。

定义了一个动态数组之后，一旦需要即可在程序中使用 ReDim 语句确定动态数组的维数以及元素下标的下界和上界。其一般形式如下：

ReDim [Preserve]数组名([下界 To]上界[,下界 To 上界,…]) [As 类型]

说明：（1）可以多次使用 ReDim 语句对某个动态数组进行设置。

（2）数组的维数以及元素下标的下界和上界都能够改变，甚至下界和上界可以是有了确定值的变量，但是数组的类型不能改变。

（3）每次执行 ReDim 语句之后，数组中所有元素的值将会丢失。如果想保留数组元素的值，则可以使用关键字 Preserve。例如：

```
Dim a( ) As Integer
    …
ReDim a(2,3)              '数组设置为 3 行 4 列
    …
ReDim Preserve a(2,4)     '数组设置为 3 行 5 列，并保留数组元素的值
```

在 ReDim 语句中使用关键字 Preserve 时，只能改变动态数组最后一维的上界。

【例 6.4】计算并输出 Fibonacci 数列的前 n 项。

Fibonacci 数列的特点是，前两个数为 1，1。从第 3 个数开始，每个数都是前面两个数的和。即：

$F_1=1$，$F_2=1$（n=1 或 2）

$F_n=F_{n-1}+F_{n-2}$（n≥3）

分析：由于 Fibonacci 数之间存在明显的位置关系，所以可以用数组来处理。定义一个动态长整型数组 a，用来存放 Fibonacci 数列。从文本框接收用户输入的 n 值之后，采用 ReDim 语句将数组 a 的长度置为 n。

```
Private Sub Command1_Click( )
    Dim F( ) As Long, n As Integer, i As Integer, j%
    Picture1.Cls                    '清除上次的输出
    n = Int(Val(InputBox("请输入 n", "提示")))
```

```
        ReDim F(1 To n)                '设置动态数组的长度
        F(1) = 1
        F(2) = 1
        For i = 3 To n
            F(i) = F(i - 1) + F(i - 2)     '每一项是前两项之和
        Next i
        j = 0
        For i = 1 To n
            Picture1.Print Tab(j * 8); F(i);
            j = j + 1
            If i Mod 5 = 0 Then
                Picture1.Print
                j = 0
            End If
        Next i
    End Sub
```

运行程序，结果如图 6-5 所示。

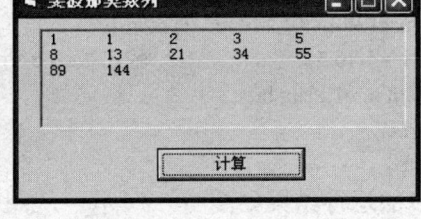

图 6-5 例 6.4 的运行结果

在程序中有时需要对数组重新进行初始化，则可以使用 Erase 语句达到目的，其一般形式如下：

Erase 数组名

说明：执行 Erase 语句之后，对于静态数组，系统会清除数组中的原有数据，并自动进行初始化；对于动态数组，系统会删除数组的结构，并释放数组所占的内存空间。如果以后想再次使用该动态数组，就必须采用 ReDim 语句重新对其进行设置。例如：

```
    Private Sub Command1_Click( )
    Dim a(1 To 5) As Integer, i%
    Dim b( ) As Integer
    For i = 1 To 5
        a(i) = i
    Next i

    b = a
    Picture1.Print "数组 a"

    For i = 1 To 5                '输出数组 a 所有元素的值
        Picture1.Print a(i);
    Next i
```

```
Picture1.Print

Picture1.Print "数组 b"
For i = 1 To 5                  '输出数组 b 所有元素的值
    Picture1.Print b(i);
Next i
Picture1.Print

Erase a                         '对数组 a 重新初始化

Picture1.Print "Erase 后的数组 a"
For i = 1 To 5                  '再次输出数组 a 所有元素的值
    Picture1.Print a(i);
Next i
Picture1.Print

Erase b

ReDim b(1 To 5) As Integer
Picture1.Print "重新 Dim 的数组 b"
For i = 1 To 5                  '输出数组 b 所有元素的值
    Picture1.Print b(i);
Next i
Print
```

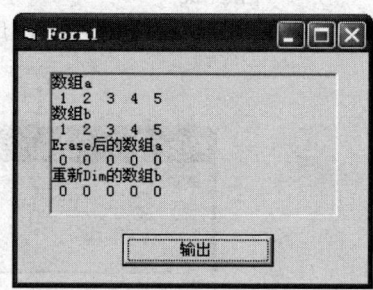

图 6-6　Erase 语句的效果

该程序段的运行结果如图 6-6 所示。从图中可以看到，执行 Erase 语句之后，数组 a 所有元素的值都重新初始化为 0。

6.4　控件数组

一组相同类型的相关数据可以用数组来描述和管理，那么一组功能相似的同类控件是否也能够用数组进行组织呢？回答是肯定的，这样的数组称为控件数组。控件数组由一组同属于一类的控件组成，它们共用一个对象名，依靠索引（Index）属性彼此区分。

如何创建控件数组？主要有以下几种方法：

（1）复制现有的控件，然后粘贴在窗体中。第一次进行粘贴操作时，系统会提示是否创建控件数组，单击"是"按钮即可。此时大多数的可视属性，如颜色、高度和宽度等，将会从源控件即数组中的第一个控件复制到目标控件即新控件中。例如复制并粘贴一个命令按钮时，出现如图 6-7 所示的提示。

图 6-7　复制现有控件的提示

（2）为现有的同类控件取同一个对象名，一般与第一个控件的名字一致，例如 Text1、Command1 等。这时系统也会提示是否创建控件数组，单击"是"按钮即可。用这种方法创建的控件数组，其控件元素的属性值只是名字（Name）相同，其他属性依然保留最初创建这些控件时的设置。

如何访问控件数组中的元素？利用控件的 Index 属性。与数组的下标相似，Index 表示控件在控件数组中的相对位置，默认从 0 开始，依次加 1。控件元素的访问方法与普通数组的元素基本相同，例如现有控件数组 Text1，要将其中 Index 属性值为 1 的文本框控件设置 Text 属性值为 "VB 6.0"，可以写为：

Text1(1).Text="VB 6.0"

在程序中使用控件数组，不仅可以借助循环结构统一处理数组中的控件，而且可以共享同一个事件处理过程。例如设计一个计算器，在窗体中安排 4 个命令按钮，分别完成加减乘除四则运算。考虑到这些命令按钮实现的功能相似，可以创建一个有 4 个元素的命令按钮控件数组，其中每一个命令按钮对应一个控件数组的元素。然后为这个控件数组定义一个单击事件过程，只要用户任意单击 4 个命令按钮中的一个，就会调用这个事件过程。此外还可以在程序中调用 Load 方法动态创建控件数组中的新元素，达到在程序运行时创建新控件的目的。

【例 6.5】用控件数组查找数组中的最大数和最小数。

```
Option Base 1
Dim a As Variant
Private Sub Command1_Click(Index As Integer)
    Dim m
    m = a(1)
    Select Case Index
        Case 0
            For i = 2 To 10
                If a(i) > m Then
                    m = a(i)
                End If
            Next
            Picture1.Print "最大值是"; m
        Case 1
            For i = 2 To 10
                If a(i) < m Then
                    m = a(i)
                End If
            Next
            Picture1.Print "最小值是"; m
    End Select
End Sub

Private Sub Form_Load( )
    a = Array(78, 95, 85, 77, 89, 92, 73, 85, 75, 96)
End Sub
```

程序运行结果如图 6-8 所示。

思考：请按照这个思路设计一个计算器。

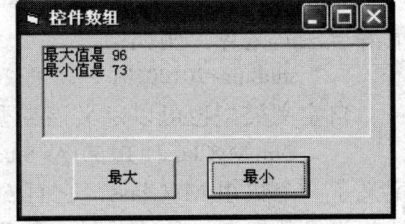

图 6-8　例 6.5 的运行结果

6.5 自定义类型

数组只能处理相同类型的数据，对于不同类型数据组成的实体，例如一个学生的数据实体包括学号、姓名、性别、年龄和成绩等数据项，可以用自定义数据类型来处理，这种自定义的类型又称为记录类型，它由一些基本类型的成员组成。定义记录类型的关键字是 Type，其一般形式如下：

  Type <记录类型名>
    成员表列
  End Type

说明：

（1）对成员表列中的所有成员都应进行类型声明。成员声明的形式如下：

  成员名 As 类型

（2）记录类型只是构造了一个数据结构的模型，并没有定义实例，也不要求分配实际的内存空间。在程序中使用记录类型时，必须定义记录变量。

例如，学生信息可以用记录类型描述为：

```
Type Student
    no As Long          '学号
    name As String      '姓名
    sex As String       '性别
    score As Integer    '成绩
End Type
```

Student 类型有 4 个成员，分别表示学生的学号、姓名、性别和成绩，这些成员的类型可以不相同。需要指出的是，通常在程序的标准模块（.bas）中定义记录类型。在"工程"菜单中选择"添加模块"命令即可创建标准模块。如果在窗体模块中定义记录类型，则必须用关键字 Private 进行声明。

先定义记录类型，再定义记录变量。记录变量所占内存空间的长度是其各个成员所占空间的长度之和。定义记录变量的方法与定义普通变量基本相同，只不过数据类型是记录类型。例如：

  Dim stud1 As Student,stud2 As Student '定义两个 Student 类型的变量

访问一个记录变量的目的通常是引用它的成员，例如登记学生的姓名、统计学生的成绩等。引用记录变量成员的形式如下：

  记录变量名.成员名

stud1.no 表示引用记录变量 stud1 中的 no 成员，它可以像普通变量一样使用，能够进行赋值等合法的运算。例如：

  studl.no=20100101 '将 20100101 赋给 studl 变量的成员 no

自定义类型也可以定义该类型的数组，称为记录数组。例如：

  Dim MyClass(1 To 60) As Student

定义了一个数组 MyClass，它有 60 个元素，每个元素都相当于一个 Student 类型的记录变量。访问记录数组元素的成员的一般形式如下：

  记录数组名(下标).成员名

例如：

  MyClass(1).no=20100101

【例 6.6】 演示用记录类型处理 5 位学生的成绩。

分析：在标准模块中定义 Student 记录类型，成员有姓名和成绩，成员的类型分别为字符串和整型。

```
Type Student
    No As Long
    name As String
    score As Integer
End Type
```

在窗体模块中定义一个长度为 5 的 Student 型数组，用来存放全班学生的姓名和成绩。采用 For-Next 语句进行处理，具体代码如下：

```
Private Sub Command1_Click( )
    Dim MyClass(5) As Student, Max As Integer
    MyClass(1).no = 20100101
    MyClass(1).name = "张平"
    MyClass(2).no = 20100102
    MyClass(2).name = "李智"
    MyClass(3).no = 20100103
    MyClass(3).name = "孙梅"
    MyClass(4).no = 20100104
    MyClass(4).name = "倪红"
    MyClass(5).no = 20100105
    MyClass(5).name = "陈好"
    For i = 1 To 5
        With MyClass(i)
          .score = Val(InputBox("请输入" & .name & "的成绩", "提示"))
        End With
    Next
    For i = 1 To 5
        Picture1.Print MyClass(i).no, MyClass(i).name, MyClass(i).score
    Next
    Max = MyClass(1).score
     j = 1
    For i = 2 To 5
        If MyClass(i).score > MyClass(j).score Then
            j = i
        End If
    Next i
    Picture1.Print "最高分："; MyClass(j).No, _
        MyClass(j).name, MyClass(j).score
End Sub
```

运行程序，结果如图 6-9 所示。

说明：在程序中使用了 With 语句，以简化语句的书写。如果用 With 语句对某个记录变量作出声明，则在该语句的作用域中访问这个记录变量的成员时可以省略记录变量名。

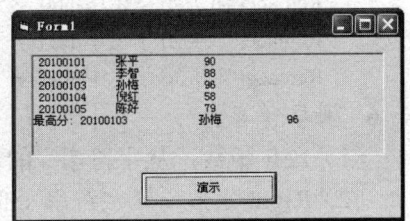

图 6-9 例 6.6 的运行结果

6.6 字符串的处理

日常生活中很多数据都是文本类型，VB 语言以字符串表示文本数据，在程序中除了可以用运算符进行字符串的连接和比较等基本操作之外，还可以调用内部函数完成字符串的查找、截取等一些高级操作。下面是对一些常用字符串处理函数的简单介绍，个别函数作了详细说明，其他函数的具体使用方法请参考前面章节或者附录。

1. 格式转换

（1）Val 函数：把字符串 s 转换为一个数值。
（2）Str 函数：把数值 n 转换为一个字符串。
（3）Asc 函数：把字符串 s 中的第一个字符转换为相应的 ASCII 码。
（4）Chr 函数：把数值 n 即 ASCII 码转换为所对应的字符。
（5）UCase 函数：把字符串 s 中的小写字母转换为大写形式。
（6）LCase 函数：把字符串 s 中的大写字母转换为小写形式。

2. 统计长度

Len 函数：用于统计字符串的长度即所包含字符的个数。

3. 删除空格

（1）LTrim 函数：删除字符串中前面的空格。
（2）RTrim 函数：删除字符串中后面的空格。
（3）Trim 函数：删除字符串中前后两边的空格。

4. 生成字符串

（1）String 函数：产生一个由 m 个重复的字符组成的字符串。
（2）Space 函数：产生一个由 n 个空格组成的字符串。

5. 查找和替换

（1）InStr 函数：在字符串 s1 中查找字符串 s2 首次出现的位置。
（2）Replace 函数。Replace 函数的格式如下：

　　Replace(s1,s2,s3[,m][,n][,…])

说明：该函数的功能是在字符串 s1 中把子串 s2 替换为子串 s3。参数 m 是字符串 s1 的起始查找位置，此时函数的返回值中会删除位置 m 前的字符。如果省略 m 则默认值是 1，表示从头开始查找。参数 n 是进行替换操作的最大次数，如果省略 n 则默认值是-1，表示替换所有符合条件的子串。例如：

　　Replace("我是好学生中的好学生","学生","孩子")　　'返回："我是好孩子中的好孩子"
　　Replace("我是好学生中的好学生","学生","孩子", 4)　　'返回："学生中的好孩子"
　　Replace("我是好学生中的好学生","学生","孩子", 1, 1)　　'返回："我是好孩子中的好学生"
　　Replace("我是好学生中的好学生","学生","孩子", , 1)　　'返回："我是好孩子中的好学生"

6. 截取子串

（1）Left 函数：从字符串 s 的左边取出 n 个字符，组成一个子串。
（2）Right 函数：从字符串 s 的右边取出 n 个字符，组成一个子串。
（3）Mid 函数：从字符串 s 的第 m 个字符开始取出 n 个字符，组成一个子串。

（4）Split 函数。Split 函数的格式如下：

　　Split(s[,d][,n][,…])

说明：该函数的功能是从字符串 s 中取出 n 个子串，子串之间的分隔符是参数 d。如果省略 d，默认分隔符是空格；如果省略 n 则默认值是-1，表示取出所有的子串。通常把函数的返回值赋给一个动态字符串数组，数组的每一个元素依次存放一个子串。例如：

```
Dim a( ) As String
a = Split("我是好学生中的好学生", "好")
Print a(0), a(1), a(2)
```

输出的结果为：

　　我是　　　学生中的　　　学生

以前介绍的数组输入方法是采用循环结构反复调用 InputBox 函数，这种方法未免有些单调。Split 函数可以用来一次性地给一个数组赋初值，提高数据输入的效率。例如用户先在文本框中输入所有的数据，数据之间以事先约定的字符进行分隔，然后调用 Split 函数取出所有的数据，依次存入数组的各个元素。在这种情况下，可以调用 LBound 函数得到数组的下界，调用 UBound 函数得到数组的上界。

【例 6.7】 演示利用 Split 函数改进的数据输入方法。

分析：在窗体中安排一个文本框，用于输入部分城市的名称。定义一个动态字符串数组 a，调用 Split 函数，从文本框中读取城市名，存放到数组 a 中。具体代码如下：

```
Private Sub Command1_Click( )
    Dim a( ) As String, i%, j%, flag As Boolean, name$
    a = Split(Text1.Text)                   '输入要查找的城市名称
    Do
        city = InputBox("请输入要查询的城市名称")
        flag = False
        For i = LBound(a) To UBound(a)      'LBound 和 UBound 分别获得数组 a 的下界和上界
            If a(i) = city Then
                flag = True                 '找到，改变标志
                Exit For
            End If
        Next i
        If flag = True Then
            Picture1.Print "找到城市："; city
        Else
            Picture1.Print "没有找到城市"; city
        End If
        MsgBoxValue = MsgBox("还要继续查询吗？", vbYesNo + vbquestin)
    Loop While MsgBoxValue = 6
End Sub
Private Sub Form_Load( )
    Text1.Text = ""
End Sub
```

运行程序，结果如图 6-10 所示。

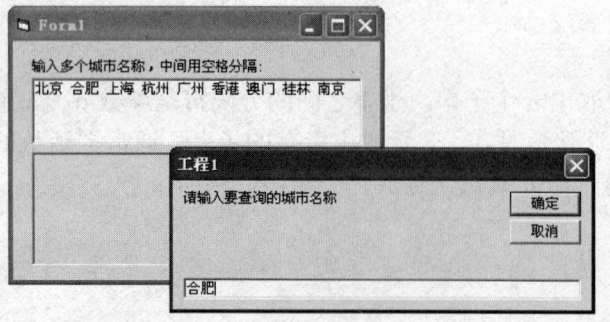
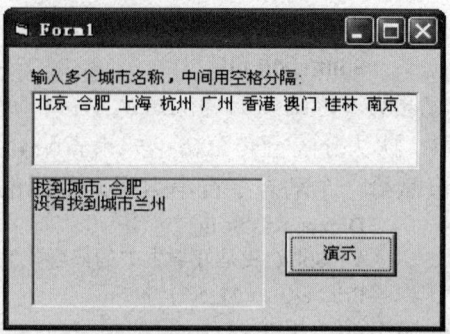

图 6-10　例 6.7 的运行结果

【例 6.8】统计一个字符串中数字、字母以及其他字符的个数。

分析：定义一个 3 元素的数组来分别记录数字、字母以及其他字符的个数。在循环语句中调用 Mid 函数依次取出各个字符，用 If 语句的 ElseIf 结构判断字符的特征，相应进行计数。

```
Option Base 1
Private Sub Command1_Click( )
    Dim s As String, c As String, i%
    Dim num(1 To 3) As Integer
    Dim t( ) As String
    t = Split("字母,数字,其他字符", ",")
    s = Text1.Text
    For i = 1 To Len(s)
        c = Mid(s, i, 1)        '取出字符串中的第 i 个字符
        If c >= "A" And c <= "Z" Or c >= "a" And c <= "z" Then
            num(1) = num(1) + 1        '字母的个数增 1
        ElseIf c >= "0" And c <= "9" Then
            num(2) = num(2) + 1        '数字的个数增 1
        Else
            num(3) = num(3) + 1        '其他字符的个数增 1
        End If
    Next i
    For i = 1 To 3
        Picture1.Print t(i - 1); "的个数为"; num(i)
    Next i
End Sub

Private Sub Form_Load( )
    Text1.Text = ""
End Sub
```

运行程序，结果如图 6-11 所示。

说明：Mid(s,i,1)的作用是从字符串 a 的第 i 个位置开始取出一个字符，即得到第 i 个字符。随着 i 不断加 1，就可以得到字符串 a 的每一个字符。

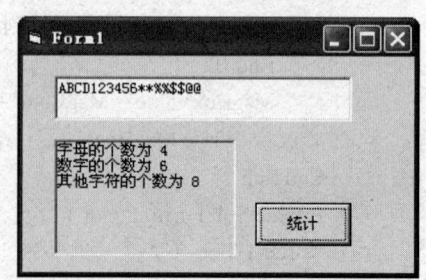

图 6-11　例 6.8 的运行结果

6.7 列表框

如果可供用户选择的项目较少，一般采用一组单选按钮或复选框。但是如果存在大量的选项，采用单选按钮和复选框就显得十分繁琐，而采用列表框或者组合框则不失为一个较好的解决方案。列表框（ListBox）控件能够显示一个项目列表，用户可以从中选择一个或多个项目。如果项目列表中的项目过多而无法一次全部显示，则列表框将自动出现滚动条。在 VB 的工具箱中，列表框控件的图标如图 6-12 所示。

图 6-12　列表框控件的图标

1. 属性

表 6-3 列出了列表框控件的常用属性。

表 6-3　列表框控件的常用属性

属性	作用
Name	设置列表框的对象名
Text	确定用户当前所选的项目，该属性不能在属性窗口中设置，只能在程序中设置或引用
List	设置列表框所显示的项目列表
ListCount	确定列表框中项目的总数，该属性只能在程序中设置或引用
ListIndex	确定当前选中的项目在项目列表中的索引值，该属性只能在程序中设置或引用
Selected	确定项目列表中的某个项目是否被选中，该属性只能在程序中设置或引用
MultiSelect	确定列表框是否允许多选
Style	设置列表框的外观，默认值是 0，表示标准方式；如果是 1，则项目的左边有复选框

说明：（1）程序中第一个列表框控件的默认对象名是 List1，第二个列表框控件的默认对象名是 List2，依此类推。

（2）List 是列表框控件最重要的属性之一，其属性值是一个字符串数组，每一个元素存放项目列表其中的一个项目。List 数组的下标从 0 开始，例如输出列表框 List1 的第 2 个项目，则可以写为：

　　Print List1.List(1)

向列表框中添加项目有两种方法：第 1 种方法是在属性窗口中选中列表框的 List 属性，单击下拉按钮，输入一个项目后按 Ctrl+回车键，在下一行继续输入新项目；第 2 种方法是在程序中调用 AddItem 方法，在列表框中添加项目。

（3）在程序中 ListIndex 和 ListCount 往往与 List 属性配合使用。如果用户未选择任何项目，ListIndex 的值是-1；如果用户选中项目列表中的第 1 项，ListIndex 的值是 0；如果用户选中项目列表中的最后一项，则 ListIndex 的值是 ListCount-1。

（4）Selected 的属性值是一个逻辑型数组，其每一个元素与项目列表中的每一个项目一一对应。如果某个项目被用户选中，Selected 数组相应元素的值是 True；如果未被选中，则相应元素的值是 False。例如 List1.Selected(2)的值是 True，表示列表框 List1 的第 3 个项目被选中。

（5）MultiSelect 的属性值有 3 个，默认值是 0，如表 6-4 所示。

表 6-4 MultiSelect 属性值

常量	值	含义
None	0	不允许多选
Simple	1	简单多选，可以用鼠标单击或按空格键进行选择
Extended	2	扩展多选，可以借助 Shift 键或 Ctrl 键进行选择

2．事件

列表框控件能够响应 Click 和 DblClick 等事件。在实际编程中经常针对列表框编写 DblClick 事件过程，使得双击列表框中的某个选项之后可以对该选项进行相应的操作。例如在"文件"对话框的文件列表框中双击某个文件名，即可直接打开该文件。

3．方法

列表框的常用方法如表 6-5 所示。

表 6-5 列表框的常用方法

方法	功能
AddItem	向列表框中添加一个项目
RemoveItem	从列表框中删除一个项目
Clear	清除列表框中的所有项目

说明：（1）AddItem 方法的调用形式如下：

对象.AddItem Item[,Index]

参数 Item 表示被添加到列表框中的字符串，即新项目。参数 Index 表示新项目在列表框中的索引值，即插入到项目列表中的位置。如果该参数被省略，则将把新项目插入到项目列表的末尾。

（2）RemoveItem 方法的调用形式如下：

对象.RemoveItem Index

参数 Index 表示被删除的项目在列表框中的索引值。例如删除列表框 List1 中的第 1 个项目，可以写为：

List1.RemoveItem 0

6.8 组合框

组合框（ComboBox）控件组合了文本框和列表框的特性，用户既可以在它的文本框部分输入文本以选择项目，也可以在它的列表框部分选择项目。当用户在列表框部分选定了某个项目之后，该项目会自动出现在文本框部分中。列表框将用户的选择限制在项目列表之内，而组合框则允许用户选择项目列表中所没有的项目。在 VB 的工具箱中，组合框控件的图标如图 6-13 所示。

图 6-13 组合框控件的图标

1．属性

组合框控件的大部分属性与列表框控件相同，此外还有一些与文本框相同的属性。表 6-6 列出了组合框控件的常用属性。

表 6-6　组合框控件的常用属性

属性	作用
Name	设置组合框的对象名
Text	确定用户当前选择的项目或者在文本框部分输入的项目
List	设置组合框所显示的项目列表
ListCount	确定组合框中项目的总数
ListIndex	确定当前选中的项目在项目列表中的索引值
Selected	确定项目列表中某个项目是否被选中
Style	设置组合框的类型

说明：(1) 程序中第一个组合框控件的默认对象名是 Combo1，第二个组合框控件的默认对象名是 Combo2，依此类推。

(2) Style 的属性值有 3 个，默认值是 0，如表 6-7 所示。

表 6-7　Style 属性值

常量	值	含义
Dropdown Combo	0	下拉式组合框
Simple Combo	1	简单组合框
Dropdown List	2	下拉式列表框

下拉式组合框如图 6-14 所示。它将文本框和下拉式列表框组合在一起，用户可以直接用键盘在文本框中输入项目，也可以单击下拉按钮打开列表框进行选择。

简单组合框如图 6-15 所示。它将文本框和列表框简单地组合在一起，列表框的项目列表直接显示在窗体上。

下拉式列表框如图 6-16 所示。它的功能与下拉式组合框相似，但是用户只能从列表框中进行选择，而不能直接在文本框中输入项目。

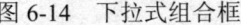
图 6-14　下拉式组合框

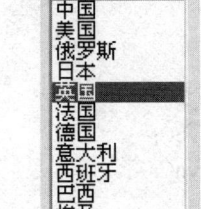
图 6-15　简单组合框

图 6-16　下拉式列表框

思考：当组合框为下拉式列表框类型时，用户能否选择项目列表中所没有的项目？

2．事件

根据类型的不同，组合框控件能够响应的事件也有所不同。所有类型的组合框都能够响应 Click 事件，但是只有简单组合框（Style 的属性值为 1）才能响应 DblClick 事件。此外，下拉式组合框和简单组合框还可以响应 Change 事件。

3. 方法

AddItem、RemoveItem 和 Clear 等方法也同样适用于组合框控件。例如在组合框 Combo1 中添加一个项目"中国"，可以写为：

  Combo1.AddItem "中国"

例如清空组合框 Combo1 中的所有项目，可以写为：

  Combo1.Clear

【例 6.9】演示列表框和组合框的应用。

```
Private Sub Form_Load( )
    With Combo1
        .AddItem "学士"
        .AddItem "硕士"
        .AddItem "博士"
        .Text = ""
    End With

    With Combo2
        .AddItem "男"
        .AddItem "女"
        .Text = ""
    End With

    With List1
        .AddItem "体育"
        .AddItem "音乐"
        .AddItem "美术"
        .AddItem "文学"
        .AddItem "交际"
        .Text = ""
    End With
    Text1.Text = ""
End Sub
Private Sub Command1_Click( )
    Dim s As String, i As Integer
    s = s + "姓名：" + Text1.Text + vbCr
    s = s + "性别：" + Combo2.Text + vbCr
    s = s + "学位：" + Combo1.Text + vbCr
    s = s + "爱好：" + vbCr
    For i = 0 To List2.ListCount - 1           '得到所有的特长
        s = s + List2.List(i) + Space(2)
    Next i
    MsgBox (s)
End Sub
Private Sub List1_DblClick( )
    Dim s As String
```

```
        s = List1.Text                          '从 List1 得到选中的项目
        List2.AddItem s                         '将该项目添加到 List2 中
        List1.RemoveItem List1.ListIndex        '删除已经选中的项目，防止重复选择
    End Sub
    Private Sub List2_DblClick( )
        List2.RemoveItem List2.ListIndex        '删除选中的项目
    End Sub
```

运行程序，结果如图 6-17 所示。

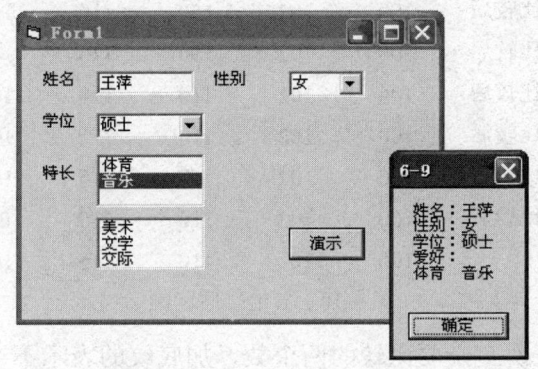

图 6-17　例 6.9 的运行结果

说明：程序运行时，用户可以在组合框的列表框部分选择学生的学位，也可以在文本框部分输入项目列表中未列出的学位。如果用户在"特长"下面的列表框中双击一个项目，则上面的列表框中将自动出现该项目，表示用户选中了某个特长。如果用户在上面的"已选特长"列表框中双击一个项目，则该项目将自动消失，表示用户放弃了对某个特长的选择。

思考：如果只安排一个"特长"列表框，并且把列表框控件的 MultiSelect 属性值设置为 1，即允许多选，此时应如何编写程序，以使得可以显示用户在"特长"列表框中选择的多个项目？

6.9　程序举例

【例 6.10】采用冒泡排序法对 n 个整数按升序排序。

分析：冒泡排序（BubbleSort）的基本概念是：依次比较相邻的两个数，将小数放在前面，大数放在后面。即首先比较第 1 个和第 2 个数，将小数放前，大数放后。然后比较第 2 个数和第 3 个数，将小数放前，大数放后，如此继续，直至比较最后两个数，将小数放前，大数放后。重复以上过程，仍从第 1 对数开始比较（因为可能由于第 2 个数和第 3 个数的交换，使得第 1 个数不再小于第 2 个数），将小数放前，大数放后，一直比较到最大数前的一对相邻数，将小数放前，大数放后，第 2 趟结束，在倒数第 2 个数中得到一个新的最大数。如此下去，直至最终完成排序。

由于在排序过程中总是小数往前放，大数往后放，相当于气泡往上升，所以称为冒泡排序。

算法可以用两层循环实现，外循环变量设为 i，内循环变量设为 j。外循环重复 n-1 次，内循环依次重复 n-1，n-2，…，1 次。每次进行比较的两个元素都是与内循环 j 有关的，它们可以分别用 a[j]和 a[j+1]标识，i 的值依次为 1，2，…，n-1，对于每一个 i，j 的值依次为 1，2，…，n-i。

图 6-18 说明了该算法。

		a(1)	a(2)	a(3)	a(4)	a(5)	
	初始数据	**165**	**100**	102	150	110	
第一次排序	第一次比较后	100	**165**	**102**	150	110	1，2 交换
	第二次比较后	100	102	**165**	**150**	110	2，3 交换
	第三次比较后	100	102	150	**165**	**110**	3，4 交换
	第四次比较后	**100**	**102**	150	110	165	4，5 交换
第二次排序	第一次比较后	100	**102**	**150**	110	165	1，2 不交换
	第二次比较后	100	102	**150**	**110**	165	2，3 不交换
	第三次比较后	**100**	**102**	110	150	165	3，4 交换
第三次排序	第一次比较后	100	**102**	**110**	115	165	1，2 不交换
	第二次比较后	100	102	110	115	165	2，3 不交换
第四次排序	第一次比较后	100	102	110	115	165	1，2 不交换
	最后数据	100	102	110	115	165	

图 6-18 冒泡排序示例

图中加粗标注的是下次交换要比较的两个数，加底纹的表示不在排序范围内。具体代码如下：

```
Private Sub Command1_Click( )
    Dim a(1 To 5) As Integer, i%, j%, t%
    Dim b( ) As Variant
    b = Array(165, 100, 102, 150, 110)
    n = 5
    For i = 1 To n
        a(i) = b(i - 1)
    Next i
    Picture1.Print "输出原数列"
    For i = 1 To n
      Picture1.Print a(i);
    Next i
    Picture1.Print
    '开始排序
    For i = 1 To n - 1
      For j = 1 To n - i
        If a(j) > a(j + 1) Then
            t = a(j)            'a(j)与 a(j+1)交换
            a(j) = a(j + 1)
            a(j + 1) = t
        End If
      Next j
    Next i
    Picture1.Print "输出排序之后的数列"
    For i = 1 To n
        Picture1.Print a(i);
```

```
            Next i
            Picture1.Print
        End Sub
```

运行程序，结果如图 6-19 所示。

说明：程序中为了从 1 开始，将 Array 函数生成的数组 b 逐个复制到 a 中，a 的下标从 1 开始，其实也可以将程序改成从下标 0 开始，具体代码如下：

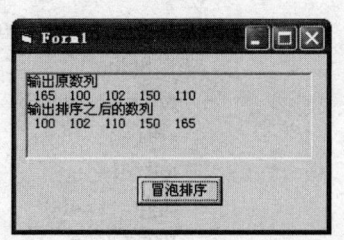

图 6-19 例 6.10 的运行结果

```
        Private Sub Command1_Click( )
            Dim i%, j%, t%
            Dim a( ) As Variant
            a = Array(165, 100, 102, 150, 110)
            n = 5
            Picture1.Print "输出原数列"
            For i = 0 To n - 1
              Picture1.Print a(i);
            Next i
            Picture1.Print
            '开始排序
            For i = 0 To n - 2
              For j = 0 To n - i - 2
                If a(j) > a(j + 1) Then
                    t = a(j)           'a(j)与 a(j+1)交换
                    a(j) = a(j + 1)
                    a(j + 1) = t
                End If
              Next j
            Next i
            Picture1.Print "输出排序之后的数列"
            For i = 0 To n - 1
              Picture1.Print a(i);
            Next i
            Picture1.Print
        End Sub
```

【例 6.11】判断用户输入的文本是否为回文。如果一个文本的逆序与原文完全相同，这样的文本就称为回文，例如"abcba"、"B2B"、"16861"等。

分析：定义一个字符串变量 a，存放输入的文本，利用 Split 函数将其分隔到数组 b 中，用 s 代替 b 的每个元素。其次定义两个指示器 left 和 right，left 初始指示文本的第一个字符，right 初始指示文本的最后一个字符。在循环结构中反复判断 left 和 right 各自指示的字符是否相同，如果不同，显然不是回文；如果相同，则 left 不断加 1 向右移动，而 right 不断减 1 向左移动。

程序代码如下：

```
        Private Sub Command1_Click( )
            Dim a As String, i%, left%, right%, flag As Boolean
            Dim b( ) As String
            Dim s As String
```

```
            a = Trim(Text1.Text)
            b = Split(a)
            For i = LBound(b) To UBound(b)
              s = b(i)
              left = 1
              right = Len(s)
              flag = True
              Do While left < right
                If Mid(s, left, 1) <> Mid(s, right, 1) Then
                    flag = False
                    Exit Do
                End If
                left = left + 1
                right = right - 1
              Loop
              If flag = True Then
                 Picture1.Print s + "是回文"
              Else
                 Picture1.Print s + "不是回文"
              End If
            Next i
        End Sub

        Private Sub Form_Load( )
            Text1.Text = ""
        End Sub
```

运行程序，结果如图 6-20 所示。

说明：第 7 章将介绍判断回文的递归解法。

【例 6.12】编写程序，输出 n 行杨辉三角形。

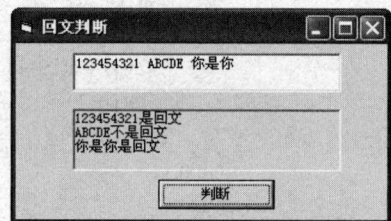

图 6-20 例 6.11 的运行结果

分析：杨辉三角形中的各个元素实际上是二项式$(a+b)^n$的展开式中各项的系数，例如：

$(x+y)^1$ 展开后：$x+y$

$(x+y)^2$ 展开后：$x^2+2xy+y^2$

$(x+y)^3$ 展开后：$x^3+3x^2y+3xy^2+y^3$

$(x+y)^4$ 展开后：$x^4+4x^3y+6x^2y^2+4xy^3+y^4$

将多项式系数排列可以得到下面的图形：

```
    1
    1   1
    1   2   1
    1   3   3   1
    1   4   6   4   1
```

其中第 m 项为：

$$C_n^m = \frac{n!}{m!(n-m)!}$$

杨辉三角形的规律如下：
（1）第一列及对角线元素均为 1。
（2）其他元素为其所在位置的上一行对应列和上一行前一列元素之和，如图 6-21 所示三角形中标注的三个数 4、6、10。

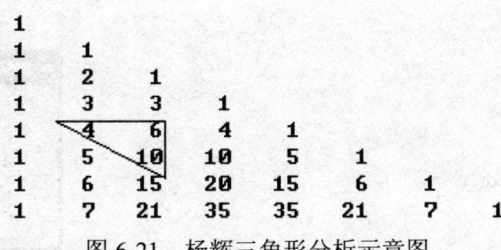

图 6-21　杨辉三角形分析示意图

程序代码如下：

```
Private Sub Command1_Click( )
    Dim a( ) As Integer, n%, i%, j%, k%
    n = 10
    ReDim a(1 To n, 1 To n)
    For i = 1 To n
        a(i, 1) = 1          '第一列元素置为 1
        a(i, i) = 1          '对角线元素置为 1
    Next i

    For i = 3 To n           '从第三行开始
        For j = 2 To i - 1   '从第二列开始，到对角线为止
            a(i, j) = a(i - 1, j - 1) + a(i - 1, j)
        Next j
    Next i

    For i = 1 To n
        k = 0
        For j = 1 To i
            Picture1.Print Tab(k * 6); a(i, j);
            k = k + 1
        Next j
        Picture1.Print
    Next i
End Sub
```

运行程序，结果如图 6-22 所示。

【例 6.13】编写程序删除一个字符串中的所有数字字符。

实现该算法的方法很多，下面是其中较简单的一种：

```
Private Sub Command1_Click( )
    Dim s As String, t As String, i%, j%
```

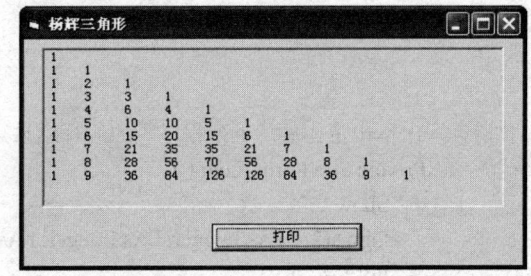

图 6-22　例 6.12 的运行结果

```
        s = Text1.Text
        t = ""
        For i = 1 To Len(s)
            If Not (Mid(s, i, 1) >= "0" And Mid(s, i, 1) <= "9") Then
                t = t + Mid(s, i, 1)
            End If
        Next i
        Picture1.Print t
    End Sub

    Private Sub Form_Load( )
        Text1.Text = ""
    End Sub
```

图 6-23 例 6.13 的运行结果

运行程序，结果如图 6-23 所示。

如果要求不使用中间变量 t，直接在 s 上进行删除操作呢？下面的程序可以做到这一点：

```
    Private Sub Command1_Click( )
        Dim s As String, t As String, i%, j%
        s = Text1.Text
        t = ""
        j = Len(s)
        i = 1
        Do While i <= j
            If Mid(s, i, 1) >= "0" And Mid(s, i, 1) <= "9" Then
                s = Left(s, i - 1) + Right(s, j - i)
                j = Len(s)          '重新计算新串的长度
            Else
                i = i + 1           '非数字字符时才将 i 加 1，使得 i 指向下一个字符
            End If
        Loop
        Picture1.Print s
    End Sub

    Private Sub Form_Load( )
        Text1.Text = ""
    End Sub
```

习题

1. 写出单击窗体后，下列程序段的运行结果。

```
    Private Sub Form_Load( )
        Show
        Dim a(3, 5) As Integer, i As Integer, j As Integer
        For i = 1 To 3
            For j = 1 To 5
                a(i, j) = a(i - 1, j) + j
```

```
            Next j
        Next i
        Print a(3, 4)
    End Sub
```

2. 将一个长度为 10 的数组逆序存储。

3. 完成一个 3×3 矩阵的转置（即行列互换）。

4. 编写程序，求下列矩阵各行元素之和及各列元素之和。

    1 2 3 4 5
    2 3 4 5 6
    3 4 5 6 7
    4 5 6 7 8

5. 把两个已按升序排列的数列合并为一个新数列，该数列仍按升序排列。例如数列 a 是[1,3,6,7,9]，数列 b 是[2,4,5,8,10]，合并之后的新数列是[1,2,3,4,5,6,7,8,9,10]。

6. 把一个数插入到一个已按升序排列的数列 a 中，并使该数列仍按升序排列。例如数列 a 是[1,3,6,8,9,10]，要插入的数是 4，合并之后的新数列是[1,3,4,6,8,9,10]。

7. 某班有学生 60 人，学习语文、数学、英语和计算机 4 门课程。输入所有学生各门课程的成绩，输出单科成绩的最高分以及该班每门课的平均成绩。

第 7 章 过程

本章导读

在程序设计中，通常将一个较大的工程项目根据其中不同的功能划分成若干个功能模块，在 VB 中将这些功能模块称为过程。使用过程可实现模块化的设计思想，调试程序方便，有利于程序代码的共享。在程序设计中经常会有重复的部分，所以将它做成一个过程，在使用时进行调用，将大大提高代码的可重用性，简化了编程任务。同时使用过程可以更容易地检查代码中的错误，因为将大的程序分成相对独立的子程序，可以对每一个子程序分别进行检查。本章主要讲解过程的相关知识，包括子过程和函数过程的定义与调用、参数传递方式以及作用域等。此外还介绍了滚动条控件、直线控件和形状控件。

本章要点

- 子过程、函数过程及事件过程的定义与调用
- 参数传递的三种方式及运用
- 嵌套调用及递归调用的运用
- 变量的作用域及生存期
- 滚动条控件、直线控件和形状控件的使用

7.1 概述

考虑这样一个问题：输入 a、b、c 三个数的值，计算 S=a!+b!+c!。如果使用循环结构完成，可能会考虑使用 3 个循环结构来分别计算每一个阶乘的值，然后再相加求出总和 S 的值。其实这 3 个循环结构的算法相同，只是乘数的终点不同而已，因此可以考虑将求阶乘的算法写成一个相对独立的功能模块，在此例中调用该模块 3 次，求出各个阶乘的值，最后相加得到总和。使用这种功能模块可以减少重复代码，这种模块可以重复调用，因此提高了编程效率，使程序规范化，减少出错。

在 VB 程序设计中，为这种相对独立的功能模块编写的一段程序代码就称为过程。在 VB 中常用的过程有以下 4 种：

- 子过程（Sub 过程）
- 函数过程（Function 过程）
- 事件过程
- 属性过程

本章将介绍 3 种过程：子过程、函数过程和事件过程。

7.2　子过程

7.2.1　子过程的定义

可以被其他程序或主程序调用，并且可以完成特定功能的一段程序为子过程，它是以 Sub 关键字开头的，因此也称为 Sub 过程。

子过程由过程头部和过程体组成，过程头部应该有过程名，一般还应该有参数表，在过程体中书写语句。子过程的定义形式如下：

　　[Public | Private] Sub　子过程名([参数列表])
　　　　变量定义语句
　　　　 执行语句
　　　　[Exit Sub]
　　End Sub

说明：（1）Sub 和 End Sub 是一个子过程的开始与结束标志。

（2）Public 或 Private 表示子过程是"全局"的还是"局部"的，决定了这个子过程的作用域，使用 Private，其所在的窗体或模块中的程序可以调用该过程。Public 过程可在整个程序范围内被调用。一般默认子过程都为 Public。

（3）子过程名的命名规则同变量名命名规则。

（4）此时参数表中的参数称为形参，若有多个形参，各个参数之间用逗号分隔，一般表示形参的类型、个数、位置，只能是简单变量、数组名、自定义类型，不能是常量、数组元素、表达式。形参定义时是无值的，只有在过程被调用时才获得相应的值。

（5）子过程在调用时不返回值。

（6）Exit Sub 表示退出过程，返回到调用过程的主程序的下一个语句继续执行。如果在运行子过程时需要提前退出，则可以使用 Exit Sub 语句。

【例 7.1】根据子过程的定义格式设计子过程 min。

　　　Sub min(a As Single, b As Single , c As Single)
　　　　　If a<b Then
　　　　　　　c=a
　　　　　Else
　　　　　　　c=b
　　　　　End If
　　　End Sub

这是一个简单的 Sub 子过程，它有三个单精度的参数 a、b、c，参数的值由调用程序传过来，然后在子过程中比较大小，将较小的值赋给 c。

创建子过程有两种方法。第 1 种方法是在代码窗口中，按照上面的子过程语法格式输入相应代码。第 2 种方法是使用"添加过程"对话框，在"工具"菜单中选择"添加过程"命令，弹出"添加过程"对话框。在"名称"文本框内输入过程名，在"类型"组中选中"子程序"单选按钮，在"范围"组中选择"公有的"或"私有的"单选按钮，以确定过程的作用域，如图 7-1 所示。单击"添加过程"对话框中的"确定"按钮，就会在代码窗口中生成过程的框架。

提示：在定义过程中，注意不能嵌套定义过程，即在一个过程的过程体中不能定义另一个过程。

7.2.2 子过程的调用

过程创建完成后，就可以在其他程序中调用了，可以用两种方法来实现子过程的调用：

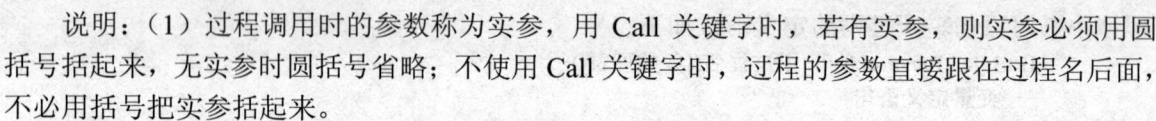

图 7-1 "添加过程"对话框

方法一：**Call 过程名[(参数列表)]**

方法二：过程名 **[参数列表]**

说明：（1）过程调用时的参数称为实参，用 Call 关键字时，若有实参，则实参必须用圆括号括起来，无实参时圆括号省略；不使用 Call 关键字时，过程的参数直接跟在过程名后面，不必用括号把实参括起来。

对于例 7.1，子过程 min 调用时可以使用：

  Call min(x,y,z)

或

  min x,y,z

（2）在调用过程的语句中，实参的个数、类型以及前后次序需要和被调用过程的形参一致，有多个参数时，用逗号分隔。

（3）在调用过程中，由实参将数据传递给相应的形参。形参在过程被调用时才被分配内存空间。

【**例 7.2**】计算 S=a!+ b!+ c!。

分析：在窗体中安排 4 个文本框控件，文本框 Text1～Text3 分别接收用户输入的 a、b、c 的值，文本框 Text4 用于显示最终的和值。定义一个子过程求 n!，该过程可以取名为 fac。在 fac 的过程体中利用循环结构完成阶乘的计算，由于子过程无返回值，所以阶乘的和值计算出来之后直接显示在文本框 Text2 中。

```
Dim m                           'm 窗体变量，在一个窗体的各个过程中都能使用
Private Sub Command1_Click( )
    Dim a As Integer, b As Integer, c As Integer, s As Long
    S=0
    m=0
    a = Val(Text1.Text)
    b = Val(Text2.Text)
    c = Val(Text3.Text)
    Call fac(a)                 '调用子过程
    s=s+m
    Call fac(b)
    s=s+m
    Call fac(c)
    Text4.Text=s+m
End Sub

Private Sub fac(n)              '定义子过程
```

```
            Dim i As Integer
            m = 1
            For i = 1 To n
                m = m * i
            Next i
        End Sub
        Private Sub Command2_Click( )
            End
        End Sub
```
运行程序,结果如图 7-2 所示。

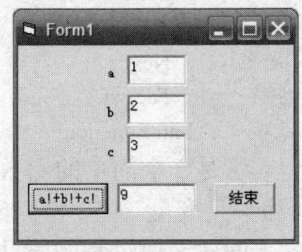

图 7-2 例 7.2 的运行结果

提示:在 Command1 的 Click 事件过程中,安排了一条调用子过程 fac 的语句。在程序运行时,用户一旦单击"a!+b!+c!"按钮,就会执行相应的事件过程 Command1_Click,然后由事件过程调用子过程 fac 计算相应值的阶乘,并利用窗体变量 m 求得三个阶乘的和。

7.3 函数过程

7.3.1 函数过程的定义

函数过程是过程的另一种形式,它在执行完毕之后会产生一个返回值。函数过程可使用赋值语句将函数过程中的运算结果直接返回调用语句处,这样使程序结构更加合理。函数过程的定义形式如下:

[Public | Private] Function 过程名([形参列表]) [As 类型]
  <语句组 1>
  [函数名=返回值]
  [Exit Function]
  <语句组 2>
  [函数名=返回值]
End Function

说明:(1)函数过程定义的关键字是 Function,Function 和 End Function 是一个函数过程的开始与结束标志。

(2)[Public|Private] 默认为 Public。

(3)[As 类型]是指函数过程的类型,即返回值的类型。如果没有进行类型说明,则系统默认该函数过程的返回值类型为变体型(Variant)。

(4)在函数体内,函数名可以当变量使用,函数返回值就是通过对函数名的赋值语句来实现的,在函数过程中至少要对函数名赋值一次。如果在过程体中没有对函数名赋值的语句,则该函数过程会返回一个默认值。数值型函数过程的默认返回值是 0,字符型函数过程的默认返回值是空串("")。

(5)当程序执行到 End Function 时,就会从该函数过程退出,并返回到主调过程。如果在运行函数过程时需要提前退出,则可以使用 Exit Function 语句。

【例 7.3】编程实现计算整数 n!的函数过程,程序代码如下:
```
Function Fac(n As Integer) As Long
    Dim i As Integer, t As Long
```

```
            t = 1
            For i = 1 To n
                    t = t * i
            Next i
            Fac = t
        End Function
```

这是一个简单的函数过程,函数名为 Fac,返回值为 t 的值,返回值类型为长整型,参数 n 为整型变量。

创建函数过程的方法与子过程基本相同。可以在"代码编辑器"窗口中直接输入代码来创建函数过程,如果使用"添加过程"对话框创建函数过程,则在"类型"组中应选中"函数"单选按钮。

7.3.2 函数过程的调用

函数过程的调用形式与内部函数相同,即在表达式中写出它的名称和相应的实参,由于函数过程有返回值,因此一般将函数过程的调用作为赋值语句的一部分,如下所示:

  变量=函数过程名([实参列表])

说明:(1)必须给参数加上括号,即使没有参数也不能省略括号。

(2)实参个数必须与形参个数相同,位置与类型一一对应。可以是同类型的常量、变量、表达式。

(3)函数调用作为表达式,出现在赋值语句的右侧。执行这条赋值语句时,先对函数过程进行调用,然后把过程的返回值带回来并赋给某个变量,从而使主调过程获得这个返回值。

【**例 7.4**】计算 n!。

分析:定义一个求 n! 的函数过程,也取名为 fac。该过程同样需要一个整型的形参,用于接收 n 的值。显然 fac 需要返回阶乘的值,其类型是 Long。调用函数过程之后,在事件过程中输出 n 的阶乘值。

```
        Private Sub Command1_Click( )
            Dim s As Long, n As Integer
            n = Val(Text1.Text)
            s = fac(n)                          '调用函数过程,得到返回值
            Text2.Text = Str(s)
        End Sub
        Private Function fac(ByVal n As Integer) As Long    '定义函数过程
            Dim s As Long, i As Integer
            s = 1
            For i = 1 To n
                    s = s * i
            Next i
            fac = s                             '确定函数过程的返回值
        End Function
        Private Sub Command2_Click( )
            End
        End Sub
```

程序运行结果如图 7-3 所示。

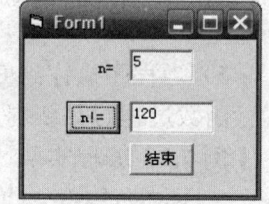

图 7-3 例 7.4 的运行结果

提示：函数过程与子过程的区别如下：

①函数过程名有值有类型，在函数体内至少赋值一次；子过程名无值无类型，在子过程体内不能对子过程名赋值。

②调用时，子过程调用是一句独立的语句；函数过程不能作为单独的语句加以调用，必须参与表达式运算。

③一般当过程有一个函数值时，使用函数过程较直观；反之，若过程无返回值或有多个返回值，则使用子过程较直观。

【例 7.5】使用函数过程求任意两个整数的最大公约数，在命令按钮的单击事件中调用该过程。

分析：使用 Text1 和 Text2 分别接收输入的两个整数，将结果显示在 Text3 上，在 "计算" 按钮的单击事件中调用求最大公约数的函数。

```
Private function gys(byval a as integer, byval b as integer)
    Dim c as integer
    C=a MOD b
    Do while c<>0
        a=b
        b=c
        c=a MOD b
    Loop
    Gys=b                       '赋值语句给出函数值
End function
Private Sub Command1_Click( )
    Dim m as integer, n as integer, max as long
    m=text1.text
    n=text2.text
    max=gys(m,n)                '调用函数
    Text3.text=str(max)
End Sub
```

运行程序，结果如图 7-4 所示。

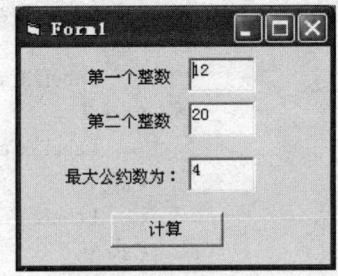

图 7-4 例 7.5 的运行结果

7.4 事件过程

当用户对一个对象发出动作时会产生一个事件，然后自动调用与该事件有关的事件过程。事件过程就是在响应事件时执行的程序段，如 Click( ) 事件过程。事件过程通常与某个窗体或者控件相关联，当事件发生时被自动调用，如图 7-5 所示。事件过程的语法与子过程非常相似，其定义形式如下：

Private Sub 对象名_事件名([形参列表])
　　变量定义语句
　　执行语句
End Sub

说明：（1）事件过程的名字由对象名、下划线 "_"

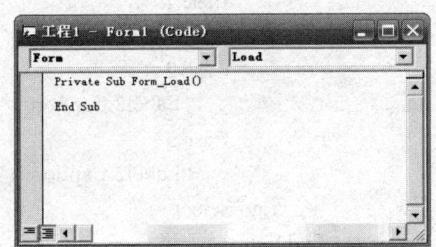

图 7-5 生成事件过程的框架

和事件名组成，对象可以是窗体或者控件。例如窗体双击事件的事件过程名是 Form_DblClick。

（2）虽然可以由用户输入首行的事件过程名，但使用系统提供的框架会更方便，模板自动将正确的过程名包括进来，可以从"对象"列表框中选择一个对象，从"过程"列表框中选择一个过程，系统会在"代码编辑器"窗口中生成该对象所选事件的过程框架，事件过程的具体语句则由设计者自己来添加。

【例 7.6】根据输入的年份查询生肖。

分析：在窗体上创建两个命令按钮：Command1 和 Command2，分别对应"生肖"和"退出"，为命令按钮 Command1 编写单击事件过程 Command1_Click，用于输入判断年份，将年份值除以 12 的余数赋给 Name，采用 Select Case 语句对 Name 的值进行判断，然后输出相应的生肖值，命令按钮 Command2 的单击事件过程 Command2_Click 用于退出程序。

```
Private Sub Command1_Click( )
    Dim Year As Integer
    Dim Name As Integer
    Year = Val(InputBox("请输入出生年份：", "生肖查询"))
    Label1.Caption = "您是" & Str(Year) + "年出生的，生肖为："
    Name = Year Mod 12
    Select Case Name
        Case 4
            Label2.Caption = "鼠"
        Case 5
            Label2.Caption = "牛"
        Case 6
            Label2.Caption = "虎"
        Case 7
            Label2.Caption = "兔"
        Case 8
            Label2.Caption = "龙"
        Case 9
            Label2.Caption = "蛇"
        Case 10
            Label2.Caption = "马"
        Case 11
            Label2.Caption = "羊"
        Case 0
            Label2.Caption = "猴"
        Case 1
            Label2.Caption = "鸡"
        Case 2
            Label2.Caption = "狗"
        Case 3
            Label2.Caption = "猪"
    End Select
End Sub
Private Sub Command2_Click( )
```

End
End Sub

运行程序，结果如图 7-6 所示。

图 7-6　例 7.6 的运行结果

7.5　参数传递的方式

在 VB 中，将在 Sub 和 Function 过程的定义中出现的变量参数叫形式参数，简称形参；在调用 Sub 和 Function 过程时传递给 Sub 和 Function 过程的常量、变量、表达式或数组叫实际参数，简称实参，在调用一个过程时，一般主调过程和被调过程之间有数据传递，即将主调过程的实参（调用时已有确定值和内存地址的参数）传递给被调过程的形参，完成实参和形参的结合，然后执行被调过程体。VB 语言的参数传递有传值、传引用和传数组三种方式，其中传数组方式可以归结为传引用方式的一种特例。

7.5.1　传值

用 ByVal 对形参进行声明，则表示该参数在调用时采用传值方式，即调用时把实参的值从左至右一一传递给各个形参，如图 7-7 所示。传值就是将实参的值传递给形参，在调用过程时，将实参的值复制给形参，这样形参和实参在内存中不同的存储单元中，如果在程序执行过程中形参的值改变了，不会影响主调程序中的实参的值。当子过程结束后返回调用它的过程后，实参的值还是调用前的值，因此这种传递是单向的，形参的值发生变化对实参毫无影响。

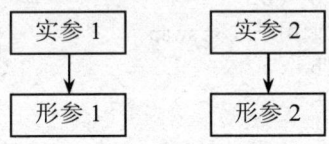

图 7-7　传值调用

【例 7.7】定义一个按值传递参数的子过程并调用它。

```
Sub pro1(ByVal a As Integer, ByVal b As Integer, ByVal c As Integer)
    Print
    Print "子过程中运算前变量的值 a，b，c： "; a; b; c
    a=10
    b=5
    c=a*b
    Print
    Print "子过程中运算后变量的值 a，b，c： "; a; b; c
End sub
```

```
Private Sub Form_Click( )
    Dim x As Integer, y As Integer, z As Integer
    x=3
    y=4
    z=20
    Print"主程序调用前变量的值 x, y, z: "; x; y; z
    Call pro1(x,y,z)
    Print
    Print "主程序调用后变量的值 x, y, z: "; x; y; z
End sub
```

运行程序,结果如图 7-8 所示。

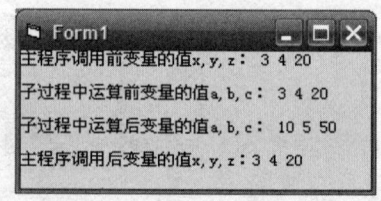

图 7-8 例 7.7 的运行结果

可以看出在主程序调用前 x、y、z 的值为最初赋值的 3、4、20,当调用 pro1 函数过程后,将实参值的 3、4、20 传递给形参 a、b、c,因此子过程中运算前变量 a、b、c 的值分别为 3、4、20。

随着下面的赋值语句,a、b 被重新赋值为 10、5,c 为 x 和 y 的积,所以在子过程中运算后变量 a、b、c 的值分别为 10、5、50。pro1 过程调用结束后回到原来的主程序,形参内存单元被释放,主程序中的 x、y、z 的值仍为原来的内存单元中的值 3、4、20,所以主程序调用后变量 x、y、z 的值分别为 3、4、20。

【例 7.8】使用值传递来交换两个整型变量的值。

分析:定义一个子过程,取名为 swap。显然 swap 需要两个整型形参 a 和 b,用于接收被交换的数据。用 ByVal 对形参 a 和 b 进行声明,由事件过程调用 swap,在子过程中完成数据的交换。

```
Private Sub Command1_Click( )
    Dim a%, b%
    a = Val(Text1.Text)
    b = Val(Text2.Text)
    Print"按值传递"
    Print"两数交换前:a=";a; "b="; b
    Call swap(a, b)              '调用子过程 swap
    Print"两数交换后:a=";a; "b="; b
End Sub

Sub swap(ByVal a As Integer, ByVal b As Integer)     '传值方式
    Dim t As Integer
    t = a
    a = b
    b = t
End Sub
```

运行程序,结果如图 7-9 所示。

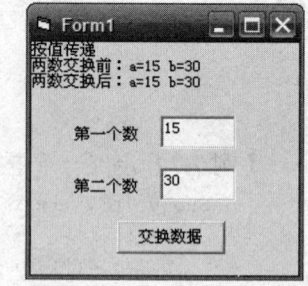

图 7-9 例 7.8 的运行结果

提示:调用按值传递的 swap 过程不能交换两个变量的数值,在调用 swap 过程时采用传值方式,把事件过程中的 a 和 b 作为实参,分别传给了 swap 过程的形参 a 和 b。在执行 swap 过程时,形参 a 和 b 的值也确实发生了交换,但是由于采用的是传值方式,实参和形参使用不同的存储单元,实参的值复制给形参后,实参和形参就没有联系了,参数传递是单向的,因此

传递过程中对形参的任何操作都不会影响到实参,所以事件过程中实参a和b的值并没有交换。本例的值传递过程如图7-10所示。

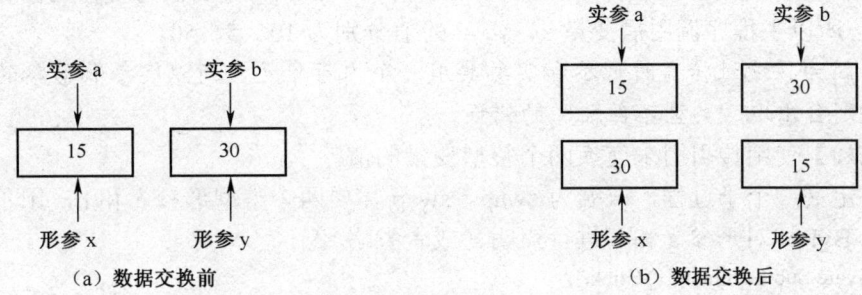

图 7-10　按值传递参数示意图

7.5.2　传引用

用 ByRef 对形参进行声明,则表示该参数在调用时采用传引用方式,这是默认的参数传递方式。传引用指的是调用过程语句执行时,将实参的地址传给了形参,形参和实参实际上使用的是同一个存储单元。所以传引用方式与传值方式最大的区别在于,传引用调用时形参的值若发生变化,会使实参的值也同步发生变化。

【例 7.9】定义一个按地址传递参数的子过程并调用它。

```
Sub pro2(ByRef a As Integer, ByRef b As Integer, ByRef c As Integer)
    Print
    Print "子过程中运算前变量的值a，b，c："; a; b; c
    a=10
    b-5
    c=a*b
    Print
    Print "子过程中运算后变量的值a，b，c："; a; b; c
End sub
Private Sub Form_Click( )
    Dim x As Integer, y As Integer, z As Integer
    x=3
    y=4
    z=20
    Print "主程序调用前变量的值 x，y，z："; x; y; z
    Call pro2(x,y,z)
    Print
    Print "主程序调用后变量的值 x，y，z："; x; y; z
End sub
```

运行程序,结果如图7-11所示。

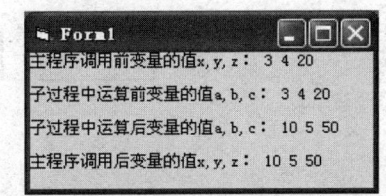

图 7-11　例 7.9 的运行结果

可以看出在主程序调用前 x、y、z 的值为最初赋值的 3、4、20,当调用 pro2 函数过程后,将实参的地址传递给形参 a、b、c,a、b、c 与 x、y、z 分别共用相同的内存单元,所以 a、b、c 的值也为 3、4、20,因此子过程中运算前变量 a、b、c 的值分别为 3、4、20。

随着下面的赋值语句，a、b 被重新赋值为 10、5，c 为 x 和 y 的积，所以子过程中运算后变量 a、b、c 的值分别为 10、5、50。pro 过程调用结束后回到原来的主程序，由于 a、b、c 与 x、y、z 分别共用相同的内存单元，所以主程序中的 x、y、z 的值为现在的内存单元中的值 10、5、50，所以主程序调用后变量 x、y、z 的值分别为 10、5、50。

提示：因为按地址传递时形参和实参共用一个内存单元，所以实参和形参的数据类型必须一致，否则会出现"类型不匹配"的错误。

【例 7.10】 使用传引用来交换两个整型变量的值。

分析：定义一个子过程，取名为 swap。swap 需要两个整型形参 a 和 b，用于接收被交换的数据。用 ByRef 对形参 a 和 b 进行声明（或者省略）。

```
Private Sub Command1_Click( )
    Dim a%, b%
    a = Val(Text1.Text)
    b = Val(Text2.Text)
    Print"按地址传递"
    Print"两数交换前：a=";a;"b="; b
    Call swap(a, b)                      '调用子过程 swap
    Print"两数交换后：a=";a; "b="; b
End Sub
Sub swap( a As Integer,    b As Integer)    '传引用，地址传递方式
    Dim t As Integer
    t = a
    a = b
    b = t
End Sub
```

运行程序，结果如图 7-12 所示。

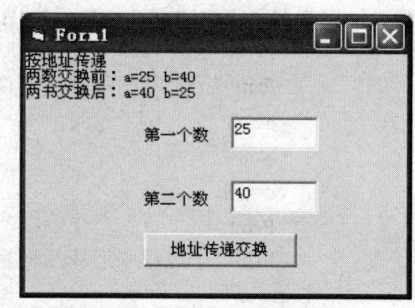

提示：与例 7.8 相比，按地址传递的传引用方式可以实现两个数的交换，根据图 7-13 可以看出，传引用时是按照地址传递参数的，实参和形参实际上使用相同的存储单元，传递过程中任何对形参的操作就是对实参的操作，所以最后实参的数据发生了变化。

图 7-12　例 7.10 的运行结果

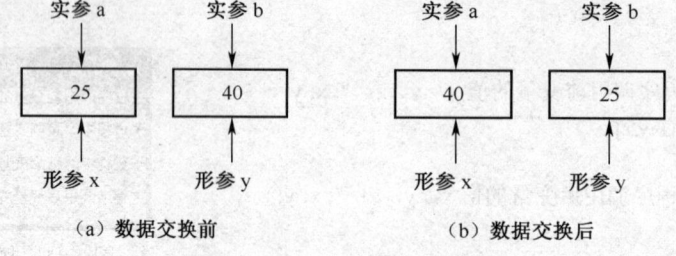

图 7-13　按地址传递参数示意图

7.5.3　传数组

VB 允许将数组作为实参传送到过程中，实现对一组数据的处理。语法格式如下：

...
过程调用语句(数组名)
...
Private | Public Sub 过程名(数组名( )As 数据类型)

说明：（1）声明数组参数时，由于无法预知数组的长度，所以可以设置一个动态数组，如 a( )，不必声明长度。

（2）调用过程时，将要传递的数组名放在实参表中，数组名后面可以不跟圆括号和下标。

（3）传数组方式本质上是传引用方式的特例，发生过程调用时，把数组名作为实参传递给形参数组，使得形参数组和实参数组的起始地址相同。由于两个数组的类型也完全相同，导致这两个数组各自的元素在内存共占同一段空间。

（4）对于每一次过程调用，可以调用 LBound 函数，得到形参数组的下界；调用 UBound 函数，得到形参数组的上界。

【例 7.11】使用数组作参数。

```
Private Sub Command1_Click( )
    Dim a(10) As Integer                            '声明一个整型数组
    a(1) = 1: a(2) = 2: a(3) = 3: a(4) = 4: a(5) = 5    '给数组元素赋值
    a(6) = 6: a(7) = 7: a(8) = 8: a(9) = 9: a(10) = 10
    Text1.Text = Sum( a)
    '数组作参数，计算数组元素之和
End Sub
Private Function Sum(a( ) As Integer) As Integer    'a 为数组参数
    Dim i As Integer
    Sum = 0
    For i = LBound(a) To UBound(a)                  '求数组的下界和上界
        Sum = Sum + a(i)
    Next
End Function
```

【例 7.12】利用数组参数求数组和。

分析：调用子过程 bb( )，实参和形参均为数组，将要传递的数组名 a 放在实参表中。

```
Dim s                                               '窗体变量，可在两个过程中有效
Private Sub Command1_Click( )
    Dim a(10)
    For i=1 To 10
        a(i)=i
    Next i
    Call bb(a)
    Print s
End sub
Sub bb(c)
    S=0
    For i=1 To 10
        s=s+c(i)
    Next i
End Sub
```

运行程序，结果如图 7-14 所示。

图 7-14　例 7.12 的运行结果

7.6 嵌套调用与递归调用

VB 语言规定，过程的定义不能嵌套，过程的调用可以嵌套。递归调用是一种既有趣又实用的过程调用形式，它是嵌套调用的特例。

7.6.1 嵌套调用

在程序中调用一个子过程，而在子过程中又调用另外的子过程，称为嵌套调用，也就是主程序可以调用子过程，在子过程中还可以调用另外的子过程。

过程 A 在执行时调用了过程 B，过程 B 在执行时又调用了过程 C，这种现象称为嵌套调用。要深刻理解过程的嵌套调用，关键是要弄清嵌套调用时程序执行的流程。在执行过程 A 时，遇到调用过程 B 的语句，此时系统会暂停过程 A 的执行，转去执行过程 B；在执行过程 B 时，遇到调用过程 C 的语句，系统同样会暂停过程 B 的执行，转去执行过程 C。一旦过程 C 执行完毕，就返回到调用处，即回到过程 B，接着从调用过程 C 的语句之后继续执行过程 B 的代码。一旦过程 B 执行完毕，就返回到调用处，即回到过程 A，同样再从调用过程 B 的语句之后继续执行过程 A 的代码。嵌套调用的执行过程如图 7-15 所示，嵌套调用的执行特点可以总结为一句话：层层调用，逐级返回。

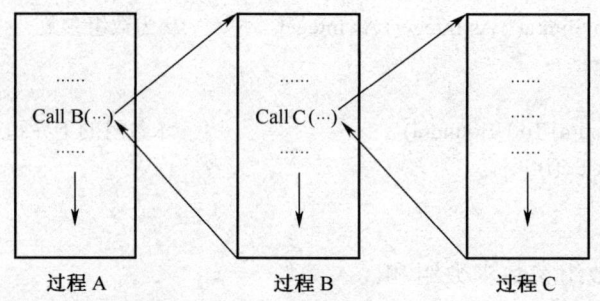

图 7-15　嵌套调用的执行过程

【例 7.13】 对三个整型变量按降序排序。

分析：除了定义子过程 swap 之外，再定义一个子过程 sort。sort 显然有三个整型形参，采用选择排序法对这三个整型变量排序。这些子过程的形参均设置为传引用方式。

先将 Label3 的 Caption 属性值设置为 "排序前"。

```
Private Sub Command1_Click( )
    Dim a%, b%, c%
    a = Val(Text1.Text)
    b = Val(Text2.Text)
    c = Val(Text3.Text)
    Call sort(a, b, c)                          '调用子过程 sort
    Label3.Caption = "排序后"
    Text1.Text = a
    Text2.Text = b
```

```
            Text3.Text = c
        End Sub
        Private Sub Command2_Click( )
            End
        End Sub
        Sub sort(a As Integer, b As Integer, c As Integer)
            If a < b Then
                Call swap(a, b)                              '调用子过程 swap
            End If
            If a < c Then
                Call swap(a, c)                              '调用子过程 swap
            End If
            If b < c Then
                Call swap(b, c)                              '调用子过程 swap
            End If
        End Sub
        Sub swap(a As Integer, b As Integer)
            Dim t As Integer
            t = a
            a = b
            b = t
        End Sub
```

运行程序，结果如图 7-16 所示。

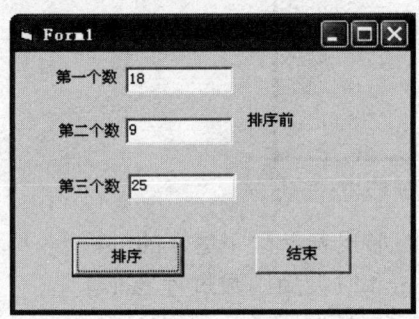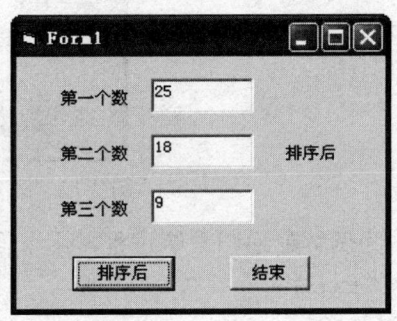

图 7-16 例 7.13 的运行结果

提示：这是一个典型的过程嵌套调用的例子，事件过程调用子过程 sort 完成排序任务，而子过程 sort 在进行排序工作期间，调用子过程 swap 完成交换任务。主调过程并不关心被调过程如何实现，只需要了解被调过程的接口，知道向被调过程传递哪些数据即可。

7.6.2 递归调用

用自身的结构来描述自身就称为"递归"。例如对阶乘的定义：
n! = n * (n−1)!
(n−1)! = (n−1) * (n−2)!

在过程体内出现直接或间接调用自身的语句，即过程在执行期间又调用自己，称为递归调用。下面举例说明过程的递归调用。

【例7.14】通过递归调用求 n!。

分析：定义一个函数过程 fac 求 n!，在 fac 函数的过程体中调用自身，完成阶乘的计算。

```
Private Sub Command1_Click( )
    Dim s As Long, n As Integer
    n = Val(Text1.Text)
    Text2.Text = fac(n)
End Sub
Private Function fac(ByVal n As Integer) As Long      '定义函数过程
    Dim s As Long, i As Integer
    If n = 1 Then
        s = 1
    Else
        s = n * fac(n - 1)                            '递归调用
    End If
    fac = s                                           '确定函数过程的返回值
End Function
Private Sub Command2_Click( )
    End
End Sub
```

运行程序，结果如图 7-17 所示。

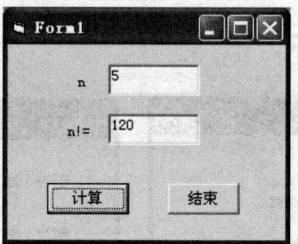

图 7-17　例 7.14 的运行结果

以计算 4!为例解释递归求解过程，用下面的形式表示程序运行的过程。

（1） s =4* fac(3)　　　　　　　　　'n=4 时调用函数过程 fac(4)
（2） s=3*fac(2)　　　　　　　　　'n=3 时调用函数过程 fac(3)
（3） s=2*fac(1)　　　　　　　　　'n=2 时调用函数过程 fac(2)
（4） s=1= fac(1)　　　　　　　　　'n=1 时调用函数过程 fac(1)
（5） s=2*fac(1)=2　　　　　　　　'回归，n=2 求出 fac(2)的值
（6） s=3*fac(2)=6　　　　　　　　'回归，n=3 求出 fac(3)的值
（7） s=4*fac(3)=24　　　　　　　 '回归，n=4 求出 fac(4)的值

递归调用有两个阶段：第一个阶段是递推，示例中（1）～（4）为递推，具体为 fac(4)调用 fac(3)，fac(3)调用 fac(2)，fac(2)调用 fac(1)，不断地向下递推调用，最后调用到 fac(1)时才终止；第二个阶段是回归，示例中（5）～（7）为回归，即从 fac(1)返回 1 开始，fac(2)返回 2，fac(3)返回 6，最后 fac(4)向事件过程返回 24。例 7.14 的流程示意如图 7-18 所示。

由上面的例子可以发现递归求解有两个条件：

（1）递归的表达形式，即能用递归形式表示，并且递归向结束条件发展。在本例中，递

归表达形式是 n!=n×(n-1)!。

（2）递归终止条件，即使递归调用最终结束的条件，如果没有这个条件，将出现无限递归的情况。在本例中，递归终止条件是 1!=1。

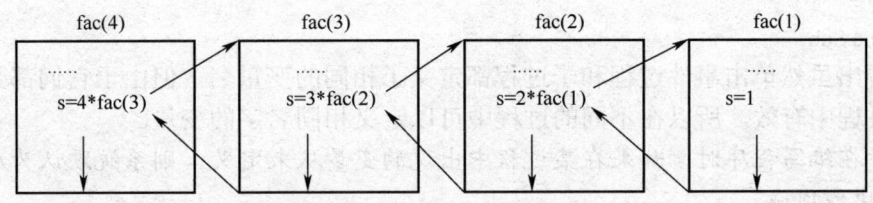

图 7-18　计算 4! 的递归过程

【例 7.15】利用递归求 10 和 4 的最大公约数。

分析：写出递归的表达式。

$$\gcd(m,n) = \begin{cases} n & m \bmod n = 0 \\ \gcd(n, m \bmod n) & m \bmod n \neq 0 \end{cases}$$

程序代码如下：

```
Public Function gcd (m As Integer, n As Integer) As Integer
    If (m Mod n) = 0 Then
        gcd = n
    Else
        gcd = gcd(n, m Mod n)
    End If
End Function
Private Sub Form_Click( )
    Print gcd(10, 4)
End Sub
```

7.7　作用域与生存期

从作用域来说，变量和对象等实体有作用范围，变量只在其使用范围内有效。从作用时间来说，变量和对象等实体有生存周期。

7.7.1　作用域

作用域是指变量和对象等实体在程序中能够被识别的范围，例如只有位于变量的作用域中，才能允许访问该变量。VB 中各种实体的作用域由小到大可以划分为 3 个层次：局部作用域、模块作用域和全局作用域。

1. 局部作用域

VB 语言规定，在过程内部定义的变量称为局部变量，又称为过程变量。局部变量使用 Dim 或 Static 关键字声明，局部变量的作用域是定义它的过程，只有在本过程的内部才能使用局部变量，在此过程之外是不能使用这些变量的。例如：

```
Private Sub Command1_Click( )              '事件过程 Command1_Click
    Dim m As Integer , n As Integer        '局部变量 m 和 n
```

```
        …
    End Sub
    Private Sub fac( )                      '子过程 fac
        Dim m As Integer , n As Integer     '局部变量 m 和 n
        …
    End Sub
```

可以看出虽然单击事件过程和子过程都定义了相同的变量名，但由于它们都是局部变量，只在各自过程中有效，所以在不同的过程中可以定义相同名字的变量。

提示：在编写程序时，如果在某过程中出现的变量从未定义，则系统默认为局部变量。

2. 模块作用域

一个程序可以包含若干个模块，一个模块又可以包含若干个过程。在模块的所有过程之外即通用段用 Dim 或 Private 定义的变量称为模块变量。在窗体模块中定义的模块变量又称为窗体变量。模块变量的作用域是定义它的模块，可以被本模块中的所有过程共同使用。为了与局部变量区分，一般使用 Private。例如：

```
    Private m As Integer                    '声明模块变量 m
    Private Sub Command1_Click( )
        …
        Print m                             '访问模块变量 m
    End Sub
    Private Sub fac( )
        m= m + 1                            '访问模块变量 m
        …
    End Sub
```

提示：如果希望在整个模块的多个过程中使用同一变量，就必须将其声明为模块级变量，模块变量的定义应该在模块的过程定义之前。

使用窗体级变量，必须先声明，方法是在程序代码窗口的"对象"框中选择"通用"，在"过程"框中选择"声明"，然后定义变量；也可以在代码窗口的最上方添加一空行后直接定义变量。

3. 全局作用域

在标准模块或者窗体模块的所有过程之外即通用段用 Public 定义的变量称为全局变量。全局变量的作用域是定义它的程序，可以被整个工程的所有窗体或模块共同使用。

说明：（1）在标准模块中定义的全局变量，可以在程序的所有模块中直接使用。如果在不同的标准模块中定义了相同名字的全局变量，则使用时必须指出所在的标准模块名。例如，在标准模块 Module1 和 Module2 中都定义了全局变量 a，则使用时应写为 Module1.a 和 Module2.a。

（2）在窗体模块中定义的全局变量，在程序的模块中使用时必须指出所在的窗体名。例如，在窗体模块 Form1 中定义了全局变量 a，则使用时应写为 Form1.a。

（3）如果具有较大作用域的变量与具有较小作用域的变量同名，当在较小作用域内访问该同名变量时，访问的是具有较小作用域的变量。即在局部变量的作用域内，同名的作用域较大的变量就不再起作用了。

（4）在定义变量时，如果没有特殊需要，尽量不要定义全局变量，原因是全局变量在整个工程的所有窗体内均有效，这样有时会带来意想不到的混乱。在设计程序时，变量的作用域应以够用为准，如能够用局部变量解决的问题，就不必使用窗体级变量，更不要使用全局变量。

7.7.2 生存期

生存期是指实体在程序运行过程中的生命周期。例如过程内部有一个变量，当程序运行进入该过程时，系统将为该变量分配一定的内存单元，一旦程序退出该过程，变量占有的内存单元是否释放就取决于该变量的生存期。如果变量的生命周期结束，则该变量将会消亡，并由系统自动回收其所占据的内存等资源。

1. 动态变量

动态变量是指在程序执行的某一时期，被动态地创建而又动态地撤消的一种变量。在程序进入其所在过程时，系统才为该动态变量分配内存单元，在退出过程时，系统就会自动撤消分配给这些变量的存储空间。使用 Dim 在过程中声明的局部变量属于动态变量。

【例 7.16】动态变量的使用。

```
Private Sub Command1_Click( )
    Dim i As Integer                    '定义局部变量 i
    For i = 4 To 6
        Call Sub1(i)
    Next i
End Sub
Private Sub Sub1(x As Integer)          '子过程定义
    Print "x="; x
End Sub
```

运行程序，结果如图 7-19 所示。

图 7-19　例 7.16 的运行结果

提示：子过程 Sub1 的形参 x 是局部变量，也是动态变量。在事件过程 Command1_Click 中连续发生三次对 Sub1 过程的调用，而 x 只有在过程调用时才存在。

第一次调用时，系统创建变量 x 并为其分配存储空间，然后把实参值 1 传给形参 x，因此输出 x=4。过程返回时，x 被系统自动撤消。第二次调用时，x 再次被系统创建，把实参值 5 传给 x，此时输出 x=5。过程返回时，x 被系统再次撤消。同理，第三次调用时，x 再次被系统创建，并接收实参值 6，输出 x=6。过程返回时，x 又一次被系统自动撤消。

2. 静态变量

与动态变量相对应的是静态变量，它一般具有全局性质，在程序运行进入该变量所在的过程中，修改变量的值后退出该过程，变量的值仍被保留，即其所占用的内存单元未被释放，在下次进入该过程时，原来变量的值可以继续使用。

全局变量一定是静态变量。VB 语言允许定义静态模块变量和静态局部变量，其语法形式如下：

　　　　Static 变量名 **As** 类型

提示：在过程内部定义的静态局部变量，它的作用域就在本过程，但是生命周期却与程序执行的生命周期相同。过程调用结束后，静态局部变量的值仍然保留。

【例 7.17】静态变量。

```
Private Sub Command1_Click( )
    Dim x As Integer, i As Integer      '定义局部变量
```

```
            For i = 4 To 6
                    x = fuc1(i)                       '函数调用
             Print "x ="; x
            Next i
        End Sub
        Private Function fuc1(m As Integer)
            Static n As Integer                       '定义静态局部变量
            n = n + m
            fuc1 = n                                  '确定函数的返回值
        End Function
```
运行程序，结果如图 7-20 所示。

图 7-20　例 7.17 的运行结果

分析：Sub1 函数中有两个局部变量 m 和 n，其中 m 是动态变量，而 n 是静态变量。n 的值在程序编译时被初始化为 0，而且只被初始化一次。在事件过程 Command1_Click 中对 Sub1 函数进行了三次调用，每次把实参 i 的值传递给形参 m，fun1 函数调用结束时返回 n 的值。

第一次调用时，实参 i 的值传给形参 m，m 的值是 4，n 的值是 0。函数调用结束时，n 的值是 4，返回值也是 4，因此输出 x=4。系统自动撤消 m，n 由于是静态变量故仍然存在，其值予以保留。

第二次调用时，m 重新被创建，实参 i 的值传给形参 m，m 的值是 5，n 的值是 4。因此 Sub1 函数调用结束时，n 的值变为 9 并保留，而 m 被系统撤消。返回值也是 9，在事件过程中输出 x=9。

同理，第三次对 fun1 函数的调用导致在事件过程中输出 x=15。

如果在定义过程时用 static 关键字加以声明，则称为静态过程。其语法形式如下：

  Static Sub | Function 过程名([形参列表])
   过程体
  End Sub | Function

提示：在静态过程中定义的所有变量将自动成为静态变量。

7.8　滚动条

滚动条（ScrollBar）控件通常用来直观地确定数据的位置，也可以作为模糊数据输入的工具。滚动条有水平滚动条（HScrollBar）和垂直滚动条（VScrollBar）两种形式。在 VB 的工具箱中，滚动条控件的图标如图 7-21 所示。

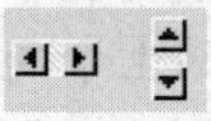

图 7-21　滚动条控件的图标

1. 属性

表 7-1 列出了滚动条控件的常用属性。

表 7-1 滚动条控件的常用属性

属性	作用
Name	设置滚动条的对象名
Max	设置滚动条所能表示的最大值
Min	设置滚动条所能表示的最小值
LargeChange	单击滚动条的空白处时滑块移动的增量值
SmallChage	单击滚动条两端的箭头时滑块移动的增量值
Value	滑块在滚动条所处位置表示的值

说明：（1）Min 表示滑块处于最小位置时所代表的值，即滚动条能代表的最小值；Max 表示滑块处于最大位置时所代表的值，即滚动条能代表的最大值。Min 和 Max 属性的取值范围是-32768～32767。

（2）SmallChange 属性表示滑块的最小变动值，即用户单击滚动条两端的箭头时移动的增量值。LargeChange 属性表示滑块的最大变动值，即用户单击滚动条的空白处时移动的增量值。

（3）Value 的属性值显然应该在 Max 和 Min 的属性值之间。如果在程序中设置 Value 的属性值，则表示把滑块移动到滚动条的相应位置。

2．事件

表 7-2 列出了滚动条控件的一些常用事件。

表 7-2 滚动条控件的常用事件

事件	来源
Change	滚动条的 Value 属性值发生改变
Scroll	拖动滚动条的滑块

说明：（1）当用户改动了滑块在滚动条中的位置，即当滚动条的 Value 属性发生变化时，就会自动触发 Change 事件。

（2）拖动滚动块时触发 Scroll 事件。若拖动滚动块，只要拖动的动作继续，就会不断地产生 Scroll 事件；当拖动停止时，Value 值发生了变化，则产生 Change 事件。

【例 7.18】用一组滚动条设计一个调色板。

分析：在窗体中创建 3 个水平滚动条，分别用于调整红色、绿色和蓝色 3 个颜色分量。再创建 6 个标签控件，前 3 个标签作为滚动条的标题，后 3 个标签分别用于显示 3 个颜色分量的当前值。最后创建一个文本框控件，用于展示调整颜色之后的实际效果。窗体和控件属性值的设置如表 7-3 所示。

表 7-3 例 7.18 中对象的属性设置

对象	属性	属性值	说明
Label1	Caption	红	滚动条的标题
Label2	Caption	绿	滚动条的标题
Label3	Caption	蓝	滚动条的标题

续表

对象	属性	属性值	说明
Label4	Caption	""	文本内容为空
Label5	Caption	""	文本内容为空
Label6	Caption	""	文本内容为空
HScroll1	Max	255	滚动条的最大值
	Min	0	滚动条的最小值
HScroll2	Max	255	滚动条的最大值
	Min	0	滚动条的最小值
HScroll3	Max	255	滚动条的最大值
	Min	0	滚动条的最小值
Text1	Text	欢迎光临	文本框内容
Text2	Text	""	文本框内容为空
Command1	Caption	前景色	设置文字的颜色
Command2	Caption	背景色	设置文本框背景色

为 3 个滚动条分别编写 Change 事件过程。在事件过程中，把该滚动条当前的 Value 属性值作为 RGB 函数的参数，调用 RGB 函数产生一种颜色，完成调色后文本框 Text2 的背景颜色发生改变，并可以用"前景色"和"背景色"按钮设置文本框 Text1 内容的颜色和背景颜色，具体红绿蓝的颜色值可以在相应的标签上显示。

```
Private Sub HScroll1_Change( )
    Text2.BackColor = RGB(HScroll1.Value, HScroll2.Value, HScroll3.Value)
    Label4.Caption = HScroll1.Value
End Sub
Private Sub HScroll2_Change( )
    Text2.BackColor = RGB(HScroll1.Value, HScroll2.Value, HScroll3.Value)
    Label5.Caption = HScroll2.Value
End Sub
Private Sub HScroll3_Change( )
    Text2.BackColor = RGB(HScroll1.Value, HScroll2.Value, HScroll3.Value)
    Label6.Caption = HScroll3.Value
End Sub
Private Sub Command1_Click( )
    Text1.ForeColor = Text2.BackColor
End Sub
Private Sub Command2_Click( )
    Text1.BackColor = Text2.BackColor
End Sub
```

运行程序，结果如图 7-22 所示。

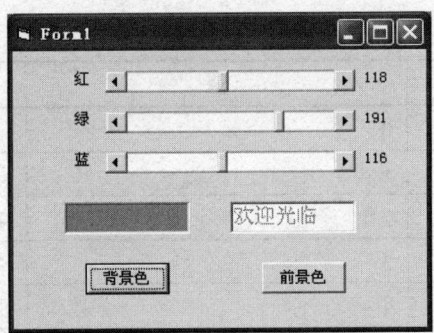

图 7-22 例 7.18 的运行结果

提示：程序运行时，用户只要调整任意一个滚动条中滑块的位置，就会引发该滚动条的 Change 事件，使得第一个文本框的颜色发生变化。单击"背景色"和"前景色"按钮可使第二个文本框的颜色和字体颜色发生相应改变。RGB 函数有 3 个参数，分别代表红色、绿色和蓝色的比例，它们的取值范围均为 0～255。RGB 函数的返回值表示由这 3 种颜色的值组合而成的一种颜色。

7.9 直线和形状

7.9.1 直线

直线（Line）控件用于在窗体上绘制直线，在 VB 的工具箱中，直线控件的图标如图 7-23 所示。

图 7-23 直线控件的图标

表 7-4 列出了直线控件的常用属性。

表 7-4 直线控件的常用属性

属性	作用
Name	设置直线的对象名
BorderColor	设置直线的颜色
BorderStyle	设置直线的类型
BorderWidth	设置直线的宽度，默认值是 1
X1	设置直线起点的横坐标
X2	设置直线终点的横坐标
Y1	设置直线起点的纵坐标
Y2	设置直线终点的纵坐标

说明：（1）BorderStyle 的属性值有 7 个，默认值是 1，如表 7-5 所示。

表 7-5 BorderStyle 属性值

常量	值	含义
Transparent	0	透明
Solid	1	实线
Dash	2	虚线
Dot	3	点线
Dash-Dot	4	点划线
Dash-Dot-Dot	5	双点划线
Inside Solid	6	内实线

(2) 用直线控件绘制出的图形实际上是一条线段，其起点的坐标是(X1,Y1)，终点的坐标是(X2,Y2)。

画线操作与其他控件操作相似，具体步骤如下：
(1) 单击工具箱中的直线图标。
(2) 拖曳鼠标到要画线的起始位置。
(3) 按住鼠标拖曳到要画线的结束处，释放鼠标。

7.9.2 形状

VB 提供的形状（Shape）控件可以方便地画出矩形、正方形、圆、椭圆等简单的几何图形。在 VB 的工具箱中，形状控件的图标如图 7-24 所示。

图 7-24 形状控件的图标

表 7-6 列出了形状控件的常用属性。

表 7-6 形状控件的常用属性

属性	作用
Name	设置形状的对象名
BackColor	设置形状的背景色
BackStyle	确定形状的背景是否透明，默认值是 0，表示透明
BorderColor	设置形状边框的颜色
BorderStyle	设置形状边框的类型，默认值是 1，表示实线
BorderWidth	设置形状边框的宽度，默认值是 1
FillColor	设置形状的填充颜色
FillStyle	设置形状的填充样式
Shape	设置形状的类型

说明：(1) Shape 是形状控件最重要的属性之一，用来确定具体的图形。Shape 的属性值有 6 个，默认值是 0，如表 7-7 所示。
(2) 当 BackStyle 的属性值是 1 时，对 BackColor 属性的设置才有效。
(3) FillStyle 的属性值有 8 个，默认值是 1，如表 7-8 所示。

表 7-7 Shape 属性值

常量	值	含义
Rectangle	0	矩形
Square	1	正方形
Oval	2	椭圆形
Circle	3	圆形
Rounded Rectangle	4	圆角矩形
Rounded Square	5	圆角正方形

表 7-8 FillStyle 属性值

常量	值	含义
Solid	0	实心
Transparent	1	透明
Horizontal Line	2	水平线
Vertical Line	3	垂直线
Upward Diagonal	4	向上对角线
Downward Diagonal	5	向下对角线
Cross	6	十字交叉线
Diagonal Cross	7	对角交叉线

【例 7.19】 显示 Shape 控件的 6 种形状并填充不同的图案。

```
Private Sub Form_Activate ( )
    Dim i As Integer
    Shape1(0).Shape=0
    Shape1(0).FillStyle=2
    For i=1 to 5
        Shape1(i).Left= Shape1(i-1).Left+1500
        Shape1(i).Shape=i
        Shape1(i).FillStyle=i+2
        Shape1(i).Visible=True
    Next i
End Sub
```

运行程序，结果如图 7-25 所示。

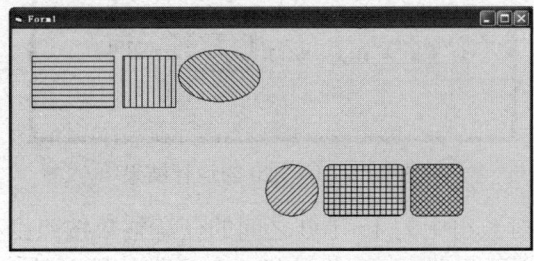

图 7-25 例 7.19 的运行结果

7.10 程序举例

【例 7.20】计算 1!+2!+3!+…+10!。

分析：使用递归调用解决上述问题，注意递归过程中有终止条件和终止时的值，并且每递归调用一次，其中的参数要向终止方向收敛。本例中当 n>1 时，函数连续调用 fac 自身 n-1 次，终止条件是 n=1。

在窗体中放置 1 个标签控件、1 个文本框控件及 1 个命令按钮，各控件属性如表 7-9 所示。

表 7-9 例 7.20 中对象属性值的设置

控件名称	属性名称	属性值
Form1	Caption	Form1
Label1	Caption	1!+2!+3!+…+10!
Command1	Caption	=
Text1	Text1	""

```
Public Function fac(ByVal n As Integer) As Long
    If n = 1 Then
        fac = 1
    Else
        fac = n * fac(n - 1)
    End If
End Function
Private Sub Command1_Click( )
    Dim i As Integer
    Dim sum As Long
    sum = 0
    For i = 1 To 10
        sum = sum + fac(i)
    Next i
    Text1.Text = Str(sum)
End Sub
```

程序运行结果如图 7-26 所示。

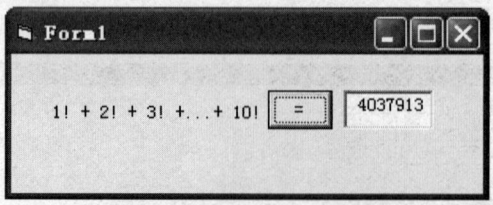

图 7-26 例 7.20 的运行结果

【例 7.21】用选择法对数组中的 1～100 之间的任意整数按照由小到大的顺序排列。

分析：选择法排序的主要思路是，先将数组 a 中最小的数与第一个元素 a(0) 比较，当 a(0)

大时就对换，再将数组中剩余数的最小数与第二个元素 a(1)比较，当 a(1)大时就对换，依此类推，每比较一轮，在未排序的数中找到最小的一个与数组前面的数对换，直到数组比较完为止。

窗体中含有 2 个文本框、2 个按钮和 3 个标签，从文本框 Text1 中输入排序数组的元素个数，在标签 Label2 中显示排序前的数据，在 Text2 中显示排序后的数组元素。

各控件属性如表 7-10 所示。

表 7-10　例 7.21 中对象的属性设置

对象	属性	属性值
Label1	Caption	需要排序元素个数
Label2	Caption	排序前数据：
Label3	Caption	排序结果：
Text1	Text	""（空）
Text2	Locked	True
	Multiline	True
Command1	Caption	排序
Command2	Caption	结束

```
        Option Explicit                                  '强制显式声明
        Dim N As Integer
        Dim a( ) As Integer
        Private Sub Command1_Click( )                    '排序事件过程
            Dim i As Integer
            Call Sort(a)                                 '调用 Sort( )过程
            For i = 0 To N - 1
                Text2.Text = Text2.Text & a(i) & " "
            Next i
        End Sub

        Private Sub Command2_Click( )
            End
        End Sub

        Private Sub Text1_Change( )
            Dim i As Integer
            Randomize
            If   Val(Text1.Text) > 0 Then                '判断输入数据有效性
                N = Val(Text1.Text)
                ReDim a(N)
                For i = 0 To N - 1
                    a(i) = Int((100 * Rnd) + 1)          '产生 1~100 之间的随机数
                    Label2.Caption = Label2.Caption & a(i) & " "
                Next i
```

```
        Else
            MsgBox "数据个数出错", , "数据个数"
        End If
    End Sub

    Private Sub Sort(b( ) As Integer)                    '选择法排序,参数按地址传递
        Dim i As Integer, j As Integer
        Dim min As Integer, temp As Integer
        For i = 0 To N-1
            min = i
            '设第 i 个元素的值最小,将其下标存入变量 min
            For j = i + 1 To N
                If b(min) > b(j) Then min = j
                '将当前最小值与 b(j)比较,最小值的下标存入变量 min
            Next j
            temp = b(i)
            b(i) = b(min)
            '第 i 个元素与其后所有元素中的最小值数据交换
            b(min) = temp
        Next i
    End Sub
```

此例中假设数组中的第一个数据最小,将其位置(下标值)存入变量 min,第一个数据与其后的数据比较,若有比它小的就将新的最小值数据的下标 j 存入 min,之后将新的最小值数据 b(min)与其后的数据继续比较,直至最后一个数据,经过这轮比较找出数组中最小数据的位置,再交换 b(1)与 b(min),将最小值数据存入第一个数组元素,依此方法将第二个数组元素至最后一个数组元素中的最小值存入第二个数组元素中,经过 n-1 轮的比较可将数组中的 n 个数据从小到大排列。

【例 7.22】设计一个电子节拍器。要求:可以拉动滚动条设置拍子数或者在文本框中输入所需的拍子数。红灯亮一次为一拍,如果是台式计算机,则计算机还能发出"嘟"的声音。

在窗体中放置 2 个标签控件、1 个文本框控件、1 个水平滚动条控件、1 个 Shape 控件、1 个 Timer 控件和 2 个命令按钮控件,程序界面如图 7-27 所示。各控件属性如表 7-11 所示。

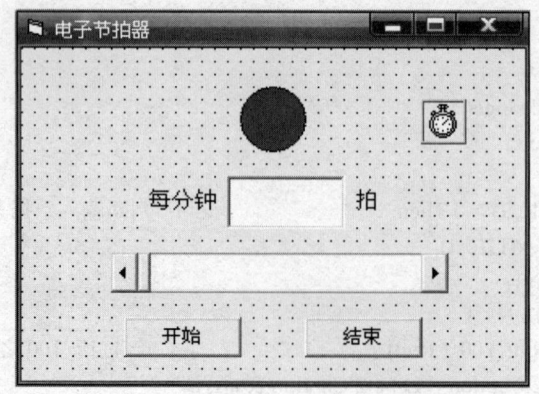

图 7-27 "电子节拍器"设计界面

表 7-11　例 7.22 中对象的属性设置

控件名称	属性名称	属性值
Form1	Caption	电子节拍器
Label1	Caption	每分钟
Label2	Caption	拍
Text1	Text1	" "（空）
Command1	Caption	开始
Command2	Caption	结束
HScroll1	Max	240
	Min	30
Shape1	Shape	3
	FillStyle	0
	FillColor	红色
Timer1	Interval	False

```
Private Sub HScroll1_Change( )
    Text1.Text = HScroll1.Value
    x = HScroll1.Value
    Timer1.Interval = 500 / x * 60
End Sub
Private Sub HScroll1_Scroll( )
    Text1.Text = HScroll1.Value
End Sub
Private Sub Text1_KeyPress(KeyAscii As Integer)
    If KeyAscii = 13 Then
        x = Val(Text1.Text)
        If x >= 30 And x <= 240 Then
            HScroll1.Value = Val(Text1.Text)
            HScroll1.SetFocus
        End If
    End If
End Sub
Private Sub Command1_Click( )
    Timer1.Enabled = Not Timer1.Enabled
    If Command1.Caption = "开始" Then
        Command1.Caption = "停止"
    Else
        Command1.Caption = "开始"
    End If
End Sub
Private Sub Timer1_Timer( )
    Shape1.Visible = Not Shape1.Visible
    If Shape1.Visible = True Then Beep
```

```
            End Sub
            Private Sub Command2_Click( )
                End
            End Sub
```

先拖动滚动条或在文本框中输入节拍数,再单击"开始"按钮,节拍器开始工作。工作时,"开始"按钮变为"停止"按钮,如图 7-28 所示。

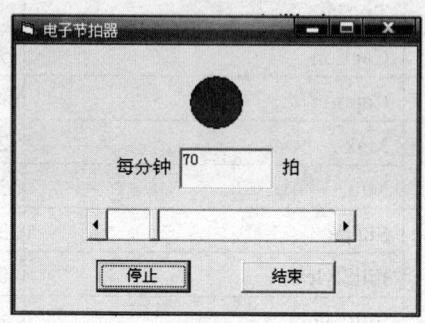

图 7-28　例 7.22 的运行结果

习题

一、选择题

1. 当拖动滚动条中的滑动块时,将触发滚动条的(　　)事件。
   A．Move　　　　　B．Change　　　　C．Scroll　　　　D．SetFocus

2. 在 Visual Basic 应用程序中,以下描述正确的是(　　)。
   A．过程的定义可以嵌套,但过程的调用不能嵌套
   B．过程的定义不可以嵌套,但过程的调用可以嵌套
   C．过程的定义和过程的调用均可以嵌套
   D．过程的定义和过程的调用均不可以嵌套

3. 假定有如下的 Sub 过程:
```
    Sub swapp(x As Single, y As Single)
        t = x
        x = t/y
        y = t Mod y
    End Sub
```
在窗体上添加一个命令按钮,然后编写如下事件过程:
```
    Private Sub Command1_Click( )
        Dim a As Single
        Dim b As Single
        a = 5: b = 4
        swapp a, b
        Print a, b
    End Sub
```

程序运行时，单击命令按钮得到的结果是（   ）。
   A．5   4   B．1   1   C．1.25   4   D．1.25   1
4．以下程序的运行结果是（   ）。
```
Function fun(a As Integer)
    b = 0
    Static c
    b = b + 1
    c = c + 1
    fun = a + b + c
End Function
Private Sub Command1_Click( )
    Dim a As Integer
    a = 2
    For i = 1 To 3
        Sum = Sum + fun(a)
    Next i
    Print Sum
End Sub
```
   A．24   B．12   C．15   D．32
5．阅读程序：
```
Sub subp(b( ) As Integer)
    For i = 1 To 4
        b(i) = 2 * i
    Next i
End Sub
Private Sub Command1_Click( )
    Dim a(1 To 4) As Integer
    a(1) = 5: a(2) = 6: a(3) = 7: a(4) = 8
    subp a
    For i = 1 To 4
        Print a(i);
    Next i
End Sub
```
程序运行时，单击命令按钮得到的结果是（   ）。
   A．2 4 6 8   B．5 6 7 8   C．10 12 14 16   D．出错
6．假定有以下两个过程：
```
Sub S1(ByVal x As Integer, ByVal y As Integer)
    Dim t As Integer
    t = x
    x = y
    y = t
End Sub

Sub S2(x As Integer, y As Integer)
    Dim t As Integer
```

            t = x
            x = y
            y = t
        End Sub
    则以下说法中正确的是（　　）。
        A．用过程 S1 可以实现交换两个变量的值的操作，S2 不能实现
        B．用过程 S2 可以实现交换两个变量的值的操作，S1 不能实现
        C．用过程 S1 和 S2 都可以实现交换两个变量的值的操作
        D．用过程 S1 和 S2 都不能实现交换两个变量的值的操作
    7．在窗体上添加一个命令按钮 Command1 和两个名称分别为 Label1 和 Label2 的标签，在通用声明段声明变量 x，并编写如下事件过程和 Sub 过程：
        Private x As Integer
        Private Sub Command1_Click( )
            x = 5: y = 3
            Call proc(x, y)
            Label1.Caption = x
            Label2.Caption = y
        End Sub
        Sub proc(ByVal a As Integer, ByVal b As Integer)
            x = a * a
            y = b + b
        End Sub
    程序运行后，单击命令按钮，则两个标签中显示的内容分别是（　　）。
        A．5 和 3　　　　　B．25 和 3　　　　　C．25 和 6　　　　　D．5 和 6

二、填空题

1．下面程序的功能是依次将给定字符串 A 中的字符逐个插入到字符串 B 中，插入位置是字符串 B 中第一个与其相同的字符之后（不区别大小写），若 B 中无相同字符，则依次插入到 B 的末尾。

```
        Private Sub Command1_Click( )
            Dim st1 As String, st2 As String
            st1 = Text1.Text: st2 = Text2.Text
            Call inst(st1, st2)
            Text3 = st2
        End Sub
        Private Sub inst(s1 As String, s2 As String)
            Dim i As Integer, p As String, n As Integer, n1 As Integer
            For i = 1 To Len(s1)
                p = Mid(s1, i, 1)
                If p >= "A" And p <= "Z" Then
                    n = InStr(s2, p)
                    _____
                    Call ins(s2, p, n, n1)
                ElseIf p >= "a" And p <= "z" Then
```

```
                _____
                n1 = InStr(s2, p)
                _____
            Else
                MsgBox "字符串 A 中含有非字母字符!", vbOKOnly, "合并字符串"
                Exit Sub
            End If
        Next i
    End Sub
    Private Sub ins(s As String, p As String, n As Integer, k As Integer)
        If n <> 0 And k = 0 Or n <> 0 And k <> 0 And n > k Then
            s = Left(s, n) & p & Right(s, Len(s) - n)
        ElseIf _____ Then
            s = Left(s, k) & p & Right(s, Len(s) - k)
        Else
            s = s & p
        End If
    End Sub
```

2. 下列程序的输出结果为_____。
```
    Private Sub Command1_Click( )
        For i = 1 To 3
            GetValue (i)
        Next i
        Print GetValue(i)
    End Sub
    Private Function GetValue(ByVal a As Integer)
        dim S As Integer
        S = S + a
        GetValue = S
    End Function
```

3. 阅读程序并填空。
```
    Option Base 1
    Dim arr2( ) As Integer
    Private Function FindMax(a( ) As Integer) As Integer
        Dim Start As Integer
        Dim Finish As Integer, i As Integer
        Start = Lbound_____
        Finish = Ubound_____
        Max = _____
        For i = Start To Finish
            If a(i) > Max Then Max = _____
        Next i
        FindMax = Max
    End Function
    Private Sub Command1_Click( )
```

```
Dim arr1
arr1 = Array(12, 435, 76, 24, 78, 54, 866, 43)
b = UBound(arr1)
ReDim arr2(_____) As Integer
For i = 1 To b
    arr2(i) = CInt(_____)
Next i
m = FindMax(arr2( ))
Print "最大值是："; m
End Sub
```

以上程序的功能是，在命令按钮事件过程中定义一个数组，把这个数组作为参数传送到通用过程 FindMax，并返回该数组的最大值。

4．以下程序的运行结果是_____。

```
Dim x As Integer, y As Integer, z As Integer
Sub s2(a As Integer, ByVal b As Integer)
    a = 2 * a
    b = b + 2
End Sub
Private Sub Command1_Click( )
    x = 4
    y = 4
    Call s2(x, y)
    Print x + y
End Sub
```

5．在窗体上添加一个命令按钮 Command1 和 3 个名称分别为 Label1、Label2 和 Label3 的标签，然后编写如下事件过程：

```
Private x As Integer
Private Sub Command1_Click( )
    Static y As Integer
    Dim z As Integer
    n = 10
    z = n + z
    y = y + z
    x = x + z
    Label1.Caption = x
    Label2.Caption = y
    Label3.Caption = z
End Sub
```

程序运行后，连续 3 次单击命令按钮，则 3 个标签中显示的内容分别是_____。

三、思考题

1．子过程与函数有什么区别？
2．什么是参数，参数的作用是什么？
3．什么是按值传递参数，什么是按地址传递参数，它们之间有什么区别？

四、编程题

1. 编写一个过程 Sort，实现三个数的排序并显示排序结果，程序运行时可以选择由小到大或由大到小排列，数据由内部函数 Rnd 产生。排序运行结果如图 7-29 所示。

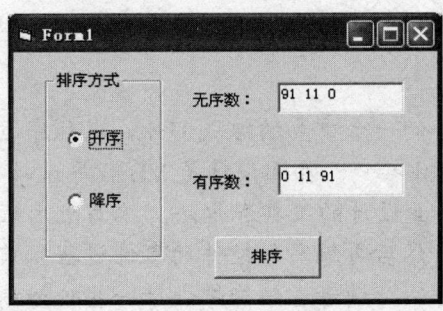

图 7-29　排序运行结果

2. 合并排序，将两个有序的数组合并为另一个有序的数组。

第 8 章 界面设计

用户界面是应用程序的一个重要的组成部分，在程序运行时界面就是用户与计算机之间进行交互的可视化接口。界面设计是 VB 程序设计中一个十分重要的环节，VB 也提供了大量用于界面设计的工具和方法。编写应用程序应该首先设计一个简单、美观、易用的界面，然后再编写各控件的事件过程。前面几章讲解了窗体以及标准控件的特点和使用方法，读者已经能够设计一些较为简单的界面了。以此为基础，本章主要介绍界面设计的一些高级技术，包括对话框、菜单、多重窗体和 ActiveX 控件。

- 通用对话框（包括打开、另存为、颜色、字体、打印和帮助 6 种标准对话框）
- 菜单（下拉式菜单和弹出式菜单）
- 多重窗体
- ActiveX 控件和多媒体控件

8.1 对话框

对话框是实现 Windows 应用程序和用户之间进行交互的常用工具，它既可以向用户显示信息，也可以供用户输入应用程序所需要的数据。在第 3 章中介绍了两个系统预定义的函数对话框，其中 MsgBox 用于输出数据，InputBox 用于输入数据。VB 还提供了通用对话框，帮助用户完成一些常见操作。除此之外，用户也可以根据需要自定义对话框。

8.1.1 通用对话框

通用对话框（CommonDialog）控件提供了一组基于 Windows 的标准对话框，便于用户完成打开文件、选择颜色、选择字体、打印等操作。用户可以利用通用对话框控件在窗体上创建 6 种标准对话框：打开（Open）、另存为（Save As）、颜色（Color）、字体（Font）、打印机（Printer）和帮助（Help）。

CommonDialog 控件并不是 VB 的标准控件，而是 ActiveX 控件，使用时需要添加到工具箱中。在"工程"菜单中选择"部件"命令，在"部件"对话框的"控件"选项卡中选择 Microsoft Common Dialog Control 6.0，即可添加通用对话框控件。

将 CommonDialog 控件添加到工具箱中后，就可以像标准控件一样在窗体中创建通用对话框控件了。与计时器类似，通用对话框控件也属于后台控件，程序运行时看不到。对

CommonDialog 控件的属性设置既可以在属性窗口中进行，也可以借助于"属性页"对话框实现。右击在窗体上的 CommonDialog 控件，在弹出的快捷菜单中选择"属性"命令即可打开"属性页"对话框，如图 8-1 所示。在"属性页"对话框的选项卡中即可对各种通用对话框的相关属性进行设置。

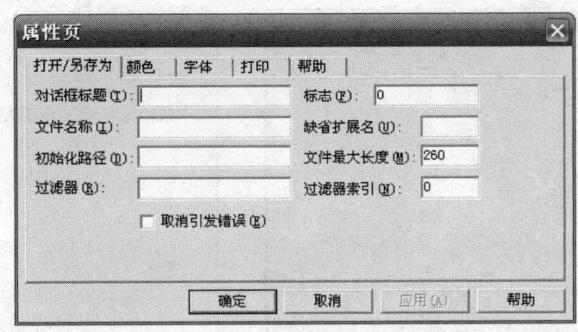

图 8-1 "属性页"对话框

1. 属性

表 8-1 列出了通用对话框控件的常用属性。

表 8-1 通用对话框控件的常用属性

属性	作用
Name	设置通用对话框的对象名
DialogTitle	设置通用对话框的标题
Action	设置显示哪一种类型的通用对话框
FileName	设置打开或保存的文件名
Filter	设置在"打开"对话框或"另存为"对话框中显示的文件的类型
Color	设置选定的颜色
Flags	设置通用对话框的默认操作

提示：程序中第一个通用对话框控件的默认对象名是 CommonDialog1，第二个通用对话框控件的默认对象名是 CommonDialog2，依此类推。

Action 是通用对话框控件最重要的属性之一，其属性值有 6 个，如表 8-2 所示。

表 8-2 Action 属性

值	含义
1	显示"打开"对话框
2	显示"另存为"对话框
3	显示"颜色"对话框
4	显示"字体"对话框
5	显示"打印"对话框
6	显示"帮助"对话框

只能在设计程序代码中进行 Action 属性值的设置，用于调出该属性值所对应类型的通用对话框，图 8-2 所示是一些常见的通用对话框。例如使 CommonDialog1 对象显示"颜色"对话框，可以写为：

CommonDialog1.Action=3

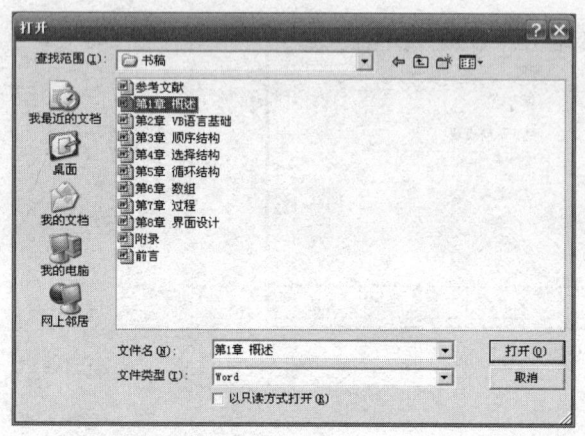
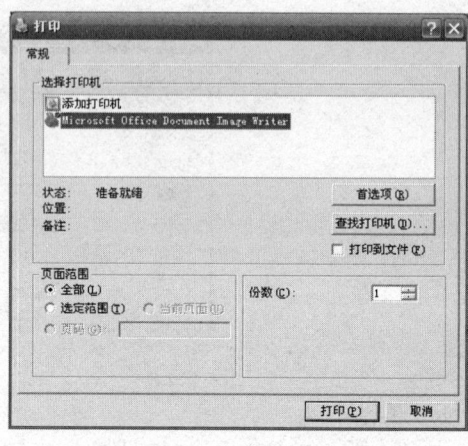

（a） （b）

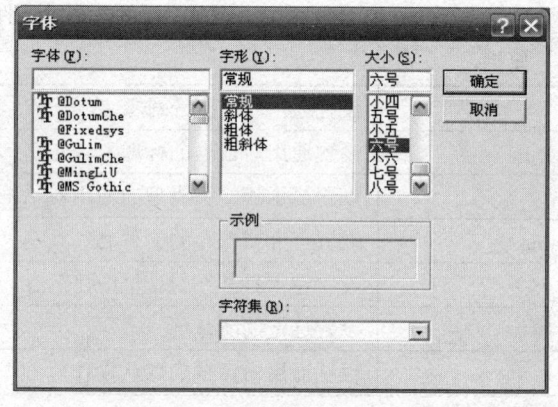

（c） （d）

图 8-2　常见的通用对话框

在"打开"对话框或"另存为"对话框中，通过 FileName 属性可以得到用户所选择的文件名。Filter 属性也称为过滤器，它使通用对话框中只显示指定类型的文件，其属性值的格式为：

　　文件描述 | 文件类型

例如在 CommonDialog1 对象显示的通用对话框中，若要显示文本文件、Word 文件或者所有文件，可以写为：

　　CommonDialog1.Filter = "Text | *.text | Word | *.Doc | 所有文件 | *.*"

在"颜色"对话框中，通过 Color 属性可以得到用户所选择的颜色。在显示"字体"对话框之前，需要先设置 Flags 属性值，以确定对话框显示的字体类型。

2．方法

通用对话框控件提供了一组用于显示对话框的方法，如表 8-3 所示。

表 8-3　显示通用对话框的方法

方法	功能
ShowOpen	显示"打开"对话框
ShowSave	显示"另存为"对话框
ShowColor	显示"颜色"对话框
ShowFont	显示"字体"对话框
ShowPrinter	显示"打印"对话框
ShowHelp	显示"帮助"对话框

提示：在程序中既可以给通用对话框对象的 Action 属性赋值，也可以调用通用对话框对象的方法，来显示相应类型的通用对话框。例如使 CommonDialog1 对象显示"颜色"对话框，也可以写为：CommonDialog1.ShowColor。

需要指出的是，通用对话框只是提供了一个界面，用户可以在其中设置参数，与程序进行交互。还需要编写相应的程序，以实现打开/保存文件、设置颜色、设置字体以及打印等具体操作。

(1)"打开"对话框。

"打开"对话框是当 Action 属性为 1 或使用 Showopen 方法时显示的通用对话框，由用户选定所要打开的文件。"打开"对话框并不能真正打开一个文件，它仅仅提供一个打开文件的用户界面，供用户选择所要打开的文件。实际打开文件需要通过编程实现。

"打开"对话框除了通用对话框控件的常用属性以外，还有以下属性：

- FileName：文件名称属性，表示用户所要打开文件的文件名（包含路径）。
- FileTitle：文件标题属性，表示用户所要打开文件的文件名（不含路径）。当用户在对话框中选中所要打开的文件时，该属性就立即得到了该文件的文件名。FileTitle 与 FileName 属性不同，FileTitle 中只有文件名，没有路径名；FileName 中不仅有文件名，而且包含所选定文件的路径。
- Filter：过滤器属性，用于确定文件列表框中所显示文件的类型。该属性值可以由一组元素或用"｜"符号分开的分别表示不同类型文件的多组元素组成。该属性的选项显示在"文件类型"列表框中。例如，如果要在"文件类型"列表框中显示下列三种文件类型以供用户选择：Documents(*.doc)（扩展名为.doc 的 Word 文件）、Text Files(*.txt)（扩展名为.txt 的文本文件）、All Files(*.*)（所有文件），那么 Filter 属性应设为：

Documents(*.doc) | *.doc | Text Files(*.txt) | *.txt | All Files | *.*

- FilterIndex：过滤器索引属性，其值为整型数据，表示用户在文件类型列表框中选定了第几组文件类型。在上例中，如果选定了文本文件，那么 FilterIndex 的值为 2，文件列表框只显示当前目录下的文本文件（*.txt）。
- InitDir：初始化路径属性，用来指定"打开"对话框中的初始目录。

【例 8.1】编写一个简单的文本文件编辑程序，如图 8-3 所示，文件的内容显示在左边的文本框中。从上到下共 5 个命令按钮，按默认顺序依次命名，文本框和通用对话框的属性按表 8-4 所示进行设置。

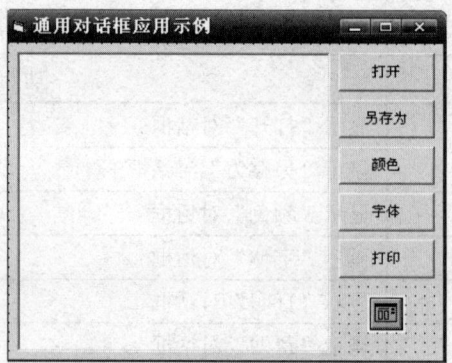

图 8-3 例 8.1 的运行界面

表 8-4 窗体中文本框和通用对话框的属性设置

对象	属性	属性值
TextBox	Name	Text1
	MultiLine	True
	ScollBars	2-Vertical
CommonDialog	Name	CommonDialog1
	FileName	*.txt
	InitDir	C:\
	Filter	Text File(*.txt)｜*.txt｜All Files(*.*)｜*.*
	FilterIndex	1

下面列出了 Command1 和 Command2 事件过程的程序代码,其他的事件过程在以后的各小节中分别给出,有关文件的操作可参阅第 9 章。

```
Sub Command1_Click( )
    CommonDialog1.Action=1
    Text1.Text=" "
    Open CommonDialog1.FileName For Input As #1      '打开文件进行读操作
    Do While Not EOF(1)
        Line Input #1, inputdata                      '读一行数据
        Text1.Text=Text1.Text+inputdata+vbCrLF
    Loop
    Close #1                                          '关闭文件
End Sub
```

（2）"另存为"对话框。

"另存为"对话框是当 Action 属性值为 2 或用 ShowSave 方法时显示的通用对话框,供用户指定要保存文件的驱动器、文件夹、文件名和扩展名。它并不能提供真正的存储文件功能,存储文件需要编程来完成。

"另存为"对话框的属性基本上和"打开"对话框一样,但独有一个 DefaultExt 属性,表示默认扩展名。

【例 8.2】为例 8.1 中的"另存为"按钮编写事件过程,将文本框内的数据进行保存。

```
'有关文件的读/写操作可参阅第 9 章
Sub Command2_Click( )
    CommandDialog1.FileName="Default.txt"              '设置默认文件名
    CommandDialog1.DefaultExt="txt"                    '设置默认扩展名
    CommandDialog1.Action=2                            '打开"另存为"对话框
    Open CommandDialog1.FileName For Output As #1      '打开文件以写入数据
    Print #1, Text1.Text
    Close #1
End Sub
```

(3)"颜色"对话框。

"颜色"对话框是当 Action 属性值为 3 时显示的通用对话框,如图 8-2 所示,供用户选择颜色。

"颜色"对话框除了通用对话框的常用属性之外,还有一个主要属性 Color,用来返回或设置选定的颜色。当用户在调色板中选中某种颜色时,该颜色值就会赋给 Color 属性。

【例 8.3】为例 8.1 中的"颜色"按钮编写事件过程,设置文本框的前景色。

```
Sub Command3_Click( )
    CommomDialog1.Action=3                   '打开"颜色"对话框
    Text1.ForeColor=CommonDialog1.Color      '设置文件框的前景色
End Sub
```

(4)"字体"对话框。

"字体"对话框是当 Action 属性值为 4 时显示的通用对话框,如图 8-2 所示,供用户选择字体。

"字体"对话框的主要属性有:

- Flags 属性。在显示"字体"对话框之前必须设置 Flags 属性,否则将发生不存在字体的错误。Flags 属性如表 8-5 所示。

表 8-5 "字体"对话框 Flags 属性设置值

参数	值	含义
cdlCFScreenFonts	&H1	显示屏幕字体
cdlCFPrinterFonts	&H2	显示打印机字体
cdlCFBoth	&H3	显示打印机字体和屏幕字体
cdlCFEffects	&H100	在"字体"对话框中显示删除线和下划线复选框以及颜色组合框

- FontName、FontSize、FontBold、FontItalic、FontStrikethru 和 FontUnderline 属性。
- Color:返回或设置字体的颜色。当用户在 Color 列表框中选定某颜色时,Color 属性值即为所选定的颜色值。

【例 8.4】为例 8.1 中的"字体"按钮编写事件过程,设置文本框的字体。

```
Sub Command4_Click( )
    CommonDialog1.Flags=cdlCFBoth Or cdlCFEffects
    CommonDialog1.Action=4              '打开"字体"对话框
    Text1.FontName=CommonDialog1.FontName
    Text1.FontSize=CommonDialog1.FontSize
    Text1.FontBold=CommonDialog1.FontBold
```

```
Text1.FontItalic=CommonDialog1.FontItalic
Text1.FontStrikethru=commonDialog1.FontStrikethru
Text1.FontUnderline=CommonDialog1.FontUnderline
Text1.ForeColor=CommonDialog1.Color
End Sub
```

（5）"打印"对话框。

"打印"对话框是当 Action 属性值为 5 时显示的通用对话框，如图 8-2 所示。它并不能处理打印工作，仅仅是一个供用户选择打印参数的界面，所选参数存于各属性中，再由编程来实现打印功能。

"打印"对话框的主要属性有：

- Copies：表示打印份数。
- FromPage：表示打印起始页号。
- ToPage：表示打印终止页号。

【例 8.5】为例 8.1 中的"打印"按钮编写事件过程，打印文本框中的数据。

下面代码中涉及的系统对象 Printer 是指打印机，有关 Printer 的用法可参阅 VB 帮助系统。

```
Sub Command5_Click( )
    CommonDialog1.Action-5              '打开"打印"对话框
    For i=1 to CommonDialog1.Copies
        Printer.Print Text1.Text        '打印文本框中的数据
    Next i
    Printer.ENdDoc                      '结束文档打印
End Sub
```

8.1.2 自定义对话框

对话框具有窗体的大部分特性和功能，它实际上是窗体的一种特殊状态。对话框与普通的窗体相比，通常没有控制菜单按钮、最大化按钮和最小化按钮，也不能改变其尺寸。用户可以通过对窗体进行改造来定制符合自身需要的对话框。表 8-6 列出了一些对窗体属性的设置，使得窗体能够以对话框的形式进行显示，图 8-4 所示则是相应的显示效果。在对话框中可以创建一些控件，以便与用户进行交互。例如由于取消了控制菜单按钮，在对话框中应该有"退出"命令按钮，使用户能够关闭对话框。

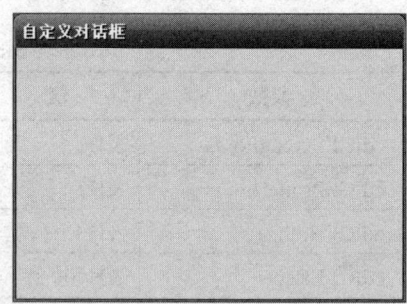

图 8-4　自定义对话框

表 8-6　对话框窗体属性设置

属性	值	含义
BorderStyle	3	固定边框，尺寸不能改变
ControlBox	False	取消控制菜单按钮
MaxButton	False	取消最大化按钮
MinButton	False	取消最小化按钮

8.2 菜单

菜单在 Windows 应用程序中经常出现，是用户界面中一个重要的元素。使用菜单可以对程序的功能进行分类，并形成一些命令组，供用户直观、方便地访问。应用程序的菜单一般分为两种类型：一种是下拉式菜单，由一个主菜单和若干个子菜单所组成；另一种是弹出式菜单，是用户在某个对象上右击所弹出的菜单。

不管是下拉式菜单还是弹出式菜单，菜单中的所有菜单项（包括分隔线）从本质上来说都是与命令按钮相似的控件，有属性、事件和方法。它们能响应 Click 事件，为菜单编写程序就是编写 Click 事件过程。

8.2.1 下拉式菜单

下拉式菜单一般位于窗体的顶部，平时只显示菜单栏中的菜单标题。当用户选中菜单标题之后，才会以下拉列表的形式显示其包含的菜单项。菜单项是菜单的主体，选中其中一个菜单项，就会执行一个命令，完成相应的功能。菜单项也可以成为子菜单，即自身又包含了一组菜单项。

VB 提供了一个菜单编辑器，不仅可以用于新建菜单和修改菜单，还可以删除已有的菜单。选择"工具"菜单中的"菜单编辑器"菜单项或者在窗体窗口中按 Ctrl+E 键，都可以打开菜单编辑器，如图 8-5 所示。

图 8-5　菜单编辑器

菜单编辑器的上部用来设置菜单项的标题、名称等属性，选定菜单项的快捷键以及安排协调位置等。菜单编辑器的中部有 7 个命令按钮，其中 ↑ 和 ↓ 按钮用来调整当前菜单项在菜单中的位置，← 和 → 按钮用来调整当前菜单项在菜单中的层次。如果单击 → 按钮，就会使当前菜单项向右缩进 4 格，表示其为子菜单的菜单项。"下一个"按钮用于移到下一个菜单项，"插入"按钮用于在当前菜单项之前插入一个菜单项，"删除"按钮用于删除当前菜单项。菜单编辑器的下部是一个列表框，用来显示当前窗体的所有菜单和菜单项。

菜单是 VB 程序的一个控件对象，每一个菜单项也都是一个控件对象。菜单项控件只能响应单击（Click）事件，表 8-7 列出了菜单项的常用属性。一般不需要编写菜单标题的单击事件过程，而是仅仅使其显示下拉式菜单。

表 8-7 菜单项的常用属性

属性	作用
Name	设置菜单项的对象名
Caption	设置菜单项的标题
Enabled	确定菜单项是否有效，默认值是 True，表示有效
Visible	确定菜单项是否可见，默认值是 True，表示可见
Checked	确定菜单项是否有复选标记"√"，默认值是 False，表示没有复选标记
Index	设置菜单项在控件数组中的下标

提示：①系统并没有给出菜单项控件的默认对象名，习惯上用前缀 mnu 来命名。例如对于"退出"菜单项，可以命名为 mnuExit。这个名字不会出现在屏幕上，但在程序中是用它来引用该菜单项，不可缺少。

②设置 Caption 属性时，如果标题为"-"，就会在菜单中建立一条分隔线。在标题的某个字母前插入一个连接符（&），即可为菜单项设置热键（又称访问键）。打开下拉式菜单之后，当用户按下 Alt+热键时，便可执行该菜单项的功能。例如想为"打开"菜单项设置热键 O，则其 Caption 属性值应为"打开(&O)"。

③菜单标题又称为顶级菜单，当其 Enabled 或 Visible 的属性值是 False 时，不仅菜单标题将会失效或者不可见，而且它所包含的所有菜单项也都将会失效或者不可见。

④快捷键虽与热键类似，都是使用键盘快速打开某选项，但快捷键不是用来打开菜单，而是去直接执行相应菜单项的操作，热键则只有在下拉菜单打开后才有效。

为某个窗体创建一个菜单的步骤如下：

（1）打开菜单编辑器，先创建菜单标题。在标题栏和名称栏中分别输入标题信息和对象名，并进行其他必要的属性设置。

（2）单击"下一个"按钮，建立菜单项。设置菜单项的属性之后，单击 ➡ 按钮，使它成为菜单标题的菜单项，以后创建的菜单项将自动成为该菜单标题所包含的菜单项。

（3）不断地单击"下一个"按钮，为该菜单标题创建全部的菜单项。如果在创建某个菜单项时再次单击 ➡ 按钮，将会使上一个菜单项成为子菜单，而当前菜单项则成为子菜单的菜单项。

重复上述步骤，并适当调整菜单项在菜单中的层次和位置，就可以创建窗体中所有的菜单。最后单击"确定"按钮，关闭菜单编辑器。

【例 8.6】设计一个能够打开通用对话框的菜单。

分析：在窗体上创建一个通用对话框控件和一个命令按钮。打开菜单编辑器，设计两个下拉式菜单，菜单设计情况如图 8-6 所示。一个菜单的菜单标题是"文件"，其中有"打开"和"另存为"两个菜单项；另一个菜单的菜单标题是"系统"，其中有"颜色"和"退出"两个菜单项。

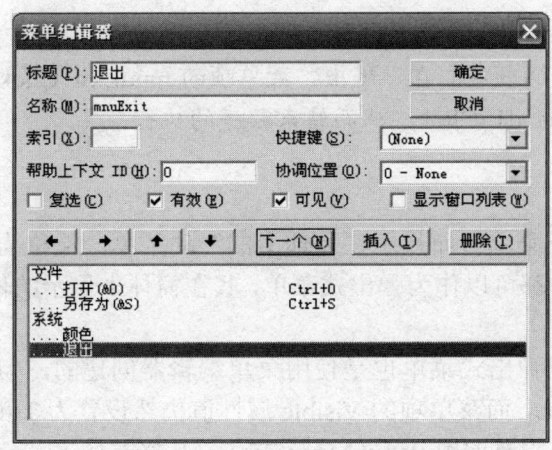

图 8-6　菜单设计

为各个菜单项控件编写单击事件过程，分别显示"打开"对话框、"另存为"对话框和"颜色"对话框。

```
Private Sub Command1_Click( )
    End
End Sub
Private Sub mnuOpen_Click( )
    CommonDialog1.Action = 1        '显示"打开"对话框
    MsgBox ("您打开了" & CommonDialog1.FileName & "文件！")
End Sub
Private Sub mnuSave_Click( )
    CommonDialog1.ShowSave          '显示"另存为"对话框
    MsgBox ("您保存了" & CommonDialog1.FileName & "文件！")
End Sub
Private Sub mnuColor_Click( )
    CommonDialog1.Action = 3        '显示"颜色"对话框
    Form1.BackColor = CommonDialog1.Color
End Sub
Private Sub mnuExit_Click( )
    Call Command1_Click
End Sub
```

运行程序，结果如图 8-7 所示。

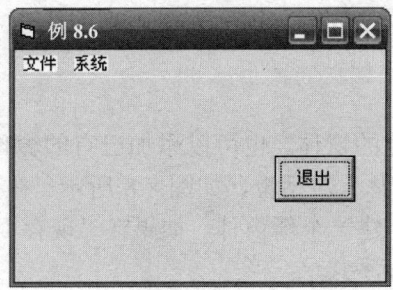

图 8-7　例 8.6 的运行结果

提示：语句 Form1.BackColor=CommonDialog1.Color 的作用是将窗体的背景色设置为用户在"颜色"对话框中选择的颜色。在"退出"菜单项的 mnuExit_Click 事件过程中，调用了命令按钮的事件过程 Command1_Click，从而结束程序的执行。

8.2.2 弹出式菜单

弹出式菜单是独立于菜单栏而显示在窗体上的浮动菜单，又称为快捷菜单。在程序中至少含有一个菜单项的菜单都可以作为弹出式菜单，其在窗体上显示的位置可以变化，具有较大的灵活性。

与下拉式菜单一样，弹出式菜单也是使用菜单编辑器创建的，但是在设计时应把菜单的 Visible 属性值设置为 False，而菜单项的 Visible 属性值仍然设置为 True。程序运行时并不会自动显示弹出式菜单，而是需要调用 PopupMenu 方法，其格式如下：

[对象.] PopupMenu 菜单名[,Flags[,x[,y,…]]]

提示：菜单名是必选参数，其他参数均为可选项。如果省略了对象，则默认在定义菜单的窗体中显示。参数 Flags 用于进一步确定弹出式菜单的位置和性能，参数 x 和 y 指定菜单显示的坐标，如果被省略则默认是鼠标的当前坐标。

人们习惯于按下鼠标右键之后才显示弹出式菜单，因此一般在 MouseDown 事件过程中调用 PopupMenu 方法。例如，在例 8.6 中把"系统"菜单的 Visible 属性值设置为 False，并在窗体的 MouseDown 事件过程中添加以下代码：

```
Private Sub Form_MouseDown(Button As Integer, Shift As Integer, _
    X As Single, Y As Single)
    If Button = 2 Then
        PopupMenu mnuSystem
    End If
End Sub
```

提示：参数 Button 用于指示鼠标按键，2 表示右键。在事件过程中进行判断，如果发现用户按下了鼠标右键，则调用 PopupMenu 方法显示"系统"菜单。程序运行时只要用户在窗体中按下鼠标右键，就会显示弹出式菜单。

8.3 多重窗体

我们之前介绍的形形色色的 VB 程序都只有一个窗体，在程序运行时会自动显示。但是实际的 Windows 应用程序一般都较为复杂，往往有多个窗体。在拥有多重窗体的 VB 程序中，每一个窗体都有自己的界面和程序代码，用于完成不同的任务。

8.3.1 窗体的添加和启动

在程序中既可以添加新创建的窗体，也可以添加已有的窗体。选择"工程"菜单中的"添加窗体"菜单项，打开"添加窗体"对话框，如图 8-8 所示。在"添加窗体"对话框的"新建"选项卡中选择窗体类型，即可创建一个新窗体。如果在"现存"选项卡中进行选择，将会添加一个已存在的窗体，与其他的程序共享。

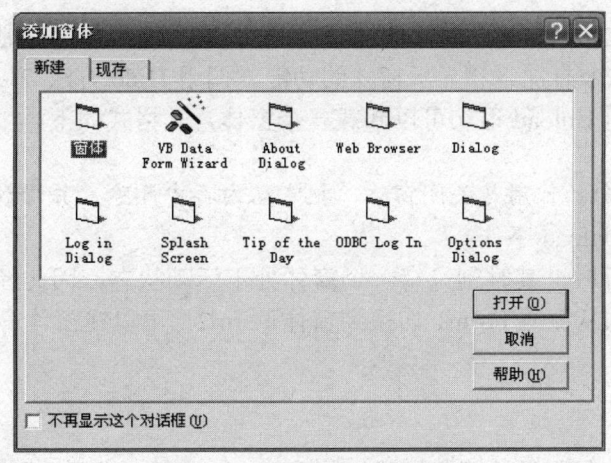

图 8-8 "添加窗体"对话框

多窗体程序运行时,首先被执行的窗体称为启动窗体。系统默认第一个建立的窗体(Form1)是启动窗体,也可以根据需要设置启动窗体或者启动过程。选择"工程"菜单中的"工程属性"菜单项,打开"工程属性"对话框,如图 8-9 所示。在"工程属性"对话框的"通用"选项卡中,单击"启动对象"下拉列表框,选择一个窗体名或者 Sub Main 项,即可设置启动对象。

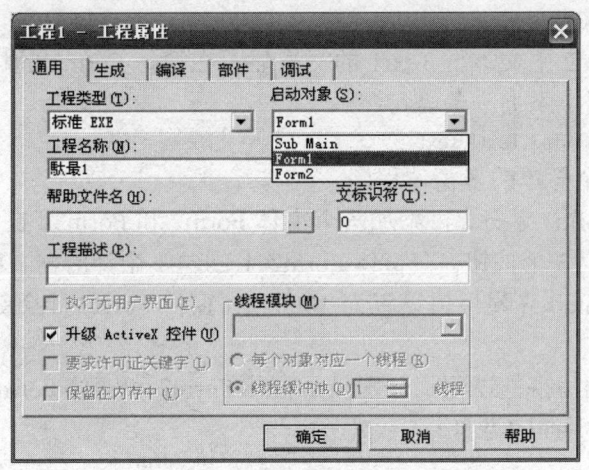

图 8-9 "工程属性"对话框

如果选择了 Sub Main 项,就表示设置子过程 Main 为启动过程。程序运行时将首先执行 Main 过程,然后在该过程中根据情况加载某些窗体。需要指出的是,子过程 Main 必须定义在标准模块中。

8.3.2 窗体操作

多窗体程序运行时,启动窗体会被自动加载并显示,而其他的窗体就需要使用 Load 语句进行加载,其格式如下:

Load 窗体名

提示:Load 语句的作用是把窗体装入内存,首次装入时会引发 Load 事件。

虽然在装入窗体之后可以引用它的控件及各种属性，但是并没有显示窗体。这时需要调用 Show 方法，该方法兼有加载和显示窗体的功能。调用 Hide 方法可以隐藏一个窗体，但是窗体仍在内存中。使用 Unload 语句可以卸载一个窗体，其格式如下：

Unload　窗体名

提示：Unload 语句的作用是关闭窗体，把它从内存中删除，并释放其占用的资源。卸载一个窗体时，会引发 Unload 事件。

多窗体程序在运行时，某时刻只有一个窗体处于活动状态，因此经常需要从某个窗体切换到另一个窗体。例如从窗体 Form1 切换到窗体 Form2，可以在窗体 Form1 的程序代码中添加以下语句：

```
Unload Form1
Form2.Show
```

上面第一条语句的作用是关闭并卸载窗体 Form1，第二条语句的作用是加载并显示窗体 Form2。语句 Unload Form1 也可以写为 Unload Me，表示关闭窗体自身，Me 代表当前窗体即 Unload 语句所在的窗体。为了提高程序运行的效率，也可以把语句 Unload Form1 改为 Form1.Hide，即隐藏该窗体。

提示：请读者认真理解窗体加载和窗体显示之间的区别。

窗体之间可以通过全局变量（Public）共享数据。在一个窗体中访问另一个窗体中某个控件的属性的一般形式如下：

窗体名.控件名.属性

例如，把窗体 Form2 中文本框 Text1 的文本显示在窗体 Form1 的标签 Label1 中，可以在窗体 Form1 的程序代码中添加一条语句：

```
Label1.Caption=Form2.Text1.Text
```

【例 8.7】 设计一个简单的多窗体程序。

分析：除了窗体 Form1 之外，再添加两个窗体 Form2 和 Form3。在窗体 Form1 上创建"时钟"、"诗词"和"退出"3 个按钮。在窗体 Form2 上创建 1 个计时器、1 个标签和 1 个"返回"按钮，其中计时器的 Interval 属性值设置为 1000。在窗体 Form3 上创建 1 个标签和 1 个"返回"按钮。

在窗体 Form1 中编写事件过程，分别显示窗体 Form2 和窗体 Form3。

```
Private Sub Command1_Click( )
    Form1.Hide                '隐藏窗体 Form1
    Form2.Show                '显示窗体 Form2
End Sub
Private Sub Command2_Click( )
    Form1.Hide                '隐藏窗体 Form1
    Form3.Show                '显示窗体 Form3
End Sub
Private Sub Command3_Click( )
    End
End Sub
```

在窗体 Form2 中编写事件过程。在 Timer1_Timer 事件过程中，每一秒钟显示一次时间。在 Command1_Click 事件过程中，隐藏窗体 Form2，并显示窗体 Form1。

```
Private Sub Timer1_Timer( )
    Label1.FontSize = 24
    Label1.Caption = Time              '显示当前时间
End Sub
Private Sub Command1_Click( )
    Me.Hide                            '隐藏窗体 Form2
    Form1.Show                         '显示窗体 Form1
End Sub
```

在窗体 Form3 中编写事件过程。在 Form_Click 事件过程中显示一首唐诗。在 Command1_Click 事件过程中，隐藏窗体 Form3，并显示窗体 Form1。

```
Private Sub Form_Click( )
    Dim s As String
    s = "登鹳雀楼" & vbCr
    s = s & "白日依山尽" & vbCr
    s = s & "黄河入海流" & vbCr
    s = s & "欲穷千里目" & vbCr
    s = s & "更上一层楼"
    Label1.FontSize = 24
    Label1.Caption = s
End Sub
Private Sub Command1_Click( )
    Me.Hide                            '隐藏窗体 Form3
    Form1.Show                         '显示窗体 Form1
    Label1.Caption = "请单击窗体"
End Sub
```

运行程序，结果如图 8-10 所示。

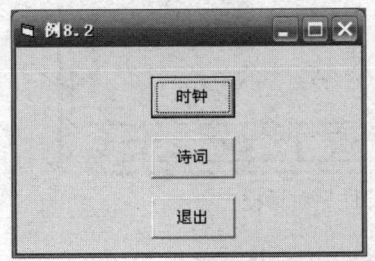
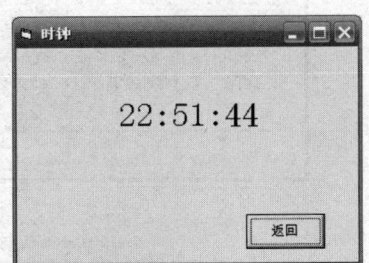
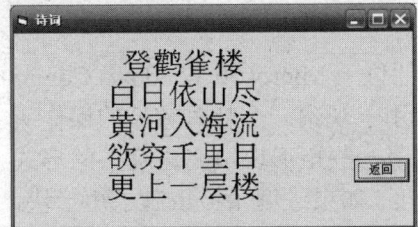

图 8-10　例 8.7 的运行结果

提示：程序运行时，用户可以在主窗口中进行选择。如果单击"时钟"按钮，就会打开"时钟"窗口，显示不断更新的时间；如果单击"诗词"按钮，就会打开"诗词"窗口，单击窗体，则显示一首唐诗。只要在"时钟"或者"诗词"窗口中单击"返回"按钮，就会回到主窗口。

8.4 ActiveX 控件

VB 的工具箱提供了一些标准控件，程序员可以使用它们来设计一些简单的界面。但是如果需要设计工具栏、状态栏、选项卡等较为复杂的界面，仅仅依靠标准控件是不够的。VB 和一些第三方软件开发商提供了很多 ActiveX 控件，作为对标准控件的补充和扩展。ActiveX 控件是一段可以重复使用的程序代码和数据，其中封装了很多常用的功能，例如通用对话框、进度条和选项卡等。

ActiveX 控件以文件的形式存在，其文件扩展名是 ocx，一般存放在 Windows 系统的 system 或 system32 目录中，使用时需要添加到工具箱中。在"工程"菜单中选择"部件"命令，打开"部件"对话框，如图 8-11 所示。然后在该对话框的"控件"选项卡中选择要添加的控件所在的部件，单击"确定"按钮，即可在工具箱中添加相应的 ActiveX 控件。一旦把 ActiveX 控件添加到工具箱中，就可以在程序中像标准控件一样使用它们。

图 8-11 "部件"对话框

8.4.1 进度条

进度条（ProgressBar）控件位于 Microsoft Windows Common Controls 6.0 部件中，其图标如图 8-12 所示。进度条控件常用于观察一个耗时较长的操作所完成的进度，通过从左至右地用一些矩形块填充进度条的形式直观地描述当前操作完成的程度。如果进度条被填满了矩形块，就表示操作已经完成。

图 8-12 进度条控件的图标

也可以像标准控件那样，在属性窗口中设置 ActiveX 控件的属性，但是一般还是习惯于在"属性页"对话框中完成对 ActiveX 控件的属性设置。右击窗体上的 ActiveX 控件，然后在弹出式菜单中选择"属性"命令，即可打开"属性页"对话框。进度条控件的"属性页"对话框如图 8-13 所示。

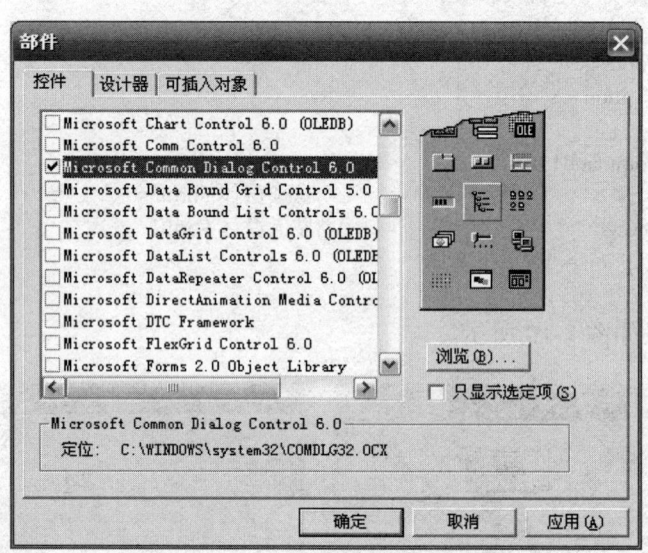

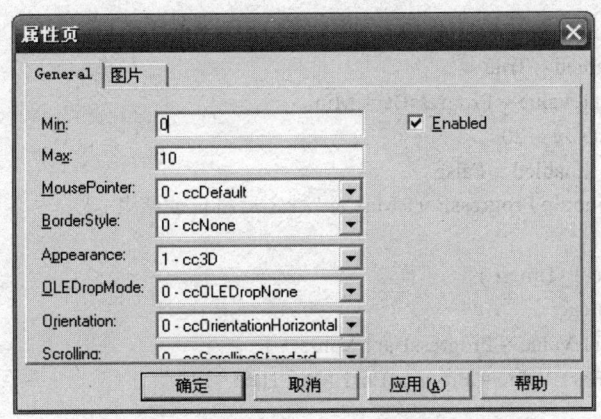

图 8-13 进度条控件的"属性页"对话框

表 8-8 列出了进度条控件的常用属性。

表 8-8 进度条控件的常用属性

属性	作用
Name	设置进度条的对象名,程序中第一个进度条控件的默认对象名是 ProgressBar1
Max	设置进度条的上界
Min	设置进度条的下界
Value	设置进度条的当前值

提示:Value 属性值在 Min 和 Max 之间波动,表示当前操作的进展程度。在程序运行时,Value 属性值通常是逐渐地递增,直至达到了 Max 属性所规定的最大值,这时就表示操作已经完成。

【**例 8.8**】设计一个进度条,以观察程序结束的进度。

分析:在窗体上分别创建 1 个标签、1 个进度条、1 个计时器和 1 个命令按钮,并设置属性值如表 8-9 所示。

表 8-9 例 8.8 中对象的属性设置

对象	属性	属性值	说明
Form1	Caption	例 8.8	窗体的标题
Label1	Caption	""	内容为空
ProgressBar1	Min	0	进度条的下界
	Max	10	进度条的上界
Timer1	Enabled	False	计时器失效
	Interval	1000	时间间隔为 1 秒
Command1	Caption	开始	命令按钮的标题

在 Command1 的单击事件过程中,把 Timer1 的 Enabled 属性值置为 True,启动计时器。在 Timer1_Timer 事件过程中,进度条 ProgressBar1 的 Value 属性值加 1,然后判断是否等于 Max。如果相等就结束程序的执行,否则显示程序即将结束的时间。

```
Private Sub Command1_Click( )
    Timer1.Enabled = True
    ProgressBar1.Value = ProgressBar1.Min
    Label1.FontSize = 20
    Command1.Enabled = False
    Label1.Caption = ProgressBar1.Max & "秒之后将自动结束！"
End Sub
Private Sub Timer1_Timer( )
    Dim i As Integer
    ProgressBar1.Value = ProgressBar1.Value + 1
    If ProgressBar1.Value = ProgressBar1.Max Then
        End
    Else
        i = ProgressBar1.Max - ProgressBar1.Value
        Label1.Caption = i & "秒之后将自动结束！"
    End If
End Sub
```

运行程序，结果如图 8-14 所示。

提示：程序运行时用户如果单击"开始"按钮，则每隔一秒钟窗体上就会提示程序还有多长时间结束。进度条也在一格一格地填充，指示程序结束的进度。

图 8-14 例 8.8 的运行结果

8.4.2 选项卡

选项卡（SSTab）控件位于 Microsoft Tabbed Dialog Control 6.0 部件中，其图标如图 8-15 所示。SSTab 控件拥有多个选项卡，每一个选项卡都可以像框架一样作为其他控件的容器。某个时刻只能有一个选项卡处于活动状态并显示，其余的选项卡则被隐藏。

图 8-15 选项卡控件的图标

选项卡控件的"属性页"对话框如图 8-16 所示，表 8-10 列出了选项卡控件的常用属性。

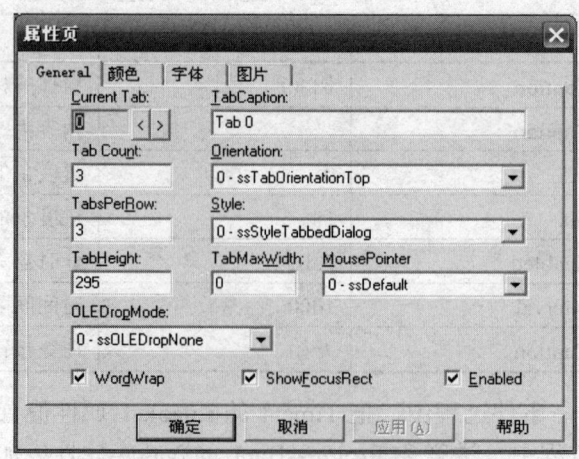

图 8-16 选项卡控件的"属性页"对话框

表 8-10　选项卡控件的常用属性

属性	作用
Name	设置选项卡的对象名，程序中第一个选项卡控件的默认对象名是 SSTab1
Caption	设置选项卡的标题
Tab	设置当前活动的选项卡
Tabs	设置选项卡的总数
TabsPerRow	设置每一行选项卡的数目
Rows	确定选项卡的总行数

提示：如果 Tab 属性值是 0，则表示第一个选项卡当前处于活动状态。

例如，为便于分类录入学生的信息，在窗体上设置一个有 3 个选项卡的 SSTab 控件。其中第 1 个选项卡负责输入学生的基本信息，第 2 个选项卡负责输入学生的课程成绩，第 3 个选项卡则负责输入学生的奖惩情况。该选项卡的显示效果如图 8-17 所示。

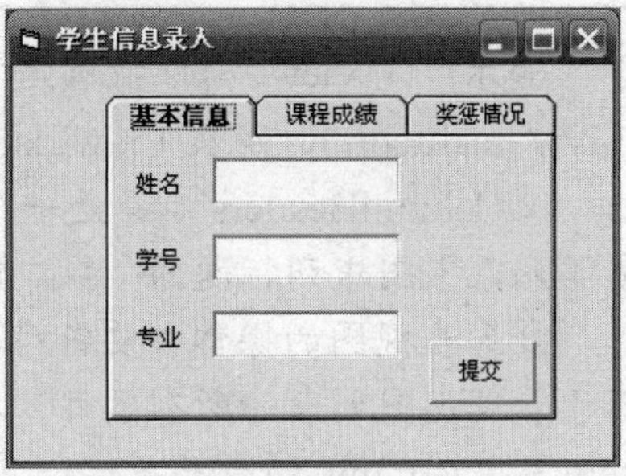

图 8-17　选项卡的显示效果

8.4.3　列表视图

列表视图（ListView）控件位于 Microsoft Windows Common Controls 6.0 部件中，其图标如图 8-18 所示。列表视图能够以列表的形式直观地显示一组项目。与列表框控件相比，列表视图控件所显示的项目不仅可以有多列，而且每一列都能够拥有自己的列标题。列表视图控件的"属性页"对话框如图 8-19 所示，表 8-11 列出了列表视图控件的常用属性。

图 8-18　列表视图控件的图标

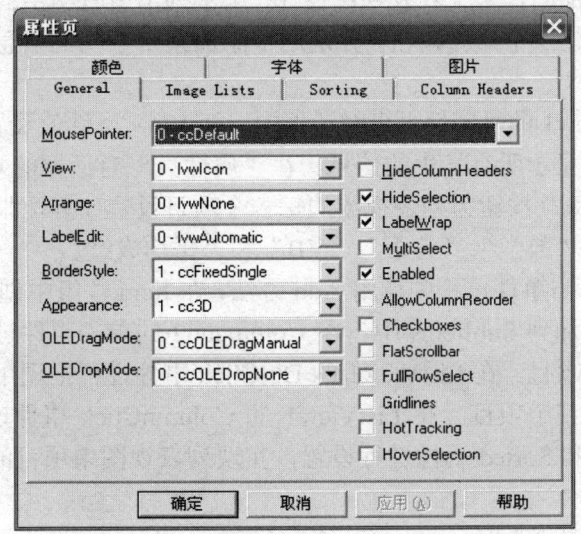

图 8-19　列表视图控件的"属性页"对话框

表 8-11 列表视图控件的常用属性

属性	作用
Name	设置列表视图的对象名,程序中第一个列表视图控件的默认对象名是 ListView1
Sorted	确定项目是否自动排序
SortKey	确定项目依据哪一列进行排序
SortOrder	确定项目是以升序还是降序进行排序,默认值是 lvwAscending,表示升序
View	设置列表视图的类型
ColumnHeaders	获得列表视图中的列标题对象
ListItems	获得列表视图中的项目对象

提示:①View 属性值确定了列表视图中项目的外观,有标准图标(lvwIcon)、小图标(lvwSmallIcon)、列表(lvwList)和报表(lvwReport)4 种类型。

②ColumnHeaders 本身是一个对象,用于管理列表视图的所有列标题。其 Count 属性则确定了列表视图中列标题的个数,即项目的列数。

③列表视图的操作主要针对其 ListItems 属性,即项目对象。ListItems 本身也是一个对象,用于管理视图列表的所有项目。其 Count 属性确定了列表视图中项目的行数,即项目的个数。Item 是 ListItems 的重要属性,其属性值是一个数组,每一个元素存放视图列表的一个项目。Item 数组的元素又是一个对象,其 SubItems 属性值则是一个字符串数组,每一个元素依次存放相应项目的一个子项目。

④ListItems 的重要方法是 Add、Remove 和 Clear。其中 Add 方法的功能是创建一个新项目,Remove 方法的功能是删除某个指定的项目,Clear 方法的功能是清除视图列表中所有的项目。

【例 8.9】 设计一个列表视图,能够列出学生的各科成绩和平均成绩。

分析:在窗体的上端分别创建 1 个框架、4 个标签和 4 个文本框,用于输入学生的姓名和各科成绩;在窗体的中部创建 1 个列表视图控件,用于列出所有学生的姓名、各科成绩和平均成绩;在窗体的下端创建 3 个命令按钮,分别用于添加某个学生的信息、清除所有学生的信息和退出程序的执行。

在列表视图 ListView1 的 "属性页" 对话框中,把 View 属性值设置为 lvwReport,使得在列表视图中以报表形式显示所有学生的信息。在 "属性页" 对话框的 Column Headers 选项卡中,不断地单击 "插入列" 按钮为列表视图的每一个项目设置 5 列,即 5 个子项目,并把列标题依次设置为 "姓名"、"数学"、"英语"、"VB" 和 "平均成绩"。

在 Command1 的单击事件过程中调用 Add 方法,在 Item 数组中创建一个新项目并把该项目每一列的数据依次添加到 SubItems 中。在 Command2 的单击事件过程中调用 Clear 方法,清除列表视图中所有的项目。在 ListView1 的 DblClick 事件过程中调用 Remove 方法,删除用户在列表视图中选定的某个项目。在 ListView1 的 ColumnClick 事件过程中分别对 ListView1 的 SortKey、SortOrder 和 Sorted 属性进行设置,实现列表视图中项目的自动排序。

```
Dim i As Integer
Private Sub Form_Load( )
    i = 1
```

```
        ListView1.ListItems.Clear
End Sub
Private Sub Command1_Click( )
    Dim sum As Integer
    If Text1.Text = "" Then
        MsgBox ("必须输入学生的姓名！")
        Text1.SetFocus
        Exit Sub
    End If
    ListView1.ListItems.Add(i) = Text1.Text                    '添加一个项目
    ListView1.ListItems.Item(i).SubItems(1) = Text2.Text
    ListView1.ListItems.Item(i).SubItems(2) = Text3.Text
    ListView1.ListItems.Item(i).SubItems(3) = Text4.Text
    sum = Val(Text2.Text) + Val(Text3.Text) + Val(Text4.Text)
    ListView1.ListItems.Item(i).SubItems(4) = Format(sum / 3, "##.#")
    i = i + 1
    Text1.Text = ""
    Text2.Text = ""
    Text3.Text = ""
    Text4.Text = ""
End Sub
Private Sub Command2_Click( )
    ListView1.ListItems.Clear
    i = 1
End Sub
Private Sub Command3_Click( )
    End
End Sub
Private Sub ListView1_DblClick( )
    If ListView1.ListItems.Count >= 1 Then
        ListView1.ListItems.Remove (ListView1.SelectedItem.Index)
        i = i - 1
    End If
End Sub
Private Sub ListView1_ColumnClick(ByVal ColumnHeader _
As MSComctlLib.ColumnHeader)
    ListView1.SortKey = ColumnHeader.Index - 1
    If ListView1.SortOrder = lvwAscending Then
        ListView1.SortOrder = lvwDescending
    Else
        ListView1.SortOrder = lvwAscending
    End If
    ListView1.Sorted = True                    '自动排序
End Sub
```

运行程序，结果如图 8-20 所示。

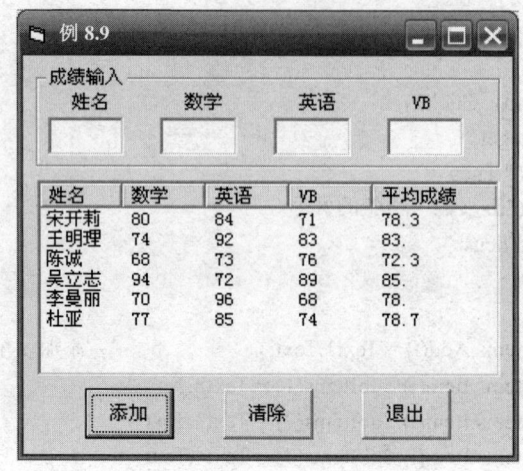

图 8-20　例 8.9 的运行结果

提示：程序运行时用户先在文本框中输入学生的姓名和各科成绩，然后单击"添加"命令按钮，即可在列表视图中显示该位学生的信息。如果用户双击了列表视图中的某一行，则会删除相应学生的信息。如果用户单击了列表视图中某一列的标题，就会以该列为基准对所有学生的信息进行自动排序。

8.4.4　树形视图

树形视图（TreeView）控件位于 Microsoft Windows Common Controls 6.0 部件中，其图标如图 8-21 所示。树形视图能够以树形结构组织类似文件目录这样的一些具有层次关系的节点对象（Node），并且以树形方式直观地显示节点对象的分层列表。

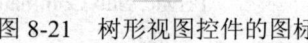

图 8-21　树形视图控件的图标

树形视图控件的"属性页"对话框如图 8-22 所示，表 8-12 列出了树形视图控件的常用属性。

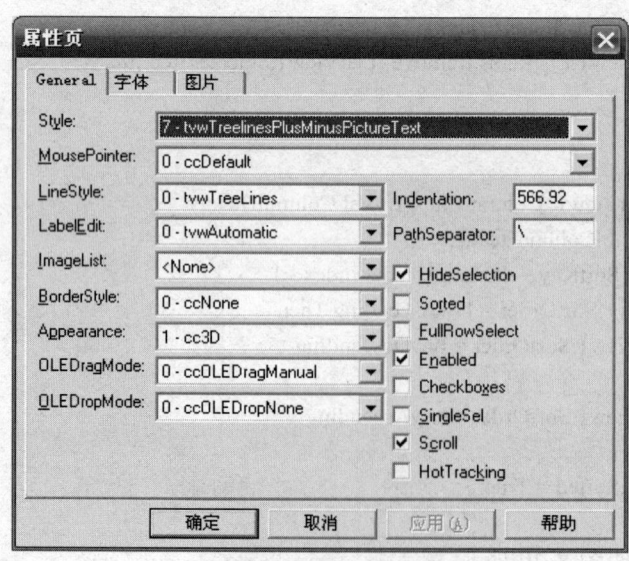

图 8-22　树形视图控件的"属性页"对话框

表 8-12　树形视图控件的常用属性

属性	作用
Name	设置树形视图的对象名，程序中第一个树形视图控件的默认对象名是 TreeView1
Style	设置树形视图的样式
Nodes	获得树形视图中的节点对象
LineStyle	设置节点之间连线的样式
Sorted	确定节点是否自动排序

树形视图的操作主要针对其 Nodes 属性，即节点对象。Nodes 本身也是一个对象，它的重要属性是 Expanded，如果该属性的值为 True，表示将节点展开。Nodes 的重要方法是 Add 和 Remove，Add 方法的功能是为某个节点对象创建子节点，Remove 方法的功能是删除某个节点对象。

例如用树形视图建立一个描述计算机组成结构的分层列表，"计算机"是根节点，它有"硬件"和"软件"两个子节点。"硬件"节点有"CPU"、"存储器"和"外部设备"三个子节点，"软件"节点有"系统软件"和"应用软件"两个子节点，"外部设备"节点有"输入设备"和"输出设备"两个子节点。在窗体的 Load 事件过程中，调用树形视图 TreeView1 的 Nodes 属性的 Add 方法逐步添加节点对象，并确立节点之间的层次关系。然后在 For-Next 循环结构中，将所有的节点展开。

```
Private Sub Form_Load( )
    Dim Node1 As Node, i As Integer
    Set Node1=TreeView1.Nodes.Add(, , "计算机", "计算机")
    Set Node1=TreeView1.Nodes.Add("计算机", tvwChild, "硬件", "硬件")
    Set Node1=TreeView1.Nodes.Add("计算机", tvwChild, "软件", "软件")
    Set Node1=TreeView1.Nodes.Add("硬件", tvwChild, "CPU", "CPU")
    Set Node1=TreeView1.Nodes.Add("硬件", tvwChild, "存储器", "存储器")
    Set Node1=TreeView1.Nodes.Add("硬件",tvwChild,"外部设备","外部设备")
    Set Node1=TreeView1.Nodes.Add("软件", tvwChild,"系统软件","系统软件")
    Set Node1=TreeView1.Nodes.Add("软件",tvwChild,"应用软件","应用软件")
    Set Node1=TreeView1.Nodes.Add("外部设备",tvwChild,"输入设备","输入设备")
    Set Node1=TreeView1.Nodes.Add("外部设备", tvwChild,"输出设备","输出设备")
    For i = 1 To TreeView1.Nodes.Count
        TreeView1.Nodes(i).Expanded = True
    Next i
End Sub
```

该树形视图的显示效果如图 8-23 所示。

8.4.5　Animation 控件

Animation 控件位于 Microsoft Windows Common Controls-2 6.0 部件中，其图标如图 8-24 所示。Animation 控件能够显示无声的 AVI 视频文件，它属于后台控件，程序运行时看不到。Animation 控件一般用于播放无声的 AVI

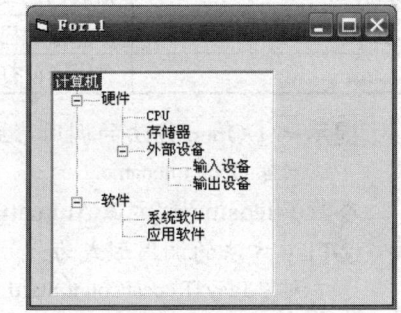

图 8-23　树形视图的显示效果

动画，AVI 动画是由若干帧位图组成的，其结构与电影类似。

图 8-24　Animation 控件的图标

Animation 控件的"属性页"对话框如图 8-25 所示，表 8-13 列出了 Animation 控件的常用属性。

图 8-25　Animation 控件的"属性页"对话框

表 8-13　Animation 控件的常用属性

属性	作用
Name	设置 Animation 控件的对象名，程序中第一个 Animation 控件的默认对象名是 Animation1
AutoPlay	确定 Animation 控件能否自动播放加载的 AVI 文件，默认值是 False，表示不能自动播放
BackStyle	设置 Animation 控件播放动画的背景
Center	确定 Animation 控件中的 AVI 文件是否居中显示，默认值是 False，表示不居中显示，而是在控件的左上角显示

Animation 控件的常用方法有 Open、Play、Stop 和 Close，如表 8-14 所示。

表 8-14　Animation 控件的常用方法

方法	功能
Open	打开要播放的 AVI 文件
Play	播放已加载的 AVI 文件
Stop	停止播放已加载的 AVI 文件
Close	关闭当前打开的 AVI 文件

提示：①Open 方法的调用形式为：

对象.Open Filename

参数 Filename 表示在 Animation 控件中被打开文件的文件名，该文件的扩展名必须是 avi。

②Play 方法的调用形式为：

对象.Play [RepeatCount,StartFrame,EndFrame]

参数 RepeatCount 表示动画重复播放的次数，其默认值是-1，表示可以连续重复地播放。

参数 StartFrame 表示动画播放的开始帧，其默认值是 0，表示从第一帧开始播放。参数 EndFrame 表示动画播放的结束帧，其默认值是-1，表示一直播放到最后一帧才结束。例如在控件 Animation1 中播放动画，从第 7 帧开始，到第 23 帧结束，一共重复 3 次，可以写为：

  Animation1.Play 3, 7, 23

【例 8.10】设计一个简单的 AVI 动画播放器。

分析：在窗体上分别创建 1 个框架、1 个通用对话框控件、1 个 Animation 控件和 4 个按钮。把 Animation 控件放入框架中，使得动画在播放时具有边框。

在 Form_Load 事件过程中，对通用对话框 CommonDialog1 的 Filter 属性进行设置，使得在通用对话框中只显示 AVI 类型的文件。在 Command1 的单击事件过程中，首先调用 ShowOpen 方法，显示"打开"对话框。通过 CommonDialog1 的 FileName 属性得到用户选中的 AVI 文件的文件名，然后调用 Open 方法，在 Animation1 控件中打开相应的文件。在 Command2 的单击事件过程中，调用 Play 方法，开始播放动画。在 Command3 的单击事件过程中，调用 Stop 方法，停止播放动画。在 Command4 的单击事件过程中，调用 Close 方法，关闭已经打开的 AVI 文件，然后结束程序的执行。

```
Private Sub Form_Load( )
    CommonDialog1.Filter = "AVI 文件(*.avi)|*.avi"
    Command2.Enabled = False
    Command3.Enabled = False
End Sub
Private Sub Command1_Click( )
    Dim s As String
    CommonDialog1.ShowOpen
    s = CommonDialog1.FileName
    Animation1.Open s
    Command2.Enabled = True
End Sub
Private Sub Command2_Click( )
    Animation1.Play
    Command2.Enabled = False
    Command3.Enabled = True
End Sub
Private Sub Command3_Click( )
    Animation1.Stop
    Command2.Enabled = True
    Command3.Enabled = False
End Sub
Private Sub Command4_Click( )
    Animation1.Close
    End
End Sub
```

运行程序，结果如图 8-26 所示。

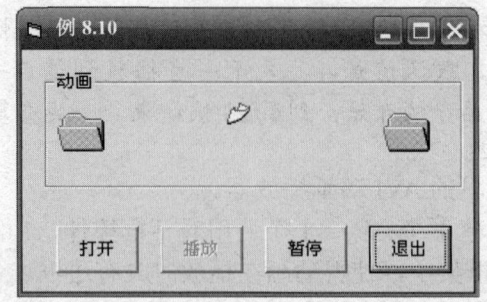

图 8-26 例 8.10 的运行结果

提示：程序运行时用户应首先单击"打开"按钮，选择相应的 AVI 文件并打开。如果单击"播放"按钮，则在窗体上就会重复地播放动画，此时"播放"按钮失效，而"暂停"按钮从失效变为有效；如果单击"暂停"按钮，就会暂停播放动画，此时"暂停"按钮失效，而"播放"按钮从失效变为有效。

习题

一、选择题

1. 在下列关于通用对话框的叙述中，错误的是（　　）。
    A．CommonDialog1.ShowFont 显示"字体"对话框
    B．在"打开"或"另存为"对话框中，用户选择的文件名可以经过 FileTitle 属性返回
    C．在"打开"或"另存为"对话框中，用户选择的文件名及其路径可以经过 FileTitle 属性返回
    D．通用对话框可以用来制作和显示"帮助"对话框

2. 窗体上建立了一个名为 CommonDialong1 的通用对话框，用下面的语句建立一个对话框：CommonDiaong1.action=2，则以下语句与之等价的是（　　）。
    A．CommonDialon1.ShowOpen
    B．CommonDiaog1.ShowSave
    C．CommonDiaog1.ShowColor
    D．CommonDiaog1.ShowFont

3. 下列说法正确的是（　　）。
    A．任何时候都可以使用标准工具栏中的"菜单编辑器"按钮打开菜单编辑器
    B．只有当代码窗口为当前活动窗口时，才能打开菜单编辑器
    C．只有当某个窗体为当前活动窗体时，才能打开菜单编辑器
    D．任何时候都可以使用"工具"菜单中的"菜单编辑器"命令打开菜单编辑器

4. 在 Visual Basic 中，要设置菜单项的快捷访问键，应使用符号（　　）。
    A．&　　　　　　B．*　　　　　　C．$　　　　　　D．@

5. 要使某菜单能够通过按住键盘上的 Alt 键及 K 键打开，应（　　）。
    A．在"名称"栏中"K"字符前加上"&"
    B．在"标题"栏中"K"字符后加上"&"

C. 在"标题"栏中"K"字符前加上"&"

D. 在"名称"栏中"K"字符后加上"&"

6. 如果要在菜单中添加一个分隔线，则应将其 Caption 属性设置为（   ）。

   A. :   B. 、   C. &   D. -

7. 下列关于多文档界面（MDI）的叙述错误的是（   ）。

   A. MDI 子窗口包含在一个大小可调的 MDI 父窗口内

   B. MDI 应用程序允许同时显示多个文档，每个文档显示在它自己的窗口中

   C. MDI 窗体的 ActiveForm 属性可以返回具有焦点或者最后被激活的子窗体

   D. MDI 应用程序中只有两种类型的窗体，即父窗体和子窗体

8. 下列说法正确的是（   ）。

   A. 快捷键和访问键的建立方法一样

   B. 快捷键和访问键的使用方法一样

   C. 快捷键和访问键均是菜单项提供的一种键盘访问方法

   D. 一个菜单项不能同时拥有快捷键和访问键

二、填空题

1. 菜单编辑器窗口分为三个部分：_____、_____、_____。
2. 弹出式菜单也称为_____菜单，一般通过鼠标的_____键单击显示。
3. 利用 Visual Basic 的菜单编辑器最多可以建立____级下拉式子菜单。
4. Popupmenu 方法的功能是_____。
5. 如果要在菜单项的标题前显示一个"√"，需要设置菜单项的_____属性。

三、简答题

1. 如何把 ActiveX 控件添加到工具箱中？
2. 如何在程序中显示"颜色"对话框？如何在"打开"对话框中过滤指定的文件类型？
3. 如何在程序中显示弹出式菜单？
4. 如何在程序中关闭一个窗体，显示另一个窗体？
5. 如何确定当前活动的选项卡？

第 9 章 文件

众所周知,在计算机中数据信息与输入输出设备都是以文件的形式存储的,文件的处理非常重要、不可或缺。常见的文件处理涉及文件的新建、打开、保存、读写和关闭操作,Visual Basic 具有较强的文件处理能力,用户使用 Visual Basic 语言以及控件可以很方便地对文件进行相关操作。本章介绍文件的概念以及在 VB 程序中文件操作的方法,主要讲解 VB 语言的文件操作语句和函数,此外还介绍了文件系统控件。

- 文件的概念与分类
- 文件的打开与关闭操作
- 顺序文件的读写操作
- 随机文件的读写操作
- 文件系统控件的使用

9.1 概述

文件是存储在外部介质上的一段数据流。根据数据性质的不同,文件可以分为程序文件和数据文件。

程序文件是存储计算机程序的文件。在 VB 中,扩展名为.exe、.frm、.vbp、.vbg、.bas 等的文件都是程序文件,对于这一部分文件的相关操作将在本书其他章节中介绍。

数据文件是存储数据信息的文件。根据数据存取方式和结构的不同,可以分为顺序文件和随机文件,文件结构由若干记录组成,记录由字段组成,字段由字符组成。Visual Basic 具有较强的数据文件处理能力,可以对数据文件进行打开、读、写、关闭等操作,同时也提供了一些与数据文件处理有关的控件。本章将重点介绍 Visual Basic 中数据文件的常见操作以及与文件相关的常用控件,此后的数据文件将统一简称为文件。

9.2 文件打开与关闭

在 VB 中,文件的操作流程如图 9-1 所示。

(1)打开(创建)文件是为文件在内存中指定一个读写缓冲区,指定文件的打开方式,确定"文件号",便于后面的操作。

（2）读文件是将外部介质上的文件数据输入到内存；写文件是将内存中的文件数据输出到外部介质上。

（3）关闭文件是将内存缓冲区中的所有数据写入文件中，并释放与该文件相关的"文件号"。

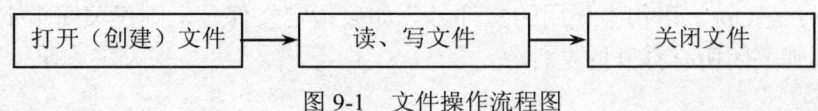

图 9-1　文件操作流程图

9.2.1　文件打开

Visual Basic 用 Open 语句打开或创建一个文件。

1. 格式

  Open 文件名 For [打开方式] [Access 存取类型] As [#] 文件号 [Len=记录长度]

2. 功能

为文件的输入输出分配缓冲区，并确定缓冲区所使用的存取方式。

3. 说明

（1）格式中的 Open、For、Access、As、Len 为关键字。

（2）打开方式：指定文件的输入输出方式，默认为 Random。

- Input：指定顺序输入方式。
- Output：指定顺序输出方式。
- Append：指定以追加的方式顺序输出。
- Random：指定随机存取方式。

（3）存取类型：指定访问文件的类型。

- Read：打开只读文件。
- Write：打开只写文件。
- Read Write：打开读/写文件。

（4）文件号：是一个整数表达式，取值范围为 1～511。

（5）记录长度：是一个整数表达式，取值不超过 32767 字节。

4. 举例

（1）在 D 盘根目录下打开或创建文件名为 stu_name.txt 的文件，以便记录可以写入该文件。

  Open "D:\stu_name.txt" For Output As #1

（2）打开 D 盘根目录下文件名为 stu_addr.txt 的文件，以便记录从文件中被读出。

  Open "D:\ stu_addr.txt" For Input As #2

（3）按随机方式打开文件 stu_rec.dat，记录长度为 256 字节。

  Open "stu_rec.dat" For Random As #3 Len=256

9.2.2　文件关闭

Visual Basic 用 Close 语句关闭文件。

1. 格式

  Close [[#]文件号] [,[#]文件号]…

2. 功能

结束文件的输入输出操作，释放相应的文件号。

3. 说明

（1）格式中的 Close 为关键字。

（2）文件号是 Open 语句中使用的文件号。如果指定文件号，则仅关闭指定文件；如果不指定文件号，则关闭所有打开的文件。

4. 举例

（1）关闭 D 盘根目录下文件名为 stu_name.txt 的文件。

  Close #1

（2）关闭打开的所有文件。

  Close

9.3 文件读写

9.3.1 顺序文件

顺序文件是常用的一种文件形式，结构简单、占用空间少，文件中的记录一个接一个地存储。在这种文件中只知道第一个记录的存储位置，如果要查找某个记录，只能从文件头开始逐个记录地顺序读取，直到找到该记录为止。正因为顺序文件的这种存储方式，使得顺序文件不能灵活地存取和增减数据，因此适用于存储有一定规律且不需要经常修改的数据。

1. 顺序文件的写操作

Visual Basic 中顺序文件的写操作可以使用 Print 语句和 Write 语句实现。

（1）Print 语句。

格式：**Print #文件号,[[Spc(n) | Tab(n)] [表达式表]]**

功能：把数据写入文件中。

说明：

- 格式中的 Print 是关键字。
- 文件号是使用 Open 语句打开文件时指定的文件号。
- Spc 函数的功能是插入空格，Tab 函数的功能是对输出进行定位。
- 表达式表省略的情况下，将向文件写入一个空行。
- 各数据项之间用逗号隔开。

【例 9.1】使用 Print 语句在 D 盘上创建一个学生通讯录。

编写代码如下：

```
Private Sub Form_Click( )
    '以输出方式在 D 盘上创建文件名为 stu_address.txt 的顺序文件，文件号为 1
    Open "D:\ stu_address.txt" For Output As #1
    Stu_name$=InputBox$("请输入学生姓名：","数据输入")
    Stu_addr$=InputBox$("请输入学生家庭住址：","数据输入")
    '使用 Print 语句写顺序文件
```

```
        Print #1, Stu_name$, Stu_addr$
        '关闭文件
    Close #1
End Sub
```

执行结果：录入一条学生记录后，在 D 盘根目录下创建一个文件名为 stu_address.txt 的文件，文件内容如图 9-2 所示。

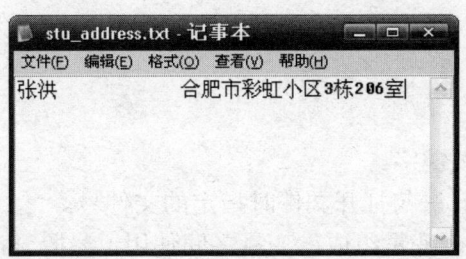

图 9-2 使用 Print 语句写入的 Stu_address.txt 文件内容

（2）Write 语句。

格式：Write #文件号, [表达式列表]

功能：把数据写入文件中。

说明：

- 格式中的 Write 是关键字。
- 文件号、表达式表说明同 Print 语句。
- Write 语句只能写以 Output 或 Append 方式打开的文件。
- 用 Write 语句写文件时，数据以紧凑的格式存放，且在数据项之间自动插入逗号，对字符串加上双引号，正数前面没有空格。

【例 9.2】使用 Write 语句在 D 盘上创建一个学生通讯录。

编写代码如下：

```
Private Sub Form_Click( )

    Open "D:\ stu_address.txt" For Output As # 1
    Stu_name$=InputBox$("请输入学生姓名：","数据输入")
    Stu_addr$=InputBox$("请输入学生家庭住址：","数据输入")
    '使用 Write 语句写顺序文件
    Write # 1, Stu_name$, Stu_addr$
    Close # 1
End Sub
```

执行结果：录入一条学生记录后，在 D 盘根目录下创建一个文件名为 stu_address.txt 的文件，文件内容如图 9-3 所示。

2. 顺序文件的读操作

Visual Basic 中顺序文件的读操作可以使用 Input 语句和 Line Input 语句实现。

（1）Input 语句。

格式：Input #文件号,变量表

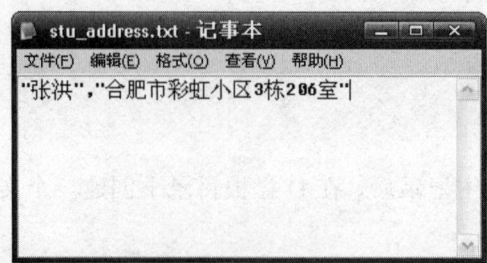

图 9-3　使用 Write 语句写入的 Stu_address.txt 文件内容

功能：从文件中读出数据。

说明：
- 格式中的 Input 是关键字。
- 文件号是使用 Open 语句打开文件时指定的文件号。
- 变量表由一个或多个变量组成，变量之间使用逗号隔开。
- 因为读出的数据将赋值给变量表中的相应变量，因此变量类型与数据类型应一一匹配。

【例 9.3】把例 9.2 建立的学生通讯录读入内存，并在窗体中显示。

编写代码如下：

```
Private Sub Form_Click( )
    Dim Stu_name, Stu_addr As String
    '以输入方式打开 D 盘上名为 stu_address.txt 的顺序文件，文件号为 1
    Open "d:\ stu_address.txt" For Input As #1
    '使用 Input 语句读顺序文件
    Input #1, Stu_name, Stu_addr
    Print "姓名", "家庭地址"
    Print
    Print Stu_name, Stu_addr
    Close #1
End Sub
```

程序执行结果如图 9-4 所示。

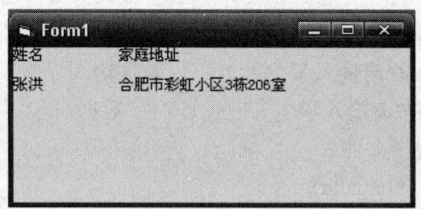

图 9-4　使用 Input 语句读 Stu_address.txt 文件

提示：如果例题中的记录数为 n 条，则需要定义数组来进行读写操作。

（2）Line Input 语句。

格式：**Line Input #文件号,变量表**

功能：从文件中读出数据。

说明：
- Line Input 用于读出一个数据行，而 Input 语句读取的是数据项。

- 可用于随机文件。
- 其他说明同 Input 语句。

3. 程序举例

【例 9.4】创建一个学生成绩表，录入记录数据，并按分数高低将记录显示在窗体中。

分析：这个问题涉及顺序文件的读写操作以及数值数据的排序。

界面设计如图 9-5 所示。

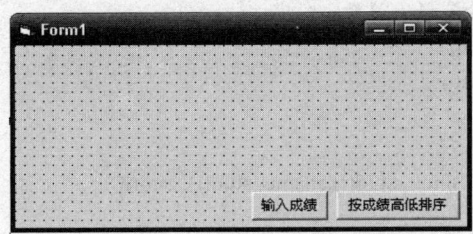

图 9-5　学生成绩表界面设计

属性设置如表 9-1 所示。

表 9-1　属性设置

对象	控件名称	属性名称	属性值
命令按钮	Command1	Name	CmdInput
		Caption	输入成绩
	Command2	Name	CmdRank
		Caption	按成绩高低排序

程序代码如下：

```
'添加一个标准模块，在标准模块中声明记录类型，保存为 sscore.bas
Type stu
    snum As String * 5
    sname As String * 8
    sscore As Integer
End Type
'写文件
Private Sub CmdInput_Click( )
    Static stud( ) As stu
    Open "D:\score.txt" For Output As #1        '以输出方式新建顺序文件
    n = InputBox("请输入学生总数：", "数据输入")
    ReDim stud(n) As stu                        '定义记录数组
    '接收输入的数据并写入文件
    For i = 1 To n
        stud(i).snum = InputBox$("请输入学号：", "数据输入")
        stud(i).sname = InputBox$("请输入姓名：", "数据输入")
        stud(i).sscore = InputBox("请输入成绩：", "数据输入")
        Write #1, stud(i).snum, stud(i).sname, stud(i).sscore
    Next i
    Close #1                                    '关闭文件
```

```
            End
        End Sub
        '读文件，使用冒泡排序
        Private Sub CmdRank_Click( )
            Static stud( ) As stu
            Static temp( ) As stu
            '以输入方式打开文件
            Open "D:\score.txt" For Input As #1
            n = InputBox("请输入学生总数：", "数据输入")
            ReDim stud(n) As stu
            ReDim temp(0) As stu
            '读取文件记录
            For i = 1 To n
                Input #1, stud(i).snum, stud(i).sname, stud(i).sscore
            Next i
            '使用冒泡排序，按照分数高低对全部记录进行降序排列
            For i = n To 2 Step -1
                For j = 1 To i - 1
                    If stud(j).sscore < stud(j + 1).sscore Then
                        temp(0).sscore = stud(j + 1).sscore
                        temp(0).sname = stud(j + 1).sname
                        temp(0).snum = stud(j + 1).snum
                        stud(j + 1) = stud(j)
                        stud(j) = temp(0)
                    End If
                Next j
            Next i
            Close #1
            '在窗体中显示排序结果
            For i = 1 To n
                Print stud(i).snum, stud(i).sname, stud(i).sscore
            Next i
        End Sub
```

程序执行结果如图 9-6 和图 9-7 所示。

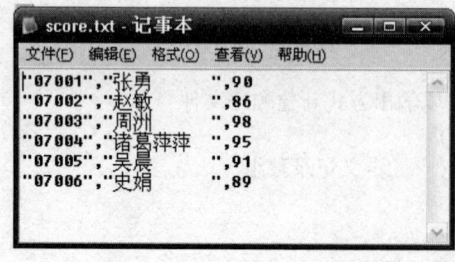

图 9-6　score.txt 文件内容

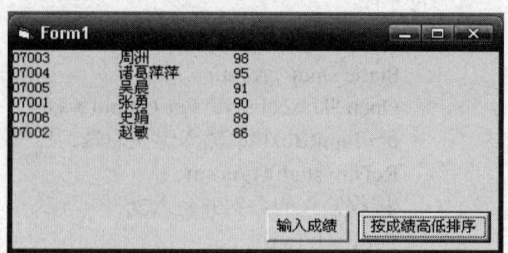

图 9-7　程序执行结果

9.3.2　随机文件

随机文件是随机存取文件的简称，这类文件中的每个记录长度是固定的，且每个记录都

有一个记录号。在这种文件中查找某个记录，只需要给出其记录号即可快速找到该记录。在随机文件中可以同时进行读、写操作，能快速灵活地查找和修改每个记录。

1. 随机文件的读写操作

随机文件的读写操作分为 4 步：

（1）定义数据类型。

（2）打开随机文件。

（3）用 Get 语句或 Put 语句对随机文件进行读或写。

（4）关闭文件。

2. 随机文件的读操作

随机文件的读操作使用 Get 语句。

格式：**Get #文件号, [记录号]，变量**

功能：实现随机文件的读操作。

说明：

- 格式中的 Get 是关键字。
- 文件号是使用 Open 语句打开文件时指定的文件号。
- 记录号的取值范围为 $1 \sim 2^{31}-1$，以 Random 方式打开的文件，记录号是需要读的记录的编号，如果省略记录号，其后的逗号需要保留，执行读下一记录的操作。
- 变量是除对象变量和数组变量外的任何变量（包括含有单个数组元素的下标变量）。

举例：读取文件号为 1 的下一条记录到 myfile 变量中。

  Get #1,,myfile

3. 随机文件的写操作

随机文件的写操作使用 Put 语句。

格式：**Put #文件号, [记录号],变量**

功能：实现随机文件的写操作。

说明：

- 格式中的 Put 是关键字。
- 其他说明与 Get 语句相同。

举例：

  Put #1,1,number '将 number 变量的值写到记录号为 1 的记录中

4. 程序举例

【例 9.5】创建一个随机存取的员工工资表，然后读取文件中的任一记录并显示在窗体中。

分析：这个问题涉及到随机文件的读写操作。

界面设计如图 9-8 所示。

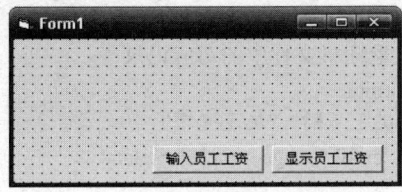

图 9-8　员工工资表界面设计

属性设置如表 9-2 所示。

表 9-2 属性设置

对象	控件名称	属性名称	属性值
命令按钮	Command1	Name	CmdInput
		Caption	输入员工工资
	Command2	Name	CmdShow
		Caption	显示员工工资

程序代码如下：

```vb
'添加一个标准模块，在标准模块中声明记录类型
Type EmployeeType
    Emname As String * 8
    Emage As Integer
    Emsalary As Single
End Type
'在窗体层中定义通用变量
Dim empl As EmployeeType
Dim recnumber As Integer
'按随机方式打开文件
Private Sub Form_Load( )
    Open "d:\emplsalary.txt" For Random As #1 Len = Len(empl)
End Sub
'写文件
Private Sub CmdInput_Click( )
    recnumber = 0
    '循环读入数据，并写入随机文件
    Do
        empl.Emname = InputBox$("请输入员工姓名：")
        empl.Emage = InputBox ("请输入员工工龄：")
        empl.Emsalary = InputBox ("请输入员工工资：")
        recnumber = recnumber + 1
        Put #1, recnumber, empl
        centinue$ = InputBox$("继续输入吗？（Y/N）")
    Loop Until UCase$(centinue$) = "N"
End Sub
'按记录号读文件
Private Sub CmdShow_Click( )
    Dim recordnum As Integer
    recordnum = InputBox("请输入想查看的员工记录号：")
    If recordnum > 0 And recordnum <= recnumber Then
        '按给定的记录号读取随机文件中的对应记录
        Get #1, recordnum, empl
        Print "员工姓名", "员工工龄", "员工工资"
        Print empl.Emname, empl.Emage, empl.Emsalary
    End If
End Sub
```

程序执行结果如图 9-9 所示。

（a）程序执行界面　　　　　　　　　（b）单击"输入员工工资"按钮打开"输入员工记录"对话框

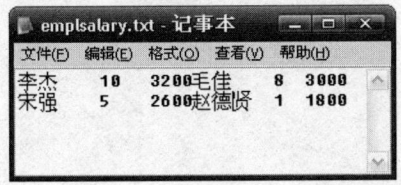

（c）创建的 emplsalary.txt 文件内容　　　　　　（d）"输入员工记录号"对话框

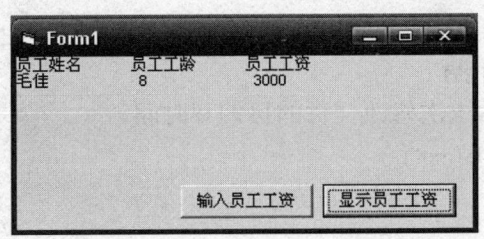

（e）根据输入的记录号显示的员工工资记录

图 9-9　例 9.5 的运行结果

9.4　文件操作

9.4.1　文件操作语句

1. FileCopy 语句

格式：**FileCopy 源文件名,目标文件名**

功能：复制文件。

举例：**FileCopy "c:\file1.txt","d:\file2.txt"**

2. Name 语句

格式：**Name 原文件名 As 新文件名**

功能：重命名文件。

举例：**Name "c:\file1.txt" As "c:\file2.txt"**

3. Kill 语句

格式：**Kill 文件名**

功能：删除文件。

举例：Kill "c:\file1.txt"

4. SetAttr 语句

格式：**SetAttr 文件名,属性**

功能：设置文件属性。

说明：文件属性包括 vbNormal、vbReadOnly、vbHidden、vbSystem、vbArchive。

举例：设置文件 file1.txt 的文件属性为只读和隐藏。

    SetAttr "c:\file1.txt",vbReadOnly+vbHidden

9.4.2 文件操作函数

1. FreeFile 函数

格式：**FreeFile**

功能：返回一个没有使用的文件号。

举例：使用未使用的文件号打开文件。

    Filenum=FreeFile
    Open "c:\myfile.txt" For Random As Filenum

2. FileDateTime 函数

格式：**FileDateTime(文件名)**

功能：返回创建或最后一次修改文件的日期和时间。

举例：FileDataTime("c:\file1.txt")

3. Loc 函数

格式：**Loc(文件号)**

功能：返回由文件号指定的文件当前读写位置。

举例：Loc(1)

4. LOF 函数

格式：**LOF(文件号)**

功能：返回文件长度。

举例：Recordnum=LOF(1)/Recordlen '计算随机文件的记录数

5. EOF 函数

格式：**EOF(文件号)**

功能：判断文件结束状态。

说明：读写文件时，当指针到文件尾时，EOF 返回值为 True，否则返回 False。

举例：EOF(1)

9.5 文件系统控件

9.5.1 驱动器列表框

1. 驱动器列表框控件

驱动器列表框（DriveListBox）控件用于显示当前驱动器名称，对应于工具箱中的

DriveListBox 按钮，如图 9-10 所示。

2. Drive 属性

驱动器列表框控件包括很多常见属性，其中的 Drive 属性需要特别提出，该属性只能通过程序代码设置。

图 9-10　DriveListBox 按钮

设置格式：**驱动器列表框名称.Drive[=驱动器名]**

功能：设置或返回所选择的驱动器名。

说明：当重新设置驱动器列表框的 Drive 属性时，会引发 Change 事件，Change 事件过程开头一般为 Drive1_Change ( )。

9.5.2　目录列表框

1. 目录列表框控件

目录列表框（DirListBox）控件用于显示当前驱动器的目录结构，对应于工具箱中的 DirListBox 按钮，如图 9-11 所示。

2. Path 属性

在目录列表框中只能显示当前驱动器上的目录，若要显示其他驱动器上的目录，则应使用 Path 属性改变路径。

图 9-11　DirListBox 按钮

设置格式：**目录列表框名称.Path[="路径"]**

功能：设置或返回当前路径。

说明：当重新设置目录列表框的 Path 属性时，同样会引发 Change 事件。

9.5.3　文件列表框

文件列表框（FileListBox）控件用于显示当前目录下的文件，对应于工具箱中的 FileListBox 按钮，如图 9-12 所示。

1. 文件列表框的常用属性

（1）Path 属性：设置或返回文件列表框的当前目录。

（2）Filename 属性：返回或设置被选定文件的文件名，不包括路径名。

图 9-12　FileListBox 按钮

（3）Pattern 属性：返回或设置文件列表框所显示的文件类型。

（4）Archive 属性：设置是否只显示文档文件。

（5）Normal 属性：设置是否只显示标准文件。

（6）Hidden 属性：设置是否只显示隐藏文件。

（7）System 属性：设置是否只显示系统文件。

（8）ReadOnly 属性：设置是否只显示只读文件。

（9）List 属性：设置或返回列表框中的某一项目。

（10）ListCount 属性：返回列表框中所列项目的总数。

（11）ListIndex 属性：设置或返回当前列表框上所选的项目的索引值。第一项的索引值为 0，依次类推。

2. 文件列表框的常用事件

（1）PathChange 事件：Filename 属性指定的文件的 Path 属性改变时触发的事件。

（2）PatternChange 事件：Filename 属性指定的文件的 Pattern 属性改变时触发的事件。

（3）Click、DblClick 事件：单击、双击文件名时触发的事件。

3. 程序举例

【例 9.6】创建一个具有删除文件功能的文件管理器。

分析：这个问题涉及到驱动器列表框、目录列表框和文件列表框的使用，以及使用 Kill 语句删除文件的操作。

界面设计如图 9-13 所示。

图 9-13　文件管理器界面设计

属性设置如表 9-3 所示。

表 9-3　属性设置

对象	控件名称	属性名称	属性值
命令按钮	Command1	Name	CmdDelete
		Caption	删除选定文件
	Command2	Name	CmdExit
		Caption	退出程序

程序代码如下：

```
    '在窗体层定义变量
    Dim FName As String
    Dim FPath As String
    '为驱动器列表框添加代码
    Private Sub Drive1_Change( )
        Dir1.Path = Drive1.Drive        '将驱动器当前路径赋给目录列表框
    End Sub
    '为目录列表框添加代码
    Private Sub Dir1_Change( )
        File1.Path = Dir1.Path          '将目录当前路径赋给文件列表框
    End Sub
    '为文件列表框添加代码
    Private Sub File1_Click( )
        FPath = File1.Path
        FName = File1.FileName
        FName = FPath + FName           '将当前文件路径与文件名赋给变量 FName
```

```
        End Sub
    ' 为"删除选定文件"按钮添加代码
    Private Sub CmdDelete_Click( )
        Kill FName                      '删除当前文件
        File1.Refresh                   '刷新文件列表框
    End Sub
    ' 为"退出程序"按钮添加代码
    Private Sub CmdExit_Click( )
        End
    End Sub
```

程序执行结果如图 9-14 和图 9-15 所示。

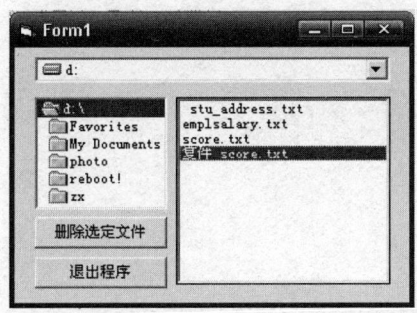

图 9-14　选择 D 盘中名为"复件 score.txt"的文件

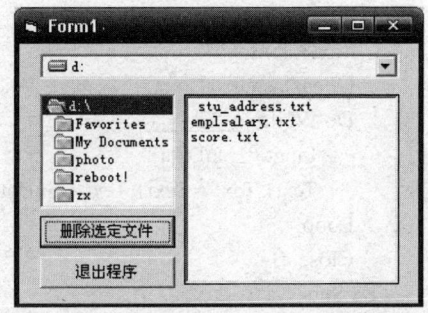

图 9-15　单击"删除选定文件"按钮删除文件

习题

一、选择题

1. 下面关于文件的叙述中错误的是（　　）。

    A．随机文件中各条记录的长度是相同的

    B．打开随机文件时采用的文件存取方式应该是 Random

    C．向随机文件中写数据应该使用语句"Print#文件号"

    D．打开随机文件与打开顺序文件一样，都使用 Open 语句

2. 下列有关文件的叙述中正确的是（　　）。

    A．以 Output 方式打开一个不存在的文件时，系统将显示出错信息

    B．以 Append 方式打开的文件，既可以进行读操作，也可以进行写操作

    C．在随机文件中，每个记录的长度都是固定的

    D．无论是顺序文件还是随机文件，其打开的语句和打开方式都是完全相同的

3. 下列有关文件系统控件属性的叙述中正确的是（　　）。

    A．文件列表框的 Filename 属性返回包括路径名的文件名

    B．驱动器列表框的 Drive 属性只能通过程序代码设置

    C．文件列表框的 Pattern 属性改变时触发的事件是 Change 事件

    D．文件列表框的 ListIndex 属性返回当前列表框上第一项的索引值为 1

4. 目录列表框的 Path 属性的作用是（　　）。
   A. 显示当前驱动器或指定驱动器上的路径
   B. 显示当前驱动器或指定驱动器上的某目录下的文件名
   C. 显示根目录下的文件名
   D. 只显示当前路径下的文件

二、填空题

1. 补充程序，使其能够把当前目录下的顺序文件 smtext1.txt 的内容读入内存，并在文本框 Text1 中显示出来。

```
Private Sub From_Click( )
    Dim inData As String
    Text1.Text = ""
    Open ".\smtext1.txt"    (1)    As #1
    Do While    (2)
        Input #1, inData
        Text1.Text = Text1.Text & inData
    Loop
    Close #1
End Sub
```

2. 当重新设置驱动器列表框的 Drive 属性时，会引发_____事件，事件过程的开头一般为_____。
3. 文件的打开和关闭语句分别是_____和_____。
4. 随机文件以_____为读取单位。

三、简答题

1. 在 Visual Basic 中，顺序文件的读写操作使用什么语句实现？具体步骤是怎样的？
2. 顺序文件和随机文件有什么不同？

第 10 章 Visual Basic 与数据库

本章导读

数据库技术是计算机应用技术的重要组成部分。由于 Visual Basic 具有很好的数据库接口和数据处理能力,同时它为用户提供多种便捷的数据库访问实用技术和工具,因此越来越多地被用于开发数据库应用程序。本章将详细介绍使用 Visual Basic 访问数据库的基本操作方法、与数据库相关的控件的主要属性和数据库应用程序开发的操作过程。

本章要点

- 关系数据库的基本概念、相关基础知识
- 与数据库相关的 Visual Basic 控件及其使用
- SQL 语言基础
- 运用 Visual Basic 控件和 SQL 语言等开发数据库应用程序

10.1 概述

10.1.1 数据库

本节先来介绍一下数据库与关系数据库的基本概念。

1. 数据库

数据库(DataBase,DB)是按照数据结构来组织和存储在一起的具有较小冗余度、可共享的相关数据的集合。数据库中数据的存储独立于使用它的程序;对数据库插入新数据、修改和检索原有数据均能按一种公用的和可控制的方式进行。

数据库的优点如下:

- 具有较小的冗余度。
- 集成数据。
- 数据具有完整性。
- 数据具有共通性。
- 保护数据的安全及隐私。

数据库管理系统(DataBase Management System,DBMS)是一种操纵和管理数据库的大型软件,用于建立、使用和维护数据库。数据库管理系统是位于用户与操作系统之间的一层数据管理软件。利用数据库管理系统提供的一系列命令,用户能够方便地建立和管理数据库。另外数据库管理系统还保证数据的安全性、完整性、多用户对数据的并发使用及发生故障后的系统恢复等。

数据库系统（DataBase System，DBS）是指由计算机硬件、操作系统、数据库管理系统及其开发工具和在此支持下建立起来的数据库、应用程序以及用户、数据库管理人员组成的一个整体。

2. 关系数据库

关系数据库是建立在关系模型基础上的数据库，借助于集合代数等数学概念和方法来处理数据库中的数据。关系数据库根据表、记录和字段之间的关系进行组织和访问，以行和列的二维表形式存储数据，并通过关系将这些表联系在一起。

（1）表。表是以行和列的形式组织起来的数据的集合。一个数据库包括一个或多个表。一般一个关系对应一个表。例如表10-1和表10-2是两个表。

表10-1 学生通讯录

学号	姓名	性别	联系电话	E-mail	通讯地址	邮政编码
20090001	王冉	男	0551-55***21	W@126.com	合肥市…	230000
20090002	张哲	男	0556-76***12	Z@126.com	安庆市…	246005
20090003	吴莉莉	女	021-66****23	Wu@126.com	上海市…	200031
20090004	王冉	女	010-56****317	Y@126.com	北京市…	100025
…	…	…	…	…	…	…

表10-2 学生成绩登记表

学号	姓名	计算机导论	高等数学	英语	C语言程序设计	数据结构
20090001	王冉	85	78	88	77	70
20090002	张哲	80	85	83	80	79
20090003	吴莉莉	95	90	90	85	92
20090004	王冉	91	81	79	80	75
…	…	…	…	…	…	…

（2）记录。表中的每一行称为一个记录，记录由若干个字段组成，每个记录行用记录号作为标识。例如表10-1中的一行是一个记录，用来记录学生通讯信息。

（3）字段。表中的每一列称为一个字段，表是由其包含的各种字段定义的，每个字段描述了它所含有的数据的意义。创建表时，为每个字段分配一个数据类型、定义数据长度和其他属性，因此表的设计就是对表的字段的设计。例如表10-1中包括学号、姓名、性别、联系电话、E-mail、通讯地址、邮政编码7个字段。

（4）关键字。关键字用来确保表中记录的唯一性，通常一个字段或多个字段可作为一个表的索引字段。对可以唯一标识一个记录的关键字称为主关键字，或者简称主键。例如表10-1和表10-2中的学号字段都是主关键字。

（5）索引。索引是表中单列或多列数据的排序列表，每个索引指向其对应的数据表的某一行。为提高数据的访问效率，可以为表建立多个索引，从而改变表中记录的排列顺序。例如表10-1和表10-2就是通过"学号"字段建立索引排列顺序的。

（6）表间关系。一个数据库包含一个以上的表，一般一个关系对应一个表，不同数据存放在不同的关系表中，表间关系把各个表联接起来。表间关系是通过各表中的某一个相同的关键字建立起来的。例如表 10-1 和表 10-2 中的主键都是学号，因此两个表可以通过学号字段建立关系。

（7）视图。视图是在表的基础上建立的一个虚拟表，它的各项操作与真实的表是相同的，目的在于简化数据的表达。

3．设计数据库的步骤

设计一个数据库的基本操作步骤如下：

（1）确定创建数据库的目的。

（2）确定数据库中需要的表。

（3）确定表中需要的字段。

（4）明确主键。

（5）确定表间关系。

（6）输入数据和创建其他数据库对象。

10.1.2 数据访问对象模型

Visual Basic 数据库的核心结构是 Microsoft Jet 数据库引擎。Jet 引擎不仅为 Access 格式的数据库提供了直接的内建支持，而且为非 Access 格式的数据库提供了接口支持。因此 Visual Basic 几乎可以访问所有的主流数据库。对小型数据库的访问通过数据库引擎实现，对大型数据库，则直接访问 ODBC。

Visual Basic 可用的数据访问对象模型有数据访问对象、远程数据对象、ActiveX 数据对象等。

1．数据访问对象

数据访问对象（Data Access Objects，DAO）是一种使用 Jet 数据库引擎的面向对象的接口。模型提供了管理数据库系统的全部操作的属性和方法，主要包括创建数据库，定义表、字段和索引，建立表间关系，定位和查询数据库等，VB 将此模型封装于 Data 控件中，主要用于面向桌面的应用。DAO 模型的体系结构如图 10-1 所示，图中主要对象的解释说明如表 10-3 所示。

表 10-3　DAO 数据访问对象

类或对象	主要对象说明
DBEngine	Jet 数据库引擎，包括错误集及具体错误、工作空间集以及具体工作空间
Error	错误集中的错误，代表数据库引擎对象中可能出现的错误
Workspace	数据工作空间对象，一个工作空间包含若干数据库对象
Database	数据库对象，代表一个已打开的数据库
TableDef	数据表对象，代表数据库中已定义和存在的一个表
QueryDef	数据查询对象，代表数据库中已存在的一个查询定义
Recordset	数据记录集对象，代表表中已存在的一个记录集
Relation	数据关系对象，代表各表间或各查询间的字段的关系
Field	数据字段对象，代表所要访问的表中的某一个字段

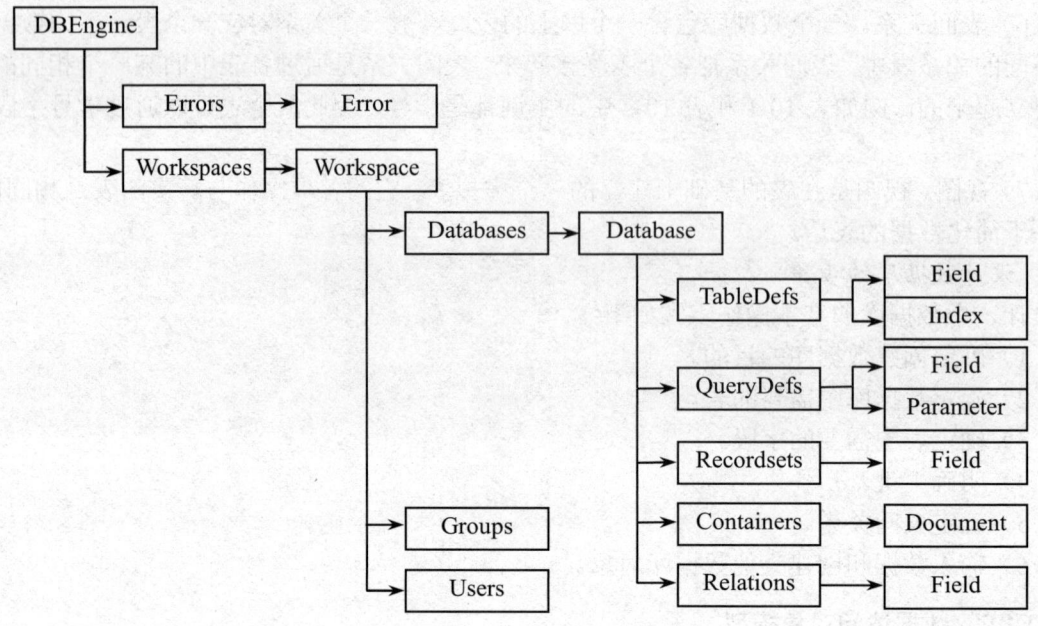

图 10-1　DAO 系统结构图

2．远程数据对象

远程数据对象（Remote Data Object，RDO）是一个到 ODBC 的、面向对象的数据访问接口，可以与 SQL Server、Oracle 等大型数据库很好地进行远程连接与访问，VB 将此模型封装于 RDO 控件中。

3．ActiveX 数据对象

ActiveX 数据对象（ActiveX Data Object，ADO）融合并扩展了 DAO 和 RDO，它涉及的数据存储有 DSN、ODBC、OLE DB 三种方式，适用于大流量、大事务量的网络计算机系统。

由于 ADO 技术新于 DAO、RDO 技术，而且包含并集成了 DAO、RDO 的功能，因此现在编程过程中主要使用的是 ADO 技术。

10.2　数据管理器

10.2.1　创建 Access 格式的数据库

Access 数据库中包含的主要对象有：表、查询、窗体、报表、数据访问页、宏和模块，数据库文件的扩展名为.mdb。有两种方法可以创建 Access 格式的数据库：①使用 Microsoft Access 软件创建；②在 Visual Basic 中借助"可视化数据管理器"间接创建。这里介绍使用 Visual Basic 间接创建数据库的具体操作步骤。

【例 10.1】创建"资料室图书管理"数据库，包含"图书信息"表和"借阅登记"表。

操作步骤如下：

（1）选择"开始"→"程序"→"Microsoft Visual Basic 6.0 中文版"命令，在"新建工

程"对话框中选择"标准 EXE"项,进入 Visual Basic 运行环境。

(2)选择"外接程序"→"可视化数据管理器"命令,打开 VisData 窗口,如图 10-2 所示。

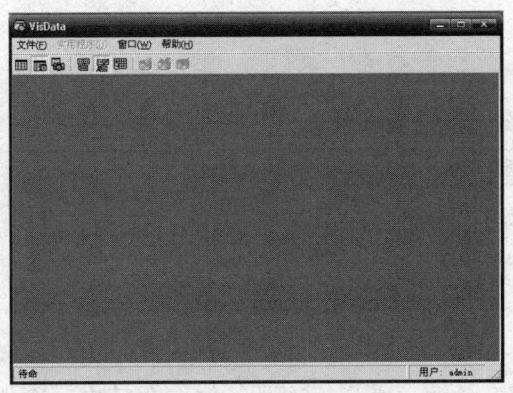

图 10-2　VisData 窗口

(3)在 VisData 窗口中,选择"文件"→"新建"→Microsoft Access→version 7.0 命令,打开"新建数据库"窗口,创建一个名为"资料室图书管理"的数据库,如图 10-3 所示。

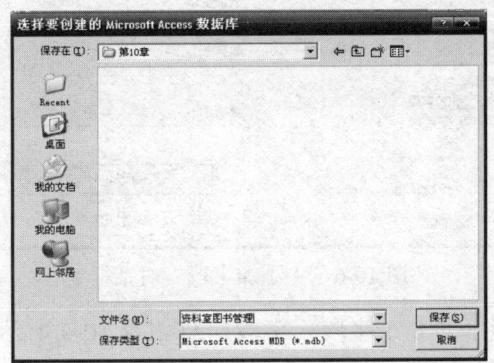

图 10-3　新建数据库

(4)在接下来打开的"数据库"窗口中,右击 Properties 项,在弹出的快捷菜单中选择"新建表"命令,弹出"表结构"对话框,如图 10-4 和图 10-5 所示。

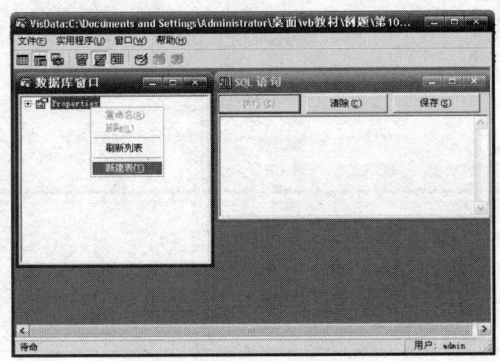

图 10-4　"数据库"窗口

图 10-5 "表结构"对话框

（5）单击"添加字段"按钮，弹出"添加字段"对话框，添加字段，如图 10-6 所示。

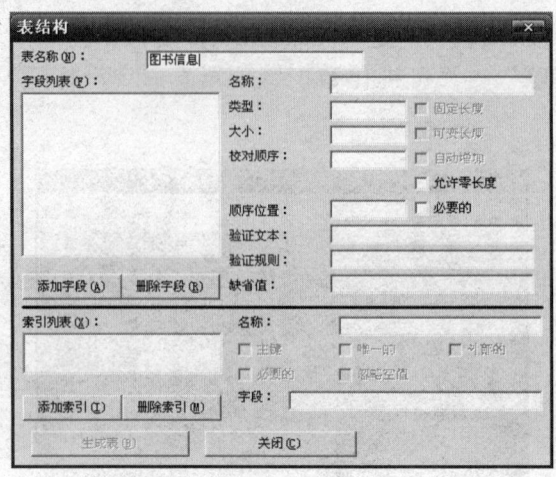

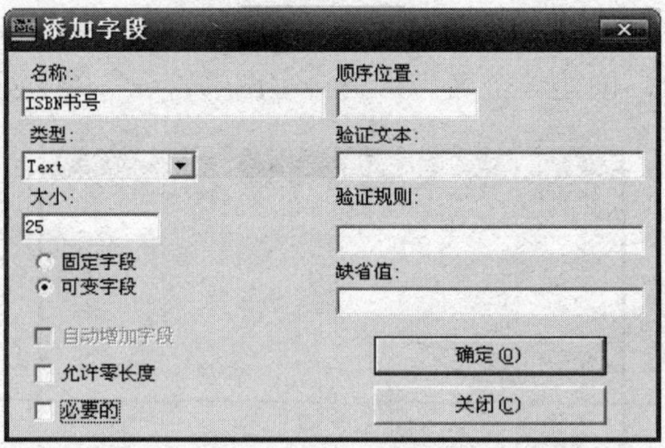

图 10-6 "添加字段"对话框

（6）添加如图 10-7 所示的 8 个字段（字段信息如表 10-4 所示），然后单击"生成表"按钮生成"图书信息"表。

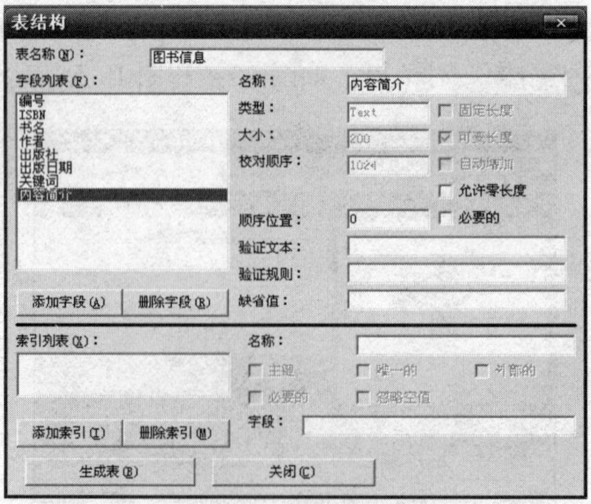

图 10-7 添加字段

表 10-4 "图书信息"表结构

字段名称	类型	大小	长度	允许零长度
编号	Long	4	固定长度	否
ISBN	Text	25	可变长度	否
书名	Text	50	可变长度	否
作者	Text	25	可变长度	否
出版社	Text	50	可变长度	否
出版日期	Date/Time	8	固定长度	否
关键词	Text	50	可变长度	否
内容简介	Text	200	可变长度	否

（7）双击"数据库"窗口中的"图书信息"表，打开"图书信息"表编辑窗口，如图 10-8 所示。

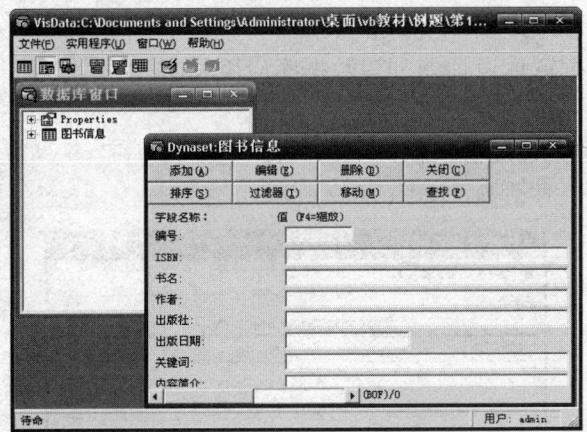

图 10-8 "图书信息"表编辑窗口

（8）单击"图书信息"表编辑窗口中的"添加"按钮，开始添加图书信息（具体信息如表 10-5 所示），每条记录添加完成后单击对话框中的"更新"按钮确定。所有数据输入结束后即完成了表的创建操作。

表 10-5 图书信息表

编号	ISBN	书名	作者	出版社	出版日期	关键词	内容简介
20060051	7-302-03985-2	Visual Basic 程序设计	谭浩强 薛淑斌 袁玫	清华大学出版社	2001年6月	Visual Basic	…
20070001	7-111-09048-9	数据挖掘概念与技术	（加）Jiawei Han Micheling Kamber	机械工业出版社	2006年3月	数据挖掘	…
20070002	7-302-01307-1	人工智能原理	石纯一 黄昌宁等	清华大学出版社	2000年12月	人工智能	…
20070003	7-115-12082-X	从零开始——3ds max 基础培训教程	詹翔 王海英 编著	人民邮电出版社	2004年3月	动画制作	…

（9）用同样的方法再创建一个"借阅登记"表，表结构与数据如表 10-6 所示。

表 10-6 "借阅登记"表结构

字段名称	类型	大小	长度	允许零长度
编号	Long	4	固定长度	否
借阅人姓名	Text	25	可变长度	否
借期	Date/Time	8	固定长度	否
还期	Date/Time	8	固定长度	否
已还	Boolean	1	—	否

至此，已完成了数据库和表的创建。

10.2.2 数据窗体设计器

数据库创建完成后，还要创建数据库应用程序。Visual Basic 提供的数据窗体设计器为我们创建简单数据库应用程序提供了便捷的方法。

【例 10.2】使用数据窗体设计器创建数据库应用程序。

操作步骤如下：

（1）在"可视化数据管理器"窗口中，选择"实用程序"→"数据窗体设计器"命令，弹出"数据窗体设计器"对话框，如图 10-9 所示。

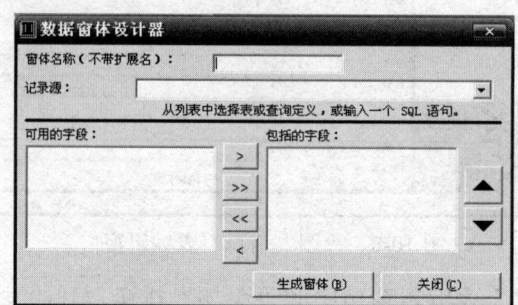

图 10-9 "数据窗体设计器"对话框

（2）在"数据窗体设计器"对话框中，填入窗体名称为"图书信息登记与查阅"，指定记录源为"图书信息"表，即可在"可用的字段"列表框中显示"图书信息"表的字段，如图 10-10 所示。

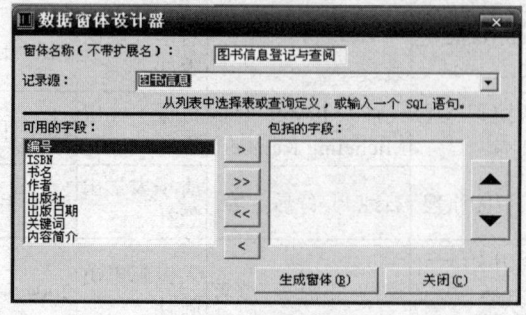

图 10-10 指定记录源

（3）单击 >> 按钮将可用字段全部添加到"包括的字段"列表框中，如图 10-11 所示。

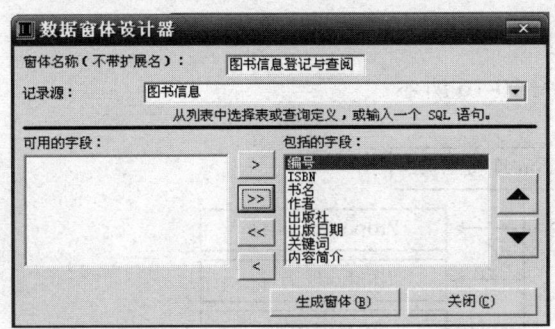

图 10-11　添加窗体包括的字段

（4）单击"生成窗体"按钮生成窗体，如图 10-12 所示。
（5）使用同样的方法生成"借阅登记"窗体，如图 10-13 所示。

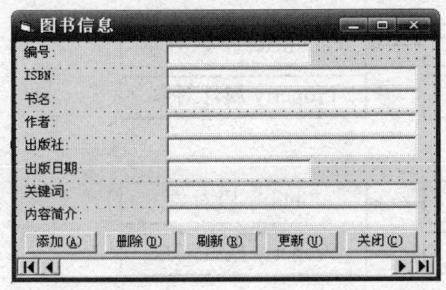

图 10-12　生成的"图书信息"窗体

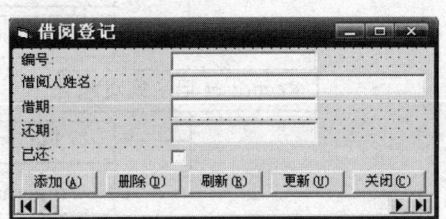

图 10-13　生成的"借阅登记"窗体

（6）选择"工程"→"工程 1 属性"命令，打开"工程 1-工程属性"窗口，"启动对象"分别指定为"frm 图书信息登记与查阅"和"frm 借阅登记"。程序运行结果如图 10-14 和图 10-15 所示。

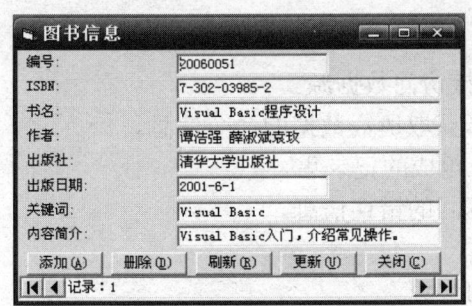

图 10-14　"图书信息"执行程序

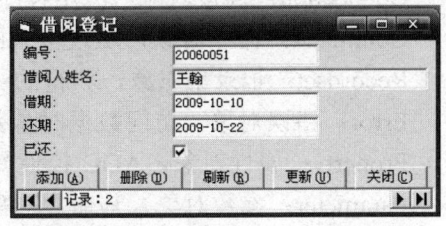

图 10-15　"借阅登记"执行程序

10.3　ADO 数据控件

ADO 是 ActiveX Data Object 的缩写，是数据库应用程序开发的数据访问接口。ADO 通过属性和方法为数据的访问提供统一的接口，经过简单编程实现与各种类型的数据库进行连接。

10.3.1 ADO 的对象与集合

1. ADO 的结构模型

ADO 的结构示意如图 10-16 所示。

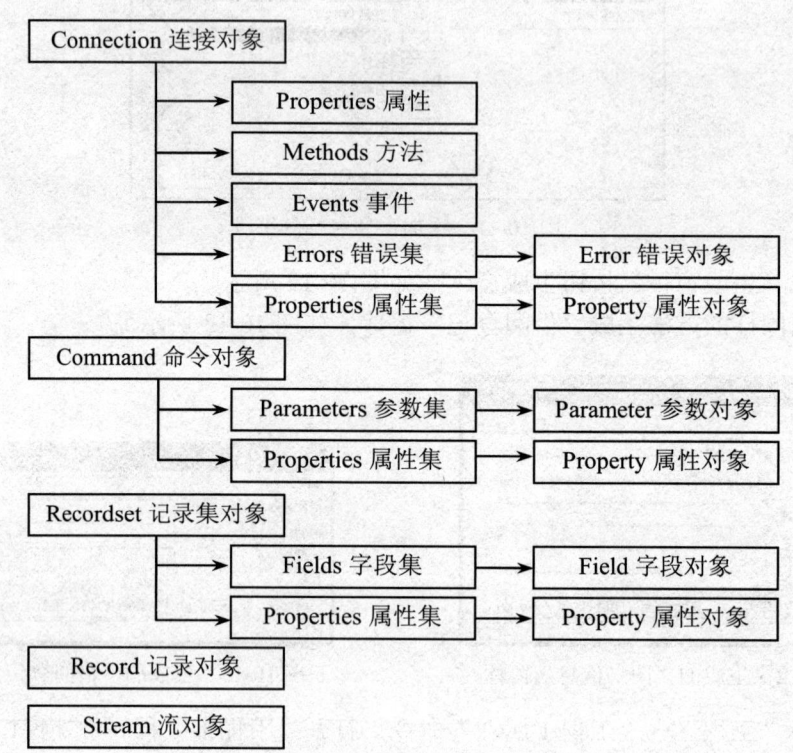

图 10-16　ADO 结构图

2. 对象与集合

（1）常用对象。
- Connection：连接对象，应用程序通过连接访问数据源。
- Command：命令对象，从连接到的数据源获取所需数据的命令信息。
- Recordset：记录集对象，获得的一组记录组成的记录集。
- Error：错误对象，访问数据时从数据源返回的错误信息。
- Property：属性对象，ADO 控件属性信息。
- Parameter：参数对象，与命令对象有关的参数。
- Field：字段对象，包含在记录集中某个字段的信息。

（2）集合。

ADO 的 4 个集合为错误集 Errors、字段集 Fields、属性集 Properties 和参数集 Parameters。

提示：ADO 的核心是 Connection、Recordset 和 Command 对象。具体应用时先将 Connection 对象与数据库建立连接，再用 Command 对象执行命令，用 Recordset 对象操作和查看操作结果。

10.3.2 添加 ADO

ADO 控件是作为可选项集成在 VB 开发环境中的，在使用前必须先添加。添加 ADO 的具体操作过程是：选择"工程"→"引用"命令，在弹出的"引用"对话框中选择 Microsoft ActiveX Data Objects 2.7 Library 复选框，ADO 版本可以根据具体情况进行选择，如图 10-17 所示。

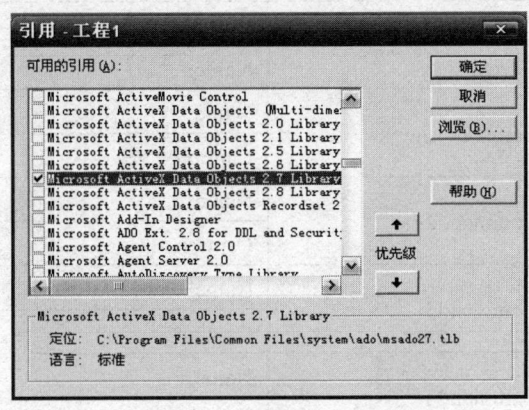

图 10-17　"引用"对话框

10.3.3 ADO 应用

使用 ADO 可以创建一个到数据库的连接，打开一个指定的数据库表，或定义一个基于结构化查询语言（SQL）的查询，或定义存储过程以及视图的记录集合，从而实现对数据的操作。

【例 10.3】使用 ADO 对例 10.1 创建的"借阅登记"表进行添加、删除等操作。

（1）界面设计，如图 10-18 所示。

图 10-18　"借阅登记"界面设计

（2）属性设置如表 10-7 所示。

表 10-7　属性设置

对象	控件名称	属性名称	属性值
标签	Label1	Caption	编号
	Label2	Caption	借阅人姓名
	Label3	Caption	借期
	Label4	Caption	还期
	Label5	Caption	已还

续表

对象	控件名称	属性名称	属性值
文本框	Text1	Text	（空）
	Text2	Text	（空）
	Text3	Text	（空）
	Text4	Text	（空）
复选框	Check1	Name	Check1
按钮	Command1	Name	CmdPre
		Caption	上一条
	Command2	Name	CmdNxt
		Caption	下一条
	Command3	Name	CmdAdd
		Caption	添加
	Command4	Name	CmdDel
		Caption	删除
	Command5	Name	CmdExit
		Caption	退出

（3）打开 Visual Basic 软件，创建新工程，添加 ADO。

（4）程序代码如下：

```
'声明变量
Option Explicit
Dim strcn As New ADODB.Connection
Dim strcmd As New ADODB.Command
Dim strrs As New ADODB.Recordset
'链接数据库，指定数据表
Private Sub Form_load()
    '打开"资料室图书管理"数据库
    Dim dtsource As String
    dtsource = "Provider=Microsoft.jet.OLEDB.4.0;Data Source="& App.Path & _
      "\资料室图书管理.mdb; Persist Security Info=False;"
    strcn.CursorLocation = adUseClient
    strcn.ConnectionString = dtsource
    strcn.Open
    '打开"借阅登记"数据表
    strcmd.ActiveConnection = strcn
    strcmd.CommandType = adCmdTable
    strcmd.CommandText = "借阅登记"
    strrs.CursorType = adOpenStatic
    strrs.LockType = adLockPessimistic
    strrs.Open strcmd
    '为窗体中的文本框和复选框控件指定数据源
```

```
        Set Text1.DataSource = strrs
        Set Text2.DataSource = strrs
        Set Text3.DataSource = strrs
        Set Text4.DataSource = strrs
        Set Check1.DataSource = strrs
        '为窗体中的文本框和复选框控件指定对应字段
        Text1.DataField = "编号"
        Text2.DataField = "借阅人姓名"
        Text3.DataField = "借期"
        Text4.DataField = "还期"
        Check1.DataField = "已还"
End Sub
'为各按钮控件添加代码
'前一条记录
Private Sub CmdPre_Click( )
    If strrs.BOF Then
        strrs.MoveFirst
        strrs.Update
    Else
        strrs.MovePrevious
    End If
End Sub
'下一条记录
Private Sub CmdNxt_Click( )
    If    strrs.EOF Then
        strrs.MoveLast
        strrs.Update
    Else
        strrs.MoveNext
    End If
End Sub
'添加记录
Private Sub CmdAdd_Click( )
    strrs.AddNew
End Sub
'删除记录
Private Sub CmdDel_Click( )
    strrs.Delete
End Sub
'退出程序
Private Sub CmdExit_Click( )
    End
End Sub
```

程序执行结果如图 10-19 所示。

图 10-19 程序运行结果

提示：使用 ADO 操作数据有两种方式：一是使用 ADO 对象操作数据库；二是使用 Adodc 数据控件操作数据库，使用方法将在 10.4.3 节中讲解。

10.4 数据及数据绑定控件

Visual Basic 还可以使用数据控件和数据绑定控件对数据库进行数据查询、数据输入、数据修改等数据的显示和处理操作。本节主要对数据控件和数据绑定控件作一下介绍。

10.4.1 Data 控件

1. Data 控件概述

Data 控件是一个数据访问控件，属于 Visual Basic 内部控件。使用 Data 控件访问数据库，是通过对其属性进行设置来与数据库建立联系，从而对数据表中的记录进行读、写、查询等操作。需要指出的是，一个 Data 控件只能访问一个数据库。

创建 Data 控件的工具是工具箱中的 Data 按钮（如图 10-20 所示），在窗体中创建的 Data 控件如图 10-21 所示，其中各数据浏览按钮的作用如表 10-8 所示。

图 10-20　Data 按钮

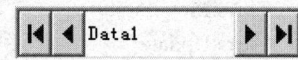
图 10-21　Data 控件

表 10-8　Data 控件的数据浏览按钮

按钮	作用
◄◄	记录指针移动到第一个记录
◄	记录指针移动到前一个记录
►	记录指针移动到下一个记录
►►	记录指针移动到最后一个记录

2. Data 控件与记录集的主要属性、方法和事件

Data 控件的常用属性、方法和事件说明如表 10-9 所示，记录集的常用属性和方法如表 10-10 所示。

表 10-9　Data 控件的部分属性、方法和事件

属性/方法/事件名称	说明
Connect 属性	用于定义控件所要链接的数据库类型，属性以分号结束
DatabaseName 属性	用于返回或设置控件的数据源
RecordSource 属性	用来返回或设置控件打开的数据库表或满足某个 SQL 查询语句的表的记录集
AddNew 方法	用于在数据表中添加一个新记录，例如 Data1.Recordset.AddNew
Update 方法	用于新记录输入完成后更新数据库，例如 Data1.Recordset.Update
UpdateRecord 方法	用于确认对记录的修改，将绑定控件中的数据强制写入数据库中
Refresh 方法	用于打开或刷新记录集，例如 Data1.Refresh
Close 方法	用于关闭数据库，例如 Data1.Recordset.Close
Delete 方法	用于删除当前记录，例如 Data1.Recordset.Delete

续表

属性/方法/事件名称	说明
Error 事件	当用户单击 Data 控件发生运行错误时,激活该事件
Reposition 事件	当用户使用 Data 按钮或 Move 方法/Find 方法进行记录间的移动时,激活该事件
Validate 事件	如果移动数据控件的记录指针,并且绑定控件中的内容已被修改,此时数据库当前记录的内容将被更新,同时触发该事件

表 10-10 记录集的部分属性和方法

属性/方法名称	说明
AbsolutePosition 属性	用于返回当前指针值,第一条记录指针值为 0,该属性为只读属性
BOF 属性	值为 True 时,记录指针处在记录集的首记录
EOF 属性	值为 True 时,记录指针处在记录集的尾记录
RecordCount 属性	用于返回记录集中的记录数,该属性为只读属性
Move 方法	MoveFirst:移到第一条记录 MoveLast:移到最后一条记录 MoveNext:移到下一条记录 MovePrevious:移到上一条记录
Find 方法	FindFirst:从记录集首记录开始查找满足条件的第一条记录 FindLast:从记录集尾记录开始查找满足条件的第一条记录 FindNext:从当前记录开始查找满足条件的下一条记录 FindPrevious:从当前记录开始查找满足条件的上一条记录

10.4.2 通用数据绑定控件

Data 控件可以操作表,但本身无法显示数据库中的相关数据。为此需要使用数据绑定控件来显示数据。通用数据绑定控件有 TextBox 文本框控件、Label 标签控件、ListBox 列表框控件、ComboBox 组合框控件、CheckBox 复选框控件、PictureBox 图片框控件、Image 图像控件和 OLE 控件。这些控件通过设置 DataSource 属性和 DataField 属性实现与数据源的绑定。

【例 10.4】使用 Data 控件与通用数据绑定控件对例 10.1 创建的"借阅登记"表进行显示、添加、删除等操作。

(1) 界面设计如图 10-22 所示。

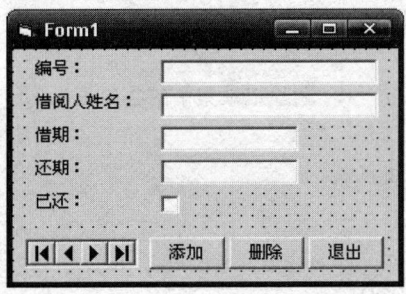

图 10-22 "借阅登记"界面设计

(2) 设置属性,如表 10-11 所示。

表 10-11 控件属性设置

对象	控件名称	属性名称	属性值
数据控件	Data1	Connect	Access
		DatabaseName	C:\vb 教材\例 10.4\资料室图书管理.mdb
		RecordSource	借阅登记
文本框	Text1	Name	Txt
		DataSource	Data1
		DataField	编号
	Text2	Name	Txt
		DataSource	Data1
		DataField	借阅人姓名
	Text3	Name	Txt
		DataSource	Data1
		DataField	借期
	Text4	Name	Txt
		DataSource	Data1
		DataField	还期
复选框	Check1	Name	Chk
		DataSource	Data1
		DataField	已还
按钮	Command1	Name	CmdAdd
	Command2	Name	CmdDel
	Command3	Name	CmdExit

(3) 程序代码如下：

```
Private Sub CmdAdd_Click( )
    Data1.Refresh                '刷新数据控件
    Data1.Recordset.AddNew       '添加记录
End Sub
Private Sub CmdDel_Click( )
    Data1.Refresh
    Data1.Recordset.Delete       '删除记录集中的当前记录
End Sub
Private Sub CmdExit_Click( )
    End
End Sub
```

程序执行结果如图 10-23 所示。

提示：这里将文本框控件设置为控件数组 Txt(3)。另外对属性的设置也可以通过代码实现。

图 10-23　程序执行结果

10.4.3 专用数据绑定控件

除通用数据绑定控件外，Visual Basic 还提供了一些专用的数据绑定控件：DBGrid 数据库表格控件、DBList 数据库列表控件、DBCombo 数据库组合控件、DataGrid 数据表格控件、DataList 数据列表控件、DataCombo 数据组合控件等。需要注意的是，DBGrid、DBList、DBCombo 这三个控件只有在 Visual Basic 6.0 企业版中才有，而在 Visual Basic 6.0 专业版中只有与 ADO 数据控件一起配合使用的 DataGrid、DataList、DataCombo 控件。

专用数据绑定控件并不出现在工具箱中，通过选择"工程"→"部件"→Microsoft ADO Data Control 6.0、Microsoft DataList Control 6.0、Microsoft DataGrid Control 6.0、Microsoft Chart Control 6.0 等命令，单击"确定"按钮，即可在工具箱中出现相应的图标。

【例 10.5】利用 Adodc 和 DataGrid 控件对"图书信息"表进行显示、添加、删除操作。

（1）界面设计如图 10-24 所示。

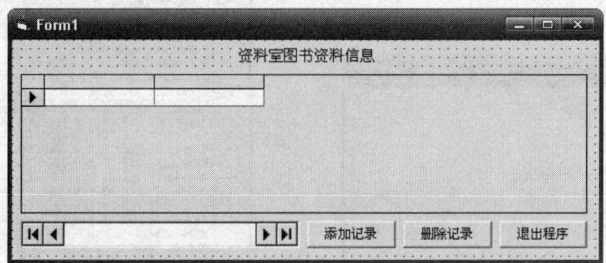

图 10-24 "图书信息"界面设计

（2）属性设置如表 10-12 所示。

表 10-12 属性设置

对象	控件名称	属性名称	属性值
Adodc 控件	Adodc1	ConnetString	Provider=Microsoft.Jet.OLEDB.4.0;Data Source=C:\ vb 教材\例题\第 10 章\例 10.5\资料室图书管理.mdb;Persist Security Info=False
		RecordSource	图书信息
DataGrid 控件	DataGrid1	DataSource	Adodc1
标签	Label1	Caption	资料室图书资料信息
按钮	Command1	Name	CmdAdd
		Caption	添加记录
	Command2	Name	CmdDel
		Caption	删除记录
	Command3	Name	CmdExit
		Caption	退出程序

（3）打开 Visual Basic 软件，创建新工程。

（4）选择"工程"→"部件"命令，在弹出的"部件"对话框中选择 Microsoft ADO Data

Control 6.0、Microsoft DataList Control 6.0，添加 Adodc 和 DataGrid 控件按钮。

（5）创建如图 10-24 所示的界面，注意 Adodc 控件按钮是 ，DataGrid 控件按钮是 。

（6）设置属性。设置控件属性，如表 10-12 所示，其中 Adodc1 的 ConnetString 属性设置方法如下：

1）选定窗体中的 Adodc1 控件，单击"属性"窗口 ConnetString 属性后的 按钮，弹出"属性页"对话框。

2）在其中选择"使用连接字符串"单选按钮，如图 10-25 所示，然后单击"生成"按钮，弹出"数据链接属性"对话框。

3）在"提供程序"选项卡中选择 Microsoft Jet 4.0 OLE DB Provider 项，单击"下一步"按钮，如图 10-26 所示。

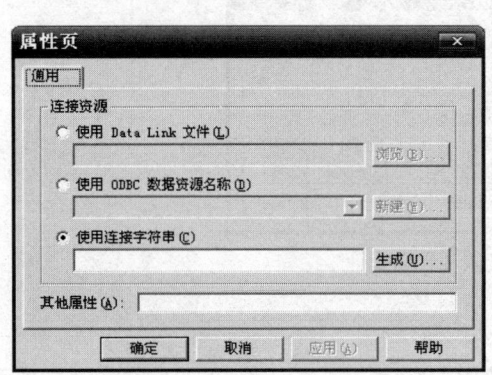

图 10-25 "属性页"对话框

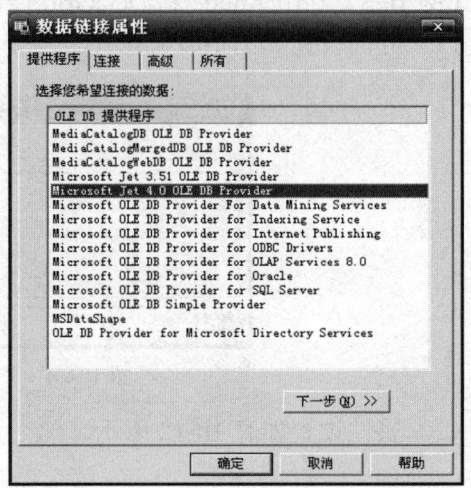

图 10-26 "数据链接属性"对话框

4）在"数据链接属性"对话框的"连接"选项卡中，单击"选择或输入数据库名称"文本框后的 按钮，弹出"选择 Access 数据库"对话框，选择"资料室图书管理.mdb"数据库，然后确定将所有对话框关闭即可完成 ConnetString 属性的设置，如图 10-27 和图 10-28 所示。

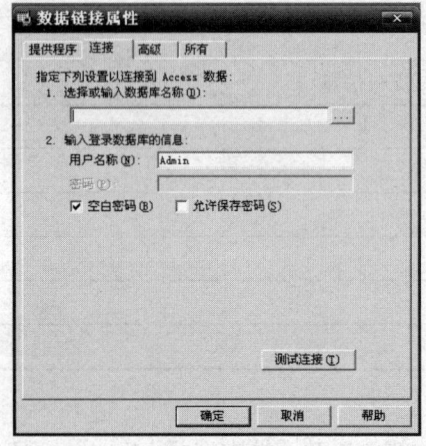

图 10-27 "数据链接属性"对话框

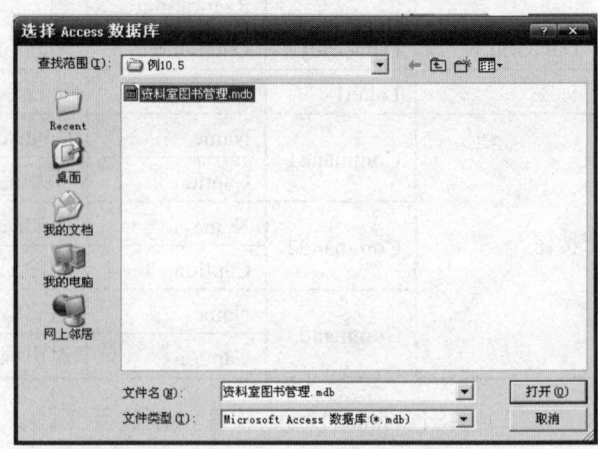

图 10-28 "选择 Access 数据库"对话框

(7) 程序代码如下：
```
Private Sub Adodc1_WillMove(ByVal adReason As ADODB.EventReasonEnum, _
    adStatus As ADODB.EventStatusEnum, ByVal pRecordset As ADODB.Recordset)
    '为 Adodc1 添加标题
    Adodc1.Caption = "第" & (Adodc1.Recordset.AbsolutePosition + 1) & _
    "个记录"
End Sub
Private Sub Cmdadd_Click( )
    Adodc1.Recordset.AddNew      '添加记录
End Sub
Private Sub cmddel_Click( )
    Adodc1.Recordset.Delete      '删除记录集中的当前记录
End Sub
Private Sub cmdexit_Click( )
    End
End Sub
```
程序执行结果如图 10-29 所示。

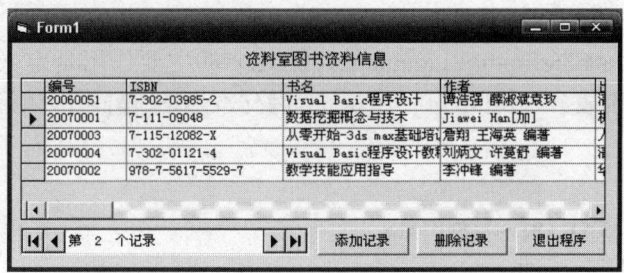

图 10-29　程序运行结果

10.5　SQL 简介

　　SQL 是结构化查询语言（Structure Query Language）的简称，用于存取数据以及查询、更新和管理关系数据库系统。SQL 语言包含查询、定义、操纵和控制 4 个部分，是关系型数据库管理系统的标准语言。用户可以使用 SQL 语言在数据库中执行各种操作。

10.5.1　SQL 语言的特点

　　（1）综合统一。SQL 语言风格统一，集数据定义、查询、操纵及控制功能于一体，可以用于所有用户的 DB 活动模型。

　　（2）高度非过程化。使用 SQL 语言操作数据时只要写明"做什么"而不必指明"怎么做"，存取路径的选择和 SQL 语言的操作过程均由系统自动完成。

　　（3）面向集合的操作方式。SQL 以记录集合作为操作对象，所有 SQL 语句接受集合作为输入，返回集合作为输出，这种集合特性允许一条 SQL 语句的输出作为另一条 SQL 语句的输入，所以 SQL 语句可以嵌套，可以实现一次操作多个记录集合。

　　（4）简单易学。SQL 语言功能强大且十分简洁，核心功能仅用 9 个动词即可完成。语言接近自然语言（英语），学习者易学易用。

（5）以同一种语法结构提供两种使用方式。SQL 语言既是交互式语言，又是嵌入式语言。用户既可以直接使用 SQL 语言命令对数据库进行操作，又可以将其嵌入到高级语言程序中使用。

10.5.2　SQL 语言对数据库的操作

1. SQL 语句组成元素

一个 SQL 语句至少包括以下 4 个元素：
- 命令动词
- 被操作的字段列表
- 指定要操作的数据表
- 操作方式

提示：有些情况下，操作方式可以省略。

2. SQL 常用动词

SQL 语句中的常用命令动词有 9 个，用于完成对数据库的操作。一般可以分为数据定义、数据查询、数据操纵和数据控制四大类。

（1）数据定义语言。

数据定义语言（Data Definition Language，DDL）的主要作用是定义关系数据库的逻辑结构（例如表、视图、索引表），还可以对各结构进行修改、删除等操作。用到的动词有 CREATE、DROP、ALTER。

1）创建数据库。

格式：**CREATE DATABASE** <数据库名>

2）删除数据库。

格式：**DROP DATABASE** <数据库名>

3）创建表。

格式：**CREATE TABLE** <表名> (<列名><数据类型>[列级完整性约束条件][,列级完整性约束条件]…[, <表级完整性约束条件>];

例如，建立一个由姓名、性别、出生年月、入党时间 4 个字段组成的党员信息登记表，其中姓名不能为空：

　　CREATE TABLE 党员信息登记表 (姓名 CHAR(8) NOT NULL,性别 CHAR(2),出生年月 DATE,入党时间 DATE);

4）修改表。

格式：**ALTER TABLE**<表名>[ADD<新列名><数据类型>[完整性约束]][DROP<完整性约束名>][MODIFY<列名><数据类型>];

例如，向党员信息登记表增加"员工号"字段，不能为空且值唯一：

　　ALTER TABLE 党员信息登记表 ADD 员工号 CHAR(10) NOT NULL UNIQUE;

向党员信息登记表中添加主键：

　　ALTER TABLE 党员信息登记表 ADD PRIMARY KEY(员工号)

5）删除表。

格式：**DROP TABLE** <表名>

（2）数据查询语言。

数据查询语言（Data Query Language，DQL）的作用是对数据库数据进行查询，使用的动词是 SELECT，其构成的语句具有灵活的使用方式，并可以实现多种查询功能。

格式：**SELECT [ALL|DISTINCT]<目标列表表达式>[,<目标列表表达式>]…FROM<表名或视图名>[,<表名或视图名>]…[WHERE<条件表达式>][GROUP BY <列名 1> [HAVING<条件表达式>]][ORDER BY <列名 2>[ASC|DESC]];**

语句解释为从 FROM 子句所指定的表中，按照 WHERE 子句给出的条件，查询 SELECT 子句中所指的字段。

例如，显示姓名为胡军强的所有记录：

SELECT * FROM 党员信息登记表 WHERE 姓名='胡军强';

复制一个党员信息登记表，名为党员信息：

SELECT TOP 0 * INTO 党员信息 FROM 党员信息登记表

（3）数据操纵语言。

数据操纵语言（Data Manipulation Language，DML）主要包括对数据的检索和更新两类操作，其中数据更新包含了插入数据、修改数据、删除数据 3 种操作，使用的动词有 INSERT、UPDATE、DELETE。

1）插入数据。

格式：**INSERT INTO <表名>[(<字段名 1>[,<字段名 2>…])] VALUE (表达式值)**

例如，向党员信息登记表添加一条记录：

INSERT INTO 党员信息登记表 (员工号,姓名,性别,出生年月,入党时间,) _
VALUE ('1100037', '刘侃', '男', '1981-10-12', '2000-05-21') ;

2）修改数据。

格式：**UPDATE <表名> SET <字段名>=<表达式>[,<字段名>=<表达式>]…[WHERE<条件>];**

例如，修改刘侃的出生年月为 1980 年 10 月 12 日：

UPDATE 党员信息登记表 SET 出生年月='1980-10-12' WHERE 姓名='刘侃';

3）删除数据。

格式：**DELETE FROM <表名> [<条件>];**

例如，清空党员信息登记表中的所有记录：

DELETE 党员信息登记表；

（4）数据控制语言。

数据控制语言（Data Control Language，DCL）主要用于对表、视图等对象的授权、完整性规则描述、事务开始与结束等控制语句。使用的动词是 GRANT、REVOKE。

1）授予权限。

格式：**GRANT <权限>[,<权限>]…[ON <对象类型><对象名>] TO <用户>[,<用户>]…[WITH GRANT OPTION];**

例如，把对建好的党员信息登记表的查询权限授予所有用户：

GRANT SELECT ON TABLE 党员信息登记表 TO PUBLIC;

2）收回权限。

格式：**REVOKE <权限>[,<权限>]…[ON <对象类型><对象名>] FROM <用户>[,<用户>]…;**

例如，收回所有用户对党员信息登记表的查询权限：

REVOKE SELECT ON TABLE 党员信息登记表 FROM PUBLIC;

10.6 报表制作

在数据库系统中数据报表是数据最常用的输出方式，制作数据报表包括了数据的分组、汇总等。Visual Basic 为报表的制作提供了数据环境设计器和数据报表设计器两种工具。

1. 数据环境设计器

数据环境设计器提供了一个交互式的设计环境，通过设置 Connection 对象和 Command 对象属性快速完成对数据库的链接。

（1）Connection 数据连接对象。在数据环境中操作数据之前，必须先建立连接对象。

（2）Command 数据命令对象。命令对象定义了将从数据库连接中取回数据的详细信息。

将数据环境设计器中的对象设置完成后，将其拖放到报表上，系统会自动创建并完成数据绑定控件的设置。

2. 数据报表设计器

数据报表设计器是一个方便快捷的报表设计工具，根据数据环境设计器提供的数据能创建出汇总多个数据表数据的报表。

3. 制作报表

【例 10.6】制作资料室图书信息报表。

操作步骤如下：

（1）打开 Visual Basic 软件，创建新工程。

（2）链接数据库。

1）打开数据环境设计器。选择"工程"→"添加 Data Environment"命令，打开"数据环境"窗口，如图 10-30 所示。

2）在"数据环境"窗口中右击 Connection1 对象，在弹出的快捷菜单中选择"属性"选项，弹出"数据链接属性"对话框，如图 10-31 所示。

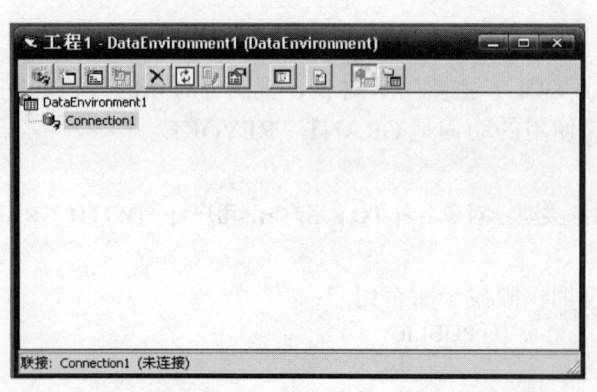

图 10-30　"数据环境"窗口

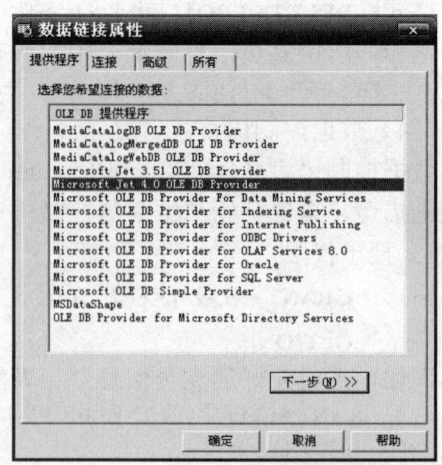

图 10-31　"数据链接属性"对话框

3）在"数据链接属性"对话框中选择 Microsoft Jet 4.0 OLE DB Provider 项，单击"下一步"按钮，选择"连接"选项卡。

4）单击"连接"选项卡中的"选择或输入数据库名称"按钮，弹出"选择 Access 数据库"对话框，在其中选择"资料室图书管理.mdb"数据库，确定后返回"数据环境"窗口。

5）选择 Connection1 对象并右击，在弹出的快捷菜单中选择"添加子命令"选项，为 Connection1 添加一个 Command1 对象，再右击 Command1，在弹出的快捷菜单中选择"属性"选项，如图 10-32 所示。

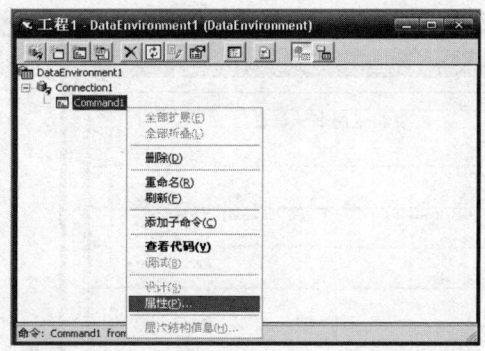

图 10-32　Command1 对象的右键快捷菜单

6）在弹出的"Command1 属性"对话框的"通用"选项卡中设置如图 10-33 所示的内容。

图 10-33　"通用"选项卡

（3）制作报表。

1）打开数据报表设计器。选择"工程"→"添加 Data Report"命令，打开"数据报表 1"窗口，如图 10-34 所示。

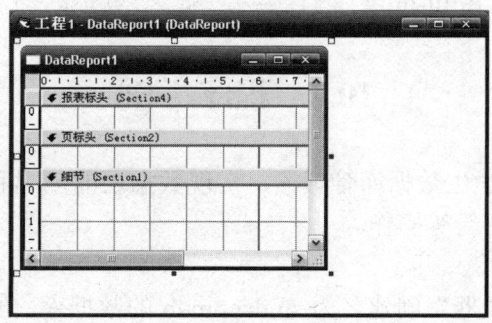

图 10-34　"数据报表 1"窗口

2）在对应于数据报表 1 的"属性"窗口中，设置 DataSource 为 DataEnvironment1，DataMember 为 Command1。

3）在对应于数据报表 1 的工具箱中选择 Rptlable 控件 A，添加至报表标头区，并将 Caption 属性设置为"资料室图书一览表"。

4）从环境设计器中将各字段拖放至页标头、细节区域，并调整文本位置如图 10-35 所示。

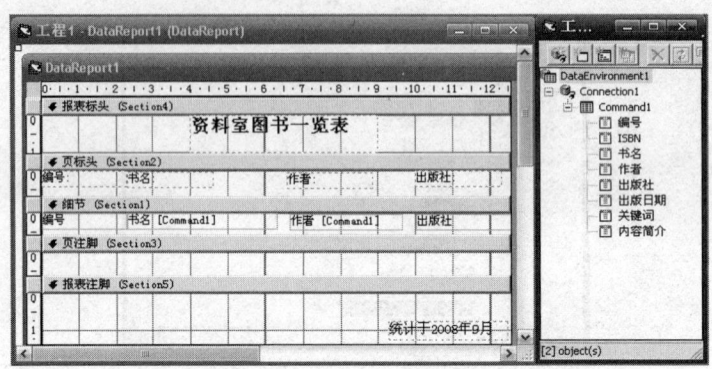

图 10-35　设计数据报表 1

（4）保存数据环境文件和数据报表文件。

最终结果如图 10-36 所示。

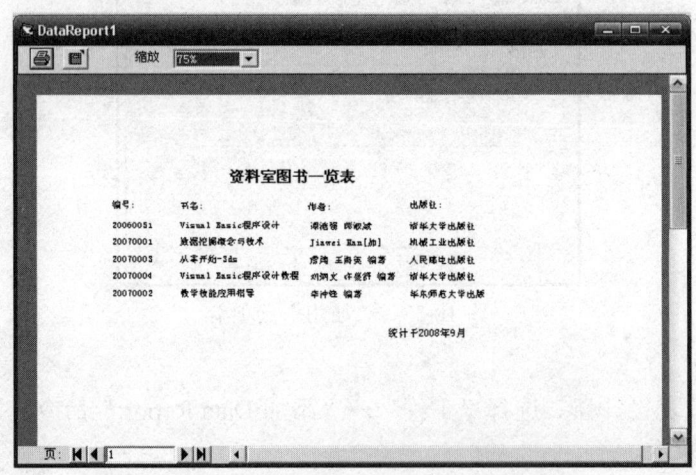

图 10-36　"资料室图书一览表"数据报表 1

10.7　程序举例

【例 10.7】设计一个学生数据库管理器，实现数据表的创建和修改操作，以及对表中数据的显示、添加、删除、更新等操作。

1. 建立数据库

使用"可视化数据管理器"创建名为 student.mdb 的数据库，其中包括"学生通讯录"和"学生成绩登记表"两张表，表结构和记录信息如表 10-1 和表 10-2 所示。

2. 创建应用程序

（1）界面设计如图 10-37 所示。

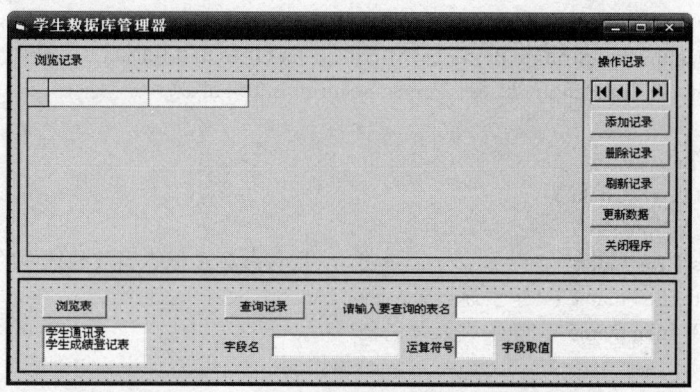

图 10-37 "学生数据库管理器"界面设计

（2）属性设置如表 10-13 所示。

表 10-13 "学生数据库管理器"界面控件属性设置

控件名称	属性设置
Label 控件	Label1.Caption="浏览记录"、Label2.Caption="操作记录"、Label3.Caption="请输入要查询的表名"、Label4.Caption="字段名"、Label5.Caption="运算符号"、Label6.Caption="字段取值"
Command 控件	Command1.Caption="添加记录"，Command1.Name=cmdadd Command2.Caption="删除记录"，Command2.Name=cmddelete Command3.Caption="刷新记录"，Command3.Name=cmdrefresh Command4.Caption="更新数据"，Command4.Name=cmdupdate Command5.Caption="关闭程序"，Command5.Name=cmdexit Command6.Caption="浏览表"，Command6.Name=cmdbrowse Command7.Caption="查询记录"，Command7.Name=cmdquery
Text 控件	Text1.Text=""，Text1.Name=txttable Text2.Text=""，Text2.Name=txtfield Text3.Text=""，Text3.Name=txtoper Text4.Text=""，Text4.Name=txtfvalue
List 控件	List1.list="学生通讯录　　学生成绩登记表"
Adodc 控件	Adodc1.Name=Adodc1
DataGrid 控件	DataGrid1.Name= DataGrid1

（3）程序代码如下：

```
'定义公用变量
Dim tname As String
Dim fname As String
Dim fvalue As String
```

```vb
Dim foper As String
Dim sql As String
'链接数据库
Private Sub Form_Load( )
    Adodc1.ConnectionString="Provider=Microsoft.Jet.OLEDB.4.0;Data Source=" & _
    app.path  & "\student.mdb" & ";Persist Security Info=False"
End Sub
'浏览表操作
Private Sub List1_Click( )
    Dim k As Integer
    k = List1.ListIndex                         '读取列表框中当前被选中的列表项的索引号
    If k = 0 Then tname = "学生通讯录"
    If k = 1 Then tname = "学生成绩登记表"
End Sub
Private Sub cmdbrowse_Click( )
    Set DataGrid1.DataSource = Nothing          '取消数据绑定
    Adodc1.RecordSource = tname                 '为 Adodc1 控件指定数据表
    Adodc1.Refresh
    Set DataGrid1.DataSource = Adodc1           '指定数据绑定
    List1.ListIndex = -1                        '取消列表框当前选择
End Sub
'记录操作
Private Sub cmdquery_Click( )
    tname = txttable.Text
    fname = txtfield.Text
    fvalue = txtfvalue.Text
    foper = txtoper.Text
    '设置 SQL 查询语句
    sql = "select * from " + tname + " where " + fname + foper + fvalue
    Adodc1.CommandType = adCmdUnknown
    Adodc1.RecordSource = sql                   '将查询结果指定给 Adodc1 作为记录数据源
    Adodc1.Refresh
    Set DataGrid1.DataSource = Adodc1
End Sub
Private Sub Cmdadd_Click( )
    Adodc1.Recordset.AddNew                     '添加记录
End Sub
Private Sub cmddelete_Click( )
    Adodc1.Recordset.Delete                     '删除记录
End Sub
Private Sub cmdrefresh_Click( )
    Adodc1.Refresh                              '刷新数据
End Sub
Private Sub cmdupdate_Click( )
    Adodc1.Recordset.UpdateBatch                '更新记录集
End Sub
```

'退出程序
Private Sub cmdexit_Click( )
    End
End Sub

程序运行结果如图 10-38 和图 10-39 所示。

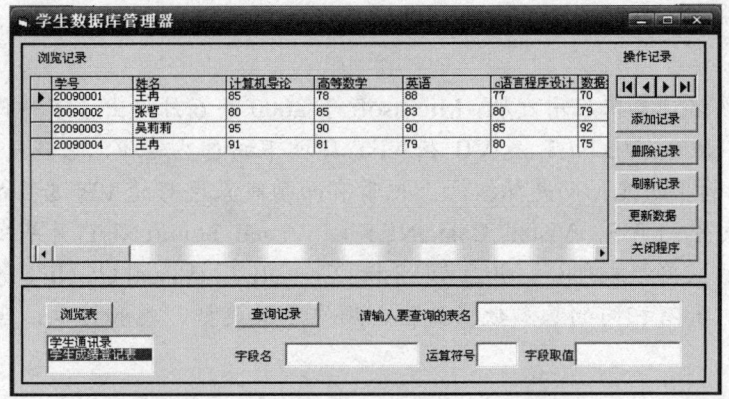

图 10-38 "学生数据库管理器"执行界面 1

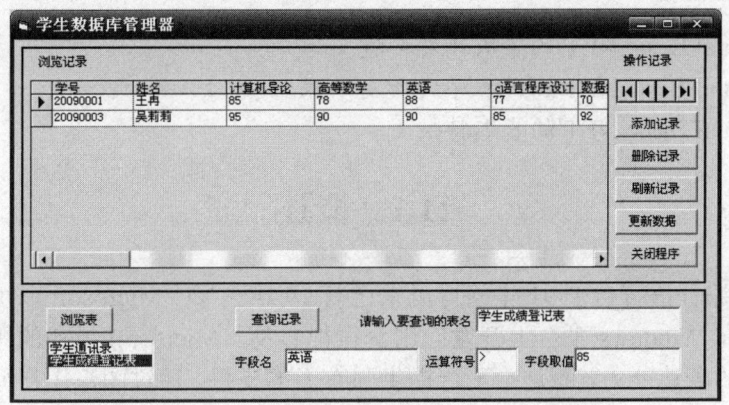

图 10-39 "学生数据库管理器"执行界面 2

习题

1. 什么是关系数据库？数据库、表、记录和字段之间有怎样的关系？
2. SQL 语言有什么特点？完成核心功能的动词有哪些？
3. 使用 Visual Basic 开发数据库应用程序有哪些主要工作？

第 11 章 VB.NET 简述

为适应网络计算机应用发展，Microsoft 于 2000 年 6 月推出了下一代应用开发环境 Microsoft.NET。VB.NET 是 VB 在.NET 环境下的自然延伸，它不是如同 VB 5.0 到 VB 6.0 的简单扩充，而是从概念上把带有面向对象色彩的 VB 过程式语言改造成为完全面向对象的 VB。Visual Basic.NET 以 Visual Studio.NET 为基础，是 Visual Studio.NET 的主要组成部分，并且与 Visual C++.NET、Visual C#.NET 等语言共用一个编程环境，具有相同的基本数据类型、用户定义类型、类和接口，实现了不同语言的交互。

- Visual Basic.NET 的集成开发环境
- Visual Basic.NET 应用程序的开发步骤
- Visual Basic.NET 的基本特性

11.1 概述

Visual Basic 编程语言自 1991 年问世以来已有 19 年。当时 Microsoft 以可视化来改善编程语言的环境，使在 Windows 平台上开发应用变得很容易。Microsoft 最初的想法并不打算要求编程语言有很强的表达能力，而是由平台提供强有力的支持。通过图形用户界面配合大量库函数/自过程和 Microsoft 的产品，使用 VB 可以很容易地编写出事件驱动的一般应用程序。1993 年，VB 3.0 已成为 Windows 环境下最快速的编程工具。Microsoft 引入"主观编程"（Subjective Programming）概念，为应用编程带来划时代的影响。开发一个令人满意的 Windows 应用只需三步：①创建直观的用户界面；②设置直观界面诸属性；③编写事件驱动的代码。菜单和一些高级用户界面性能已成为 VB 中的一部分，尤其适合于编制各种查询报表的编程工作。

与此同时，基于网络技术的客户/服务器应用模式飞速发展，更加需要面向对象技术的支持。为了适应这些发展，在底层，Microsoft 推出 Windows 95 和 Windows NT；在上层，VB 4.0 也试图对象化。但是，由于 VB 4.0 和窗体、控件结合紧密，在语言的表示上没有面向对象的类、继承、多态等关键字，因而用户只能以简单对象编程。窗体本身就是对象，从工具箱拿出的控件就是对象的实例；添加的模块（子程序、函数，也就是方法）除了增加公有、私有关键字外，和原来的 VB 编程没有太大的区别，只是概念全部改换成对象。这也许对习惯于命令式语言的程序员过渡到面向对象有好处，但是离真正的面向对象编程还相去甚远。事实上，VB 借以支持的控件、构件的系统实现全是 C++/C 编写的，但由于它在同一操作系统之下，二进制码的控件、构件可以共享，这就种下了与语言无关的种子。

随后，Microsoft 发展的 DLL（动态链接库）、OLE（对象链接与嵌入）、COM（构件对象模型）技术使得应用程序只要写 COM 构件的 API（应用编程接口）即可使用操作系统扩充的功能、远程调用和进行数据库访问。

1995 年网络计算已臻成熟，Microsoft 以 ActiveX 控件使 VB 5.0（1997 年）能嵌入 Web 页面。VB 在网页上的别名是 VBScript，从而 VB 也成为 Windows 环境下的网络编程语言。1999 年开发了与 DCOM（分布式构件对象模型）配合良好的 VB 6.0，特别是客户端的 Web 应用，单个站点可以得到互联网上其他站点的服务。然而 Web 页面自浏览得到各孤立的信息岛上的服务并不是网络计算的特征；而网络计算的特征是可以跨项目（应用）、跨平台、跨 Internet 协作。由于 VB 没有类表示，没有类继承、多态、自由线程、属性元数据等机制，即使是 Microsoft 的操作系统也很难支持传递出去的应用代码能在异地执行。VB 6.0 走到了尽头。

在网络计算的竞争式发展中，Microsoft 没有走 Java 平台无关的路，而是提出自己的网络计算平台。Microsoft.NET 以丰富的编程支持、易于和历史软件集成、充分友好的用户界面及应用界面开发工具等传统的优势与基于 Java 规范的新兴市场相抗衡。

Microsoft.NET 的基本思想是从 Microsoft 中间语言（类似于 Java 的字节代码语言）往下，精心打造支持网络编程的基础设施，即.NET Framework 编程框架，并在短期内把所有成功的 Microsoft 产品都换成.NET 版。

中间语言是 Microsoft 用各种语言（VB、C++、JScript）开发 Web 应用的经验总结（主要是 C++）和提高。它摒弃了这些语言不利于网络计算的机制（但保留与它们的接口），增加了网络计算的类型安全、执行说明等机制。中间语言的外在表示（人们易识、易用）就是 C#编程语言。

Microsoft 提供各种常用语言到中间语言的编译，操作系统只支持统一的中间代码运行系统。这样，就得到了与编程语言无关的平台，不强迫用户必须使用 Java。

1. 编程语言的新特性

Visual Basic.NET 是 Visual Basic 语言的新一代产品，其设计目的是为了快速而简便地开发包括 Web 服务和 ASP.NET Web 应用程序在内的.NET 框架应用程序。Visual Basic.NET 能够充分利用通用语言规范（Common Language Specification，CLS）的优势，也能访问由其他 CLS 兼容语言创建的类、组件和对象。Visual Basic.NET 引入了很多新特性，例如继承、接口和重载，这使其成为一种强大的面向对象的编程语言。

（1）继承。Visual Basic.NET 允许为类定义基类。派生类继承并能扩展基类的方法和属性，而且还能重载继承所得的方法以提供更新的实现。所有由 Visual Basic.NET 创建的类默认都是可继承的。继承的允许代码重用表达了类的相交关系，它使得某类可以拥有另外一种类的特征和能力。

从对象的角度来看，如果一个对象能够获得另外一个对象的接口和方法，并且可以扩展这些接口和方法，我们就称这个对象继承了另一个对象。例如，在产品存储程序中，可以创建一个通用的处理所有产品的产品对象 Product，从这个对象中，根据是否需要缴税，又可以派生出一个免税产品对象 NontaxProduct、一个缴税产品对象 TaxableProduct。这两个对象都将继承原始产品对象 Product 的接口和所有方法，同时可以根据各自不同的实际情况对原始对象的方法进行修改或扩展。

（2）接口。接口描述了类的方法和属性，但不提供实现。在 Visual Basic.NET 中，Interface

关键字允许声明接口，而 Implements 关键字允许为接口成员编写实现代码。

继承和接口允许使用多态性（Polymorphism），即允许同名方法或属性定义在多个类中，客户代码在运行时能够区分使用。多态性无论当时使用的是何种类型的对象，而允许调用同名方法，它对于面向对象编程是非常重要的。

（3）封装特性。从字面上理解，封装就是将某物包围起来，使外界不知道其实际内容。在程序设计中，封装的意思就是程序提供一个包含了一系列过程和函数的接口，其他的程序可以直接利用对象的接口，而不需要去了解接口里面的具体代码。

（4）重载。重载是指通过附加定义而使相同名称的函数或运算符可以在不同场合表现出不同的行为。Overldes 关键字允许派生对象重载继承来自父对象的特征。重载方法与基类方法的参数相同，但是实体的实现不同。

（5）构造函数和析构函数。当一个对象被创建的时候，它是否能够被正确地初始化，这是我们比较关心的问题。利用构造函数就可以同时给对象中的成员赋初值，这样有助于我们正确地初始化一个对象。Visual Basic 以前的版本中，在创建对象的时候，等到对象创建完毕以后才能对它进行初始化。在 Visual Basic.NET 中，我们可以利用构造函数给对象赋初值，不再需要进行繁琐的调用赋值。构造函数简化了编码的过程，也减少了出错的机会。构造函数是控制类的新实例初始化的方法，而析构函数则是用于释放由类实例占用的系统资源的方法。Visual Basic.NET 中通过 Sub New( )和 Sub Destruct( )支持构造函数和析构函数。

（6）新的数据类型。Visual Basic.NET 中引入了以下新数据类型：
- Char：无符号 16 位整数，用于存放 Unicode 字符，等价于 Visual Basic.NET 框架的 System.Char 类型。
- Short：有符号 16 位整数。在早期的 Visual Basic 版本中，此数据类型被称为 Integer。
- Decimal：96 位十进制值。在早期的 Visual Basic 版本中，此数据类型只能在 Variant 中使用。

（7）结构化异常处理。Visual Basic 支持使用 Try-Catch-Finally 的增强版本进行结构化异常处理。结构化异常处理中组合了先进的异常控制结构（与 Select case 或 While 语句类似）、保护型代码块和过滤器，使程序更加稳定而不会轻易崩溃。

（8）共享成员。共享成员就是能由所有类实例使用的属性、过程和字段。对于使用继承特性的 Visual Basic.NET 应用程序来说，所有类实例共享同一个数据成员或函数实例是非常有用的。

（9）引用。引用允许使用定义于其他部件中的对象。

（10）名称空间。使用名称空间能够避免在类型库中将类、接口和方法按层次结构组织时出现的名称冲突。实际上，在 Visual Basic.NET 中创建的项目也是一个名称空间，其名称即为项目名。

（11）自由线程处理。在 Visual Basic.NET 中，可以编写独立执行多个任务的应用程序。所谓自由线程处理，就是指在另一个独立线程中运行，可能阻塞其他任务执行的任务。由于可以使用与用户界面独立的线程运行复杂任务，因此自由线程处理使应用程序对用户输入的响应更加灵敏。

2. Web 开发新特性

Visual Basic.NET 的一个重要新特性就是能创建 Web 应用程序，即运行于 Web 服务器上的 Visual Basic 应用程序。Web 应用程序中最主要的两个开发主题是 Web 窗体和 Web 服务。

（1）Web 窗体技术允许用户迅速、方便地创建 ASP.NET Web 应用程序的用户界面。Web 窗体页面是对现有 Web 开发工具的变革性进步。Web 窗体可以输出于任何浏览器或移动设备，并且能自动提交正确的、与浏览器兼容的 HTML 文件。

（2）Web 服务是能通过 Internet 协议调出其他组件或应用程序的组件。

Web 服务允许使用标准协议（例如 HTTP）进行数据交换，而且能通过 XML 消息穿过防火墙移动数据。Web 服务不依赖于某种特定组件技术或对象调用规范，因此无论运行于什么操作系统上，无论使用什么编程语言和组件模型所写的程序，都能访问 Web 服务。

3. 数据开发新特性

ADO.NET 是对 ActiveX 数据对象（ActiveX Data Objects，ADO）的改进，它为 Web 应用程序开发提供了标准编程模型。

4. 项目的新特性

项目是 Visual Basic.NET 代码的构造块，已完成的应用程序中可能包含多个项目。Visual Basic.NET 包括 ASP.NET Web 服务项目、ASP.NET Web 应用程序项目、Windows 服务项目、控制台应用程序项目、Web 控件库项目等。

5. 调试的新特性

Visual Studio.NET 中的所有语言使用同样的调试器，它同时具有旧版本的 Visual C++和 Visual Basic 调试器的功能，并在很多地方进行了改进，包括：对 Visual Basic、Visual C++、Visual C#、C++管理扩展、脚本和 SQL 等语言的交叉调试；"微软公司"通用语言运行库和 Win32 应用程序的调试；对主机或远程主机运行程序的附加调试；多个程序的同时调试（例如，单个 Visual Studio 解决方案中运行的多个程序，或附加于已运行的附加程序）；Visual C++动态错误检查；缓冲区安全检查等。在 Visual Basic.NET 中，Debug.Print 方法已被 Debug.Write、Debug.WriteIf、Debug.WriteLine 和 Debug.WriteLineIf 所替代。

11.2 Visual Basic.NET 的集成开发环境

Visual Basic.NET 集成在 Visual Studio.NET 集成开发环境（IDE）之中（如图 11-1 所示），其界面简明，功能强大，不仅有多种语言开发环境，还有 XML 编辑器、HTML 编辑器与数据库综合等。

1. 菜单栏

菜单栏显示所有 Visual Basic.NET 使用的命令与设置。除了提供标准的"文件"、"编辑"、"视图"、"工具"、"窗口"、"帮助"菜单之外，还提供了"项目"、"格式"、"调试"、"全程编译"功能菜单。

2. 工具栏

工具栏在编程环境下提供对常用命令的快速访问。单击工具栏上的按钮，则执行该按钮所代表的操作。Visual Basic.NET 新增了"测试"和"查找"的功能，方便了程序的调试。其他按钮可以从"视图"菜单的"工具栏"子菜单中选定。

3. 工程资源管理窗口

工程资源管理窗口列出当前工程中的所有窗体和模块，可以按照"浏览器"的形式浏览，也可以按"类视图"的形式浏览。

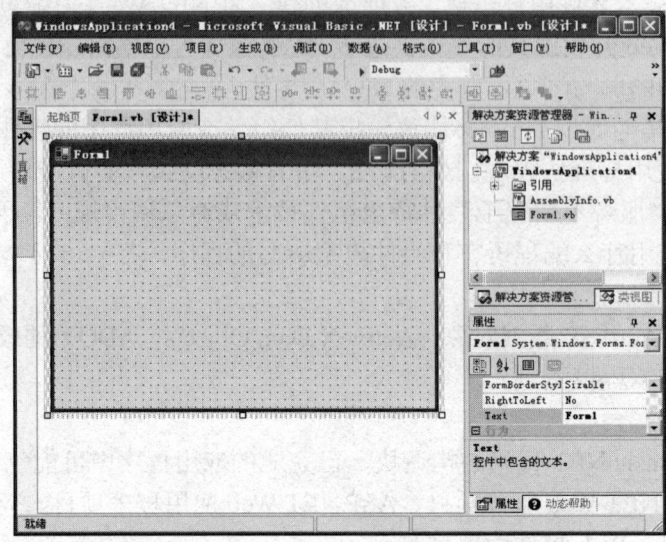

图 11-1　Visual Basic.NET 集成开发环境

4. 属性窗口

属性窗口列出所选定对象的属性值，并为对象的初始化赋值。

5. 窗体设计器

应用程序中的每一个窗体都有自己的窗体设计器窗口，在窗体上添加控件、组件、图形、图片等对象来设计应用程序的外观。

6. 活动栏

Visual Basic.NET 中新增了"活动栏"工具，它可以将"服务器浏览器"、"工具箱"等排列在左边框上，使活动栏与工程资源管理器对称。

Visual Basic.NET IDE 与 Visual Basic 6.0 IDE 在若干方面有差异，下面就说明一下这些差异。

（1）窗口和布局的更改。Visual Basic.NET 中的窗口标准排列方式与 Visual Basic 6.0 中有所不同。在 Visual Basic.NET 中，IDE 的默认布局是新的"选项卡式文档"布局，可以通过"工具"→"选项"命令在"选项"对话框中将它设置为 MDI 布局。如果习惯 Visual Basic 6.0 的排列方式，则可以通过下面的方法进行设置：在 Visual Studio "起始页"对话框的"我的配置文件"选项卡的"窗口布局"下拉列表框中选择 Visual Basic 6.0 选项。

在 Visual Basic 6.0 中，可以通过"工具"→"选项"命令，在"选项"对话框中控制某些工具窗口的停靠行为。而在 Visual Basic.NET 中，所有窗口默认情况下都是可停靠的；可以通过"窗口"菜单中的"可停靠"命令控制它们的行为。

（2）菜单的更改。Visual Studio.NET 中的菜单命令对所有语言都是标准的，但是 Visual Basic 6.0 的菜单系统与 Visual Studio.NET 的菜单系统存在着一定差异。附录 3 中列出了一些常用的 Visual Basic 6.0 命令和它们在 Visual Basic.NET 下的等效项。

（3）键盘映射的更改。Visual Studio.NET 中的键盘映射是标准的，因而可以对所有语言和工具使用相同的键盘快捷键，结果导致一些熟悉的 Visual Basic 6.0 键盘快捷键现在调用不同的功能。例如，在 Visual Basic 6.0 中，F8 键是调试时"逐语句"的键盘快捷键；而在 Visual

Basic.NET 中，F8 键是代码编辑器中"转到下一个位置"的键盘快捷键。可以通过下面的方法进行设置：在 Visual Studio "起始页"对话框的"我的配置文件"选项卡的"键盘方案"下拉列表框中选择 Visual Basic 6.0 选项，转换成 Visual Basic 6.0 的键盘映射。

11.3　Visual Basic.NET 应用程序的开发步骤

创建 Visual Basic.NET 应用程序有以下几个主要步骤：
（1）创建新的 Visual Basic 工程。
在.NET 框架中创建 Visual Basic.NET，需要在向导中填写必要的信息，具体过程如下：
1）打开 Visual Studio.NET。
2）单击 File→New→Project 命令，在 Project Type（项目类型）中选择 Visual Basic Project（Visual Basic 项目）选项。
3）在 Templates 中选择 Windows Application（Windows 应用程序）选项。
4）在 Name 中填入应用程序的名称（默认为 Windows Application&，&为一常数）。
5）在 Location（位置）中填入应用程序所在目录的名称，也可以通过 Browse 按钮直接选择目录。
6）其他项采用默认值，单击 OK 按钮即可生成应用程序。
（2）创建应用程序的用户界面。
创建 Visual Basic 应用程序的第一步就是创建窗体，然后在创建的窗体上绘制构成界面的元素，通常是在工具箱中选择控件或组件。在窗体中添加控件的方法与 Visual Studio 集成开发环境相同，在此不再赘述。
（3）设置用户界面中各对象的属性。
（4）编写程序代码。
（5）保存和运行程序。
在创建 Visual Basic.NET 的应用程序时，需要给应用程序创建一个目录，专门保存应用程序所有的文件。Visual Basic.NET 每次编译运行时都会首先保存改变的应用程序的窗体或模块到这个默认的目录下，按 F5 键即可运行应用程序。
（6）创建可执行文件。
Visual Basic.NET 没有专门的生成应用程序（.exe 文件）的选项，应用程序在工程建立的同时就已经生成并保存在工程目录 Obj/Debug/Temp 中，但是这时的应用程序仅仅完成显示界面的功能。在经过至少一次编译后，可执行文件才有用户所要求的功能，同时在工程目录 Obj/Debug 生成了与工程同名的应用程序，Temp 与 Debug 中的两个应用程序在运行结果上完全相同，而且随着编译的变化不断更新功能。

11.4　Visual Basic.NET 的数据类型

计算机在为变量分配空间时，首先就要根据变量的类型来确定内存的分配，在编译系统语义分析时，也要检查数据与变量的类型是否匹配，如果不匹配，可能会造成空间的浪费，甚至编译失败，因此数据类型对编程来说十分重要。Visual Basic.NET 与 Visual Basic 相比支持更多种类的 Numeric 数据类型，包括 Integer（整型）、Long（长整型）、Single（单精度浮点型）、Double（双精度浮点型），以及新增的 Decimal（十进制型）和 Short（短整型），但是少了 Currency（货币型）。

在程序设计过程中经常会遇到不同数据类型之间的转换，比如要将 Date 类型显示在文本框中，就必须先进行类型转换，使其转换成 String 类型。Visual Basic.NET 本身能进行一定的类型转换，但是转换能力很有限，而且隐含的类型转换存在不稳定的因素，对程序的可读性、可维护性都有一定的影响，因此 Visual Basic.NET 提供了类型转化函数，实现不同数据类型的转换功能。例如 CStr 函数可以将数据类型转换成 String：

strDate= CStr(DateAndTime.Now)

在程序设计中经常使用 6 种运算：赋值运算、算术运算、逻辑运算、比较运算、连接运算和二进制运算，Visual Basic.NET 也支持这些运算。

Visual Basic.NET 包含的控制结构分为顺序结构、选择结构和循环结构。具体语法结构与 Visual Basic 中的控制语句相同，详见第 2 章和第 3 章，在此不再赘述。

11.5 Visual Basic.NET 的控件

控件是 Visual Basic.NET 中的可视化编程工具，也是编程的基础。Visual Basic.NET 中的常用控件有标签、文本框、图片框、按钮、复选框、单选按钮、列表框、组合框、滚动条和计时器等，这些控件和 Visual Basic 6.0 中的相同，在此不再赘述；除此之外还有一些新控件。

1. MainMenu 控件

MainMenu（主菜单）控件是 Visual Basic.NET 新增的控件，取代了 Visual Basic 以前版本中的"菜单编辑器"，更有利于应用程序对整个菜单的操作，并且可以实现不同窗体的多次利用。

（1）在设计时添加 MainMenu 控件。添加 MainMenu 控件的方法与其他控件相同（双击或拖动），但是 MainMenu 控件本身并不显示在窗体上，而是存在于窗体下方的"组件栏"中。

（2）制作菜单。单击"组件栏"中的 MainMenu 控件，在窗体的左上方出现 Type Here 字样，单击 Type Here 更改菜单的标题。然后右击任意一项子菜单，在弹出的快捷菜单中选择 Edit Names（更改名称）命令，再次单击子菜单时可以更改菜单的名称，第三次单击 Edit Names 命令则恢复成正常的菜单编辑状态。

2. RadioButton 控件

RadioButton（选项按钮）控件和 CheckBox 控件一样，用来标识某个选项是否为选定状态，通常以一组选项按钮的形式出现，用户只能选择其中的一个选项，其功能相当于 Visual Basic 以前版本中的 OptionButton 控件。

3. GroupBox 控件

GroupBox（控件组）控件一般以其他控件的容器的形式存在，方便用户识别，其功能相当于 Visual Basic 以前版本中的 Frame 控件。

4. CheckedListBox 控件

CheckedListBox（复选列表框）控件可以说是 ListBox 控件的派生控件，继承了 ListBox 控件的很多方法和属性，但在添加的项目中与 ListBox 相比增加了"是否选定"一项。

11.6　Visual Basic.NET 的基本特性

面向对象的程序设计并不是要抛弃以前的结构化程序设计方法，而是站在比结构化程序设计更高、更抽象的层次上去解决问题。当分解成低级代码模块的时候，仍需要结构化编程的技巧。但是，它分解一个大问题为小问题时所采用的思路与结构化程序方法不同。结构化的分解突出过程，强调代码的功能是如何实现的；面向对象的分解突出真实世界和抽象的对象，将大量的工作由相应的对象完成，程序员在应用程序中只需要说明要求对象完成的任务。

Visual Basic 6.0 严格地说是一种基于对象的语言。完善的面向对象应该支持封装、继承和多态性。封装是指对象只显露公用的方法和属性。Visual Basic 6.0 已经通过 Public 和 Private 关键词提供了封装，Visual Basic.NET 新增了 Protected 关键词，进一步完善了 Visual Basic 6.0 的封装支持。多态性即为"多种形态"，从 Visual Basic 4.0 开始已经提供多态支持。由于在 Visual Basic.NET 中类支持两种类型的继承——接口继承和实现继承，多态性有了更广泛的用途。Visual Basic 发展到 Visual Basic.NET，已经提供了完善的面向对象编程支持，是一种真正的面向对象语言。

类由属性、字段、方法和事件组成，是面向对象的基础，数据与函数通过类封装在一起。当应用程序创建了一个类的对象后，用户可以对对象的属性和方法进行相应的操作，而不必关心其内部的实现过程。一个对象好像一个黑盒子，表示它内部属性的数据和行为的代码都封装在这个黑盒子当中。用户可以通过这个黑盒子提供的接口对黑盒子进行操作，而不必理会黑盒子的内部组成。

在 Visual Basic.NET 中，对象是能被作为一个单元处理的属性、字段、方法和事件的组合，可以作为应用程序的一部分，例如控件或窗体。在定义了一个类以后，可以在需要的时候创建多个对象。

1. 类的创建

在面向对象编程中，首先要创建类和类的成员，然后在其中将数据和数据的操作方法建立起来。

先创建一个新的 Windows 应用程序工程，从菜单中选择 Project（工程）→Add Class（添加类）命令，这时就会弹出一个添加新项的对话框，用户可以添加任意类型的项目到工程中。如果使用默认的项目，就会增加一个类模块。接下来的设计过程和 Visual Basic 差不多，可以在代码编辑器中编写代码。

2. 类与命名空间

命名空间提供类组成逻辑组的机理，便于对类进行搜索和管理。在 Visual Basic.NET 中把父类定义为簇，已定义的簇有很多，其中 System 是最常用的簇，其中包括了一些基本的类、方法（如 Application、Array、Console、Exception、Object）和对象（如 Byte、Boolean、Single），System 较常用的子簇有 winforms（窗体）和 drawing（图形）。

在 Visual Basic.NET 中，命名空间是使用块结构来声明的。例如：

```
Namespace MyNamespace
    Public Class Myclass
    End Class
```

End Namespace

在 Namespace 和 End Namespace 块之间声明的任何类、结构将可以使用命名空间寻址。在本例中，类可以使用命名空间来引用，定义变量 obj 可以写成：

Private obj As MyNamespace.Myclass

为了更好地使用这些类，Visual Basic.NET 按照不同的功能将类分在不同的功能类库里，用户在需要时使用 Imports 说明引用这些类库。例如：

```
Imports Str- Microsoft.VisualBasic.Strings
Module example
    Sub main ( )
        Dim a As Integer
        Console.WriteLine("Hello World")
    End Sub
End Module
```

Imports 语句从引用的项目和程序集中导入命名空间，本例导入了 Microsoft.VisualBasic.Strings 类并分配了一个可用来访问 WriteLine 方法的别名 Str。主函数中调用 WriteLine 方法返回字符串"Hello World"从左端数的 5 个字符，即"Hello"。

3. 重载

当对象模型中规定了要使用名称相近但操作于不同类型的数据上的过程时，继承尤其有用。例如，一个可能表现为几种不同数据类型的类可以有这样一个 Display 过程：

```
Overloads Sub Display (theChar As Char)
Overloads Sub Display (theInteger As Integer)
…
Overloads Sub Display (theDouble As Double)
```

如果没有继承，用户就需要为每个过程使用不同的名称或 Variant 参数。重载提供了一个更为清晰、有效的方法来处理多种数据类型。Visual Basic.NET 也具有重载方法的能力。

4. 封装

类的封装使数据和算法相结合，构成一个不可分割的整体即对象，并且使整体中的一些对象受到保护，以防止误操作。例如，银行账户类的封装如下：

```
Class BankAccount
    Private AccountNumber As String
    Private AccountBalance As Decimal
    Sub saveMoney (ByVal x As Long)
        AccountBalance+=x
    End Sub
    ReadOnly Property Balance ( ) As Decimal
        Get
            Return AccoutBalance
        End Get
    End Property
End Class
Module Ex_39_1
    Sub main ( )
        Dim a As BankAccount=New BankAccount ( )
```

```
            Console.WriteLine(a.Balance( ))
            a.saveMoney(1000)
            Console.WriteLine(a.Balance( ))
        End Sub
    End Module
```
　　本例封装了一个账户类 BankAccount，其中声明一个属性 Balance，使用户访问此属性后可以得到当前的账户余额；一个 saveMoney 方法，用于向账户存钱。封装将 BankAccount 类中的数据和过程作为整体使用，可以同时处理多个银行账户而不会混淆。在主函数中，首先实例化一个 BankAccount 对象 a，访问 Balance 属性输出当前的余额，然后调用 saveMoney 方法向账户存入 1000 元，再次访问 Balance 属性输出余额，当前余额为 1000。

　　5．继承

　　一个好的系统应该有一个好的程序结构，能分出基础的公共部分和专属的特定部分，基础部分是通用的、稳定的，专属部分由基础部分演化出来，并实现不同的功能，这就需要"继承"这一特性来实现。

　　在.NET 框架中，所有对象都是继承自通用基本类 System.Object，所以所有对象都拥有 System.Object 对象的各种方法和属性。在 Visual Basic.NET 中，也能够以基本类为基础建立新类。Visual Basic.NET 使用如下关键字定义类的继承：

　　（1）Inherits：定义基本类，通常也用属性窗口来设定。

　　（2）NotInheritable：指定类不能用作基本类。

　　（3）MustInherit：定义类必须作基本类，而不能用于创建实例，由 MustInherit 定义的类只能被继承。

　　例如，用户可以使用关键字 Inherits 从一个已存在的类中派生新类。

```
        Class1
            Function. GetCustomer( )
                ...
            End Function
        Class2
            Inherits Class1
            Function. GetOrders( )
                ...
            End Fuction
```

　　6．构造器与析构器

　　构造器：用以控制类在创建一个新的对象时需要做的初始化程序。

　　析构器：当类的实例结束时需要做的程序，如释放资源等。

　　Visual Basic.NET 使用 Sub New( )和 Sub Destruct( )程序完成构造器和析构器的任务。在 Visual Basic.NET 中，每个类都拥有一个构造器，如果程序中没有明确声明，系统可以自动创建一个没有参数的构造器，当用户调用程序创建类时，系统自动调用它；如果在类中声明了带参数的构造器，那么在创建对象时必须输入相应的参数，否则就会出错。例如：

```
        Public Sub New(Var1 As String)        '声明构造器
```

在建立对象时，需要输入相应参数：

```
        Dim Obj As New someclass("MyString")
```

析构器是用来释放程序中需要释放的资源的函数。通常的设计格式如下：

```
Dim con As Connection, rs As RecordSet
Try
        con=New Connection("xyz")
Finally
    If Not con IsNothing Then
        Con.Destruct( )
    End If
End Try
```

7. 对象的创建

Visual Basic.NET 使用 New 语句来创建对象，例如：

```
Dim obj As TheClass
Obj=New TheClass ( )
```

我们可以简化上面的程序为：

```
Dim obj As New TheClass ( )
```

习题

1. 类定义的位置在哪里？
2. 在 Visual Basic 2005 调试器中有哪几种断点？
3. 什么是对象？对象的特点是什么？
4. 什么是类？类有哪些性质？
5. 在程序中使用过程有哪些优点？
6. 子类中的方法重载与同一个类中的普通重载方法的区别是什么？

附录1　常用字符与ASCII码对照表

ASCII 值	字符	ASCII 值	字符	ASCII 值	字符	ASCII 值	字符
000	（空） [NUL]	032	（空格）	064	@	096	`
001	☺ [SOH]	033	!	065	A	097	a
002	☻ [STX]	034	"	066	B	098	b
003	♥ [ETX]	035	#	067	C	099	c
004	♦ [EOT]	036	$	068	D	100	d
005	♣ [ENQ]	037	%	069	E	101	e
006	♠ [ACK]	038	&	070	F	102	f
007	（嘟声） [BEL]	039	'	071	G	103	g
008	■ [BS]	040	(	072	H	104	h
009	（tab） [HT]	041	)	073	I	105	i
010	（换行） [LF]	042	*	074	J	106	j
011	♂ [VT]	043	+	075	K	107	k
012	♀ [FF]	044	,	076	L	108	l
013	（回车） [CR]	045	-	077	M	109	m
014	♪ [SO]	046	.	078	N	110	n
015	☼ [SI]	047	/	079	O	111	o
016	► [DLE]	048	0	080	P	112	p
017	◄ [DC1]	049	1	081	Q	113	q
018	↕ [DC2]	050	2	082	R	114	r
019	‼ [DC3]	051	3	083	S	115	s
020	¶ [DC4]	052	4	084	T	116	t
021	§ [NAK]	053	5	085	U	117	u
022	▬ [SYN]	054	6	086	V	118	v
023	─ [ETB]	055	7	087	W	119	w
024	↕ [CAN]	056	8	088	X	120	x
025	↑ [EM]	057	9	089	Y	121	y
026	↓ [SUB]	058	:	090	Z	122	z
027	→ [ESC]	059	;	091	[	123	{
028	← [FS]	060	<	092	\	124	|
029	∟ [GS]	061	=	093	]	125	}
030	↔ [RS]	062	>	094	∧	126	~
031	▲▼ [US]	063	?	095	_	127	⌂ [DEL]

注：表中字符的ASCII码值均为十进制，与相应的Unicode码值完全相等。前32个字符（ASCII码值为0～31）是控制字符，用"[ ]"列出，通常用于控制或者通信。

附录2 常用的内部函数

由于篇幅所限,仅列举了一批常用的 VB 内部函数,它们可以在程序中直接调用。读者在编写 VB 程序的过程中,如果需要用到更多的内部函数,请查阅相关的函数手册。

1. 数学函数

函数	功能	示例	结果
Abs(x)	取 x 的绝对值	Abs(-3.2)	3.2
Atn(x)	计算 x 的反正切值	Atn(1)	0.785398
Cos(x)	计算 x 的余弦值	Cos(1)	0.540302
Exp(x)	计算 e^x 的值	Exp(1)	2.71828
Fix(x)	取 x 的整数部分	Fix(-4.8)	-4
Int(x)	计算不大于 x 的最大整数	Int(-4.8)	-5
Log(x)	计算自然对数 lnx	Log(2)	0.693147
Rnd([x])	产生一个[0,1)之间的随机数	Rnd(1)	0.705548
Round(x,[y])	以四舍五入方式保留 x 的 y 位小数	Round(2.718, 2)	2.72
Sgn(x)	以 1、0 和-1 表示 x 的符号	Sgn(-5)	-1
Sin(x)	计算 x 的正弦值	Sin(1)	0.841471
Sqr(x)	计算 $\sqrt{x}$	Sqr(4)	2
Tan(x)	计算 x 的正切值	Tan(1)	1.557408

2. 转换函数

函数	功能	示例	结果
Asc(s)	把字符串 s 的首字符转换为 ASCII 码	Asc("A")	65
Chr(n)	把数值 n 转换为 ASCII 码所对应的字符	Chr(65)	"A"
CCur(x)	把 x 转换为货币型值,最多保留 4 位小数	CCur(3.1415926)	3.1416
CDbl(x)	把 x 转换为双精度型值	CDbl(3.1415926)	3.1415926
CInt(x)	把 x 转换为整型值,小数部分四舍五入	CInt(4.8)	5
CLng(x)	把 x 转换为长整型值	CLng(300.743)	301
CSng(x)	把 x 转换为单精度型值	CSng(3.1415926)	3.141593
CVar(x)	把 x 转换为变体型值	CVar(3.1415926)	3.1415926
Hex(n)	把 n 转换为十六进制值	Hex(123)	7B
Oct(n)	把 n 转换为八进制值	Oct(123)	173
LCase(s)	把字符串 s 中的大写字母转换为小写字母	LCase("AbC")	"abc"
UCase(s)	把字符串 s 中的小写字母转换为大写字母	UCase("aBc")	"ABC"
Str(n)	把数值 n 转换为字符串	Str(3.1415926)	"3.1415926"
Val(s)	把字符串 s 转换为一个数值	Val("123a4")	123

3. 字符串函数

函数	功能	示例	结果
Len(s)	计算字符串的长度	Len("北京 2008")	6
LTrim(s)	删除字符串 s 左边的空格	LTrim("　abcde")	"abcde"
RTrim(s)	删除字符串 s 右边的空格	RTrim("abcde　")	"abcde"
Trim(s)	删除字符串 s 左右两边的空格	Trim("　abcde　")	"abcde"
Left(s, n)	取出字符串 s 左边的 n 个字符	Left("abcde", 3)	"abc"
Right(s, n)	取出字符串 s 右边的 n 个字符	Right("abcde", 3)	"cde"
Mid(s, m [,n])	取出字符串 s 中从第 m 个字符开始的 n 个字符	Mid("abcde", 2, 3)	"bcd"
InStr([n,] s1,s2)	在字符串 s1 中从第 n 个字符开始，查找字符串 s2 首次出现的位置	InStr(2, "abcab", "ab")	4
Replace(s1,s2,s3 [,m][,n][,…])	在字符串 s1 中从第 m 个字符开始，把子串 s2 替换为子串 s3。最大替换次数为 n 次，并删除位置 m 之前的字符	Replace("aabaabc", "ab", "AB", 2, 1)	"ABaabc"
Space(n)	产生一个由 n 个空格组成的字符串	Space(5)	"　　　　　"
String(m,s|n)	产生一个由 m 个重复的字符组成的字符串。该字符是字符串 s 的首字符，或者是 ASCII 码为数值 n 的字符	String(5, "A")	"AAAAA"

4. 日期和时间函数

函数	功能	示例	结果
Date( )	返回当前系统日期	Date( )	2008-08-25
Day(c)	计算日期 c 的日期号	Day(#8/25/2008#)	25
Hour(t)	计算时间 t 的小时数	Hour(#2:30:21 PM#)	14
Minute(t)	计算时间 t 的分钟数	Minute(#2:30:21 PM#)	30
Second(t)	计算时间 t 的秒数	Second(#2:30:21 PM#)	21
Month(c)	计算日期 c 的月份号	Month(#8/25/2008#)	8
Now( )	返回当前系统日期和时间	Now( )	2008-08-25 14:48:31
Time( )	返回当前系统时间	Time( )	14:51:29
Weekday(c)	计算日期 c 的星期号，星期日是 1，星期一是 2，星期六是 7	Weekday(#8/25/2008#)	2
Year(c)	计算日期 c 的年号	Year(#8/25/2008#)	2008
DateDiff(s, c1, c2)	以 s 为时间单位，计算日期 c1 和 c2 之间的差值。s 的取值可以是 m、w、d、h 和 s，分别表示月、星期、日、小时和秒	DateDiff("m", #8/25/2008#, #1/4/2009#)	5
DateAdd(s, n, c)	以 s 为时间单位，计算日期 c 加上 n 之后的日期。s 的取值可以是 m、d、h 和 s，n 可以是负数	DateAdd("d", 20, #8/25/2008#)	2008-09-14

附录3　Visual Basic 6.0 与 Visual Basic.NET 中的菜单等效项

Visual Basic 6.0	Visual Basic.NET
文件→生成 <项目名>	生成→生成 <项目名>
文件→生成项目组	生成→生成解决方案
文件→打印设置	文件→页面设置
文件→最近文件列表	文件→最近的项目
文件→移除项目	编辑→删除
文件→保存项目组	文件→保存 <解决方案名>
文件→项目组另存为	文件→<解决方案名> 另存为
文件→保存选择	文件→保存选定项
编辑→自动完成关键字	编辑→智能感知→完成单词
编辑→查找	编辑→查找和替换
编辑→查找下一个	编辑→查找和替换
编辑→缩进	编辑→高级→增加行缩进
编辑→插入文件	编辑→将文件作为文本插入
编辑→常数列表	编辑→智能感知→列出成员
编辑→属性/方法列表	编辑→智能感知→列出成员
编辑→凸出	编辑→高级→减少行缩进
编辑→参数信息	编辑→智能感知→参数信息
编辑→快速信息	编辑→智能感知→快速信息
编辑→替换	编辑→查找和替换
调试→添加监视	添加监视（仅限上下文菜单）
调试→编辑监视	无等效项。监视在"监视"窗口中进行编辑
调试→运行到光标处	运行到光标处（仅限上下文菜单）
调试→设置下一条语句	设置下一语句（仅限上下文菜单）
调试→显示下一条语句	显示下一语句（仅限上下文菜单）
调试→切换断点	禁用断点或断点（仅限上下文菜单）
格式→按网格调整大小	无等效项。由"网格线对齐"环境选项控制
项目→添加类模块	项目→添加类
项目→添加数据环境	无等效项。不支持数据环境
项目→添加数据报表	无等效项。不支持数据报表
项目→添加 DHTML 页	无等效项。不支持 DHTML 页
项目→添加文件	项目→添加新项或项目→添加现有项 注意，在 Visual Basic 6.0 中是将文件本身添加到项目中，而在 Visual Basic.NET 中是添加文件的副本

续表

Visual Basic 6.0	Visual Basic.NET
项目→添加窗体	项目→添加 Windows 窗体或项目→添加继承的窗体
项目→添加属性页	无等效项。不支持"属性页"
项目→添加用户文档	无等效项。不支持 ActiveX 文档
项目→添加 Web 类	无等效项。不支持 Web 类
项目→组件	无等效项。在"工具箱"中管理组件
项目→引用	无等效项。在解决方案资源管理器中管理引用
项目→移除项	编辑→删除 注意,"移除项"会将项从项目中移除,但不会将项从磁盘中移除;而"删除"则会删除项
视图→调用堆栈	调试→窗口→调用堆栈
视图→调色板	无等效项。没有"调色板"窗口
视图→数据视图窗口	无等效项。没有"数据视图"窗口
视图→定义	转到定义(仅限上下文菜单)
视图→窗体布局窗口	无等效项。没有"窗体布局"窗口
视图→立即窗口	调试→窗口→即时
视图→最后位置	无等效项。使用书签
视图→本地窗口	调试→窗口→局部变量
视图→对象	视图→设计器
视图→对象浏览器	视图→其他窗口→对象浏览器
视图→项目资源管理器	视图→解决方案资源管理器
视图→监视窗口	调试→窗口→监视
运行→中断	调试→全部中断
运行→结束	调试→停止调试
运行→重新启动	调试→重新启动
运行→启动	调试→启动
运行→全编译执行	调试→开始执行(不调试)
工具→添加过程	无等效项。在代码编辑器中添加过程
工具→菜单编辑器	无等效项。菜单编辑器被 MainMenu 和 ContextMenu 组件所取代
工具→过程属性	无等效项
工具→SourceSafe	文件→源代码管理
窗口→排列图标	无等效项
窗口→层叠	仅在 MDI 布局模式下可用
窗口→水平平铺	仅在 MDI 布局模式下可用
窗口→垂直平铺	仅在 MDI 布局模式下可用
窗口→窗口列表	窗口

参考文献

[1] （美）Zak，Diane．Programming with Microsoft Visual Basic 6.0．北京：电子工业出版社，2002．

[2] （美）Rob Thayer．Visual Basic 6 揭秘：全面的解决方案．北京：电子工业出版社，1999．

[3] 求是科技．Visual Basic 6.0 程序设计与开发技术大全．北京：人民邮电出版社，2004．

[4] 姚巍．Visual Basic 数据库开发及工程实例．北京：人民邮电出版社，2003．

[5] 刘炳文，许蔓舒．Visual Basic 程序设计教程．北京：清华大学出版社，2000．

[6] 沈建蓉，单贵．大学 VB 程序设计实践教程．上海：复旦大学出版社，2008．

[7] 龚沛曾等．Visual Basic 程序设计教程．北京：高等教育出版社，2008．

[8] 王晓东．Visual Basic 程序设计简明教程．北京：中国水利水电出版社，2009．